高职交通运输与土建类专业规划教材

工程力学（下）

GONG CHENG LI XUE

主　编　王建中
副主编　丁敏旭

人民交通出版社
China Communications Press

内 容 提 要

本书为高职交通运输与土建类专业教材之一。全书分为上、下两册，下册内容包括结构体系的集合组成分析，静定结构的内力计算和位移计算，计算超静定结构的力法、位移法和力矩分配法，影响线及其应用。

本书适于高职高专院校及成人教育等铁道工程技术、道路与桥梁工程技术、建筑工程技术、工程测量等交通运输与土建类相关专业学生选作教材使用，也可供工程技术人员参考使用。

图书在版编目(CIP)数据

工程力学．下/王建中主编．—北京：人民交通出版社，2013．8

高职高专交通运输与土建类专业规划教材

ISBN 978-7-114-10703-0

Ⅰ．①工… Ⅱ．①王… Ⅲ．①工程力学—高等职业教育—教材 Ⅳ．①TB12

中国版本图书馆 CIP 数据核字(2013)第 122811 号

书　　名：工程力学(下)
著 作 者：王建中
责任编辑：杜　琛　卢　珊
出版发行：人民交通出版社
地　　址：(100011)北京市朝阳区安定门外外馆斜街 3 号
网　　址：http://www.ccpress.com.cn
销售电话：(010)59757973
总 经 销：人民交通出版社发行部
经　　销：各地新华书店
印　　刷：北京市密东印刷有限公司
开　　本：787×1092　1/16
印　　张：10
字　　数：234 千
版　　次：2013 年 8 月　第 1 版
印　　次：2013 年 8 月　第 1 次印刷
书　　号：ISBN 978-7-114-10703-0
定　　价：24.00 元

前言 Preface

本书是高职交通运输与土建类专业规划教材之一。根据教育部对高职高专土建类专业力学课程的基本要求,本书在编写中侧重实用性、针对性和可操作性,在讲清、讲透基本理论的基础上强调实践操作能力的培养。在介绍基本概念时,配合相应的例子进行说明,以加深学生的印象和理解。每一章节均安排相应的例题分析,解题分析过程严谨、层次分明、逻辑性强,并加强典型工程实例分析,以增强实践技能的培养。

本书分为上、下两册,上册介绍了静力学和材料力学,下册的主要内容有结构体系的几何组成分析,静定结构的内力计算和位移计算,计算超静定结构的力法、位移法和力矩分配法,影响线及其应用。根据当前高职高专教学改革特点,本书在内容上注意融合、贯通,有机地连成一体。每章后面均设有小结、思考题和习题,以培养学生的思维能力和创新能力。

本书由王建中主编并统稿,由丁敏旭担任副主编,具体编写分工如下:王建中(第一章、第二章、第五章、第六章),丁敏旭(第三章),谭小蓉(第四章),秦炜(第七章),冷鑫(第八章)。

在本书编写过程中,作者参考了部分有关结构力学和工程力学方面的教材,在此对这些教材的作者表示衷心的感谢。

鉴于编者水平有限,书中难免有不妥之处,敬请同行和读者批评指正。

编　者

2013 年 5 月

目录 Contents

第一章 绪　论

第一节 结构力学的研究对象和任务

工程中的各类建筑物在使用过程中都要受到各种荷载的作用，在这些建筑物中承受和传递荷载并起骨架作用的部分称为结构。结构的各个组成部分称为构件。从几何角度来看，结构可分为杆件结构、板壳结构和实体结构三类。对于土建类专业来讲，杆件结构是结构力学的主要研究对象。

一个合理的结构必须是既能安全地承受荷载又能最经济地使用材料。结构力学是围绕荷载与结构的承载能力进行研究的，其具体任务是：

(1)研究结构在荷载作用下内力的计算方法，以保证结构有足够的强度。

结构在过大的荷载作用下可能遭到破坏。例如，当作用在一根梁上的荷载超过一定限度时，梁就可能断裂，这就是所谓的强度不足。进行强度计算的目的在于保证结构的安全，同时又使之符合经济的要求。

(2)研究结构在荷载作用下变形的计算方法，以保证结构有足够的刚度。

一个结构在荷载作用下，虽然有了足够的强度，但变形过大，也会影响正常使用。例如，屋面檩条的变形过大，屋面就会漏水；吊车梁的变形过大，吊车就不能正常行驶。进行刚度计算的目的在于保证结构不致发生使用上不允许的过大变形。

(3)研究结构的稳定性，以保证结构不会失稳破坏。

结构中受压构件(如柱子)如果比较细长，当压力超过一定限度时(这个压力值比按强度计算时的允许值要小得多)，构件不能维持原来直线形式的平衡状态而突然弯曲，从而导致结构的破坏，这种现象称为“失稳”。稳定计算的目的在于保证结构不发生失稳现象。

(4)研究结构的组成规律和合理形式。

结构一般都是由很多构件组成的几何不变体系。如果各个构件之间不是由于荷载大小的影响而产生相对运动，说明此体系是几何可变的。建筑结构不能采用几何可变体系。因此，研究结构组成规律的目的在于保证结构各部分之间不致发生相对运动，以承受预定的荷载；而研究结构合理形式是为了充分发挥结构的性能，更有效地利用材料，已达到安全、经济的目的。

结构的强度、刚度、稳定性、合理形式等都和内力密切相关，特别是强度和刚度方面，只有先进行结构内力计算，才可进一步判断它是否有足够的强度和刚度。因此，研究各种结构内力的计算方法是结构力学的重要内容。

第二节 结构力学与其他课程的关系

结构力学是土建类专业的基础课，它的先修课程有高等数学、理论力学和材料力学等。结构力学的公式推导、具体计算都离不开数学的知识；理论力学所研究的基本力学原理，如平衡方程、力多边形法则等在结构力学中都得到应用；材料力学和结构力学都研究变形体的强度、刚度和稳定性，两者有着不可分割的内在联系，但材料力学主要是研究单一杆件的内力与变形的计算以及强度、刚度和稳定性的校核，结构力学则致力于杆件体系内力和变形的计算，因为当杆件内力数值知道后，截面强度的核算便与材料力学相同，所以在本课程中不再学习截面强度与刚度校核的问题。对于后续课程，结构力学所讲述的结构计算的原理和方法在钢筋混凝土结构、砖石结构、钢结构和木结构等专业课程中都得到应用，为这些课程提供了力学基础。

第三节　结构的计算简图及其分类

一　结构的计算简图

一个实际的结构，无论是本身的构造还是与其他构件的联结以及荷载的作用与传递都是很复杂的。对其进行力学分析或求解其在外力作用下的内力和变形时，如果不作某些假定，而想完全严格地按照结构的真实情况进行分析，往往是不可能的，同时也是不必要的。因此，在力学分析之前，必须将真实结构加以简化，用一个简化图形来代替实际结构。这种在结构计算中用以代替实际结构的简化图形称为结构的计算简图。

计算简图是对结构进行力学分析的依据，必须慎重选取。如果各种因素都给予考虑，则计算工作量很大的计算简图就不能被接受；相反，如果一个计算简单但不能反映结构实际受力情况的计算简图，不仅失去了结构计算的意义，而且可能造成工程事故。因此，计算简图选择的原则有：

（1）尽量反映结构的主要特征。

（2）力求便于结构的力学计算。

同一结构如选择不同的计算简图，则计算工作量和所得结果的精确度也就不同。例如，在初步设计中选择较为简单的计算简图，但在最后设计中可另选较为精确的计算简图；主要结构的计算简图较次要结构的精确；静力计算的计算简图要比动力和稳定计算的精确；采用先进计算工具时，计算简图比手算的精确。

对实际结构的简化，一般包括下面四个方面的内容。

1. 结构的简化

杆件一般用其轴线来表示，杆长取为两结点之间的距离，而荷载的作用点也移到轴线上。

2. 结点的简化

杆件的汇交点称为结点。尽管实际结构的结点构造是复杂的、多样化的，但一般都简化为铰结点、刚结点和组合结点三类，如图 1.1 所示。

图 1.1　结点的简化

(1)铰结点

图 1.1a)所示的铰结点常用于平面桁架中(可参看图 1.9)。铰结点的几何特征是各杆可以绕该结点自由转动。由于各杆端没有转动约束,相应地便无杆端弯矩。

(2)刚结点

图 1.1b)所示的刚结点常用于刚架中(可参看图 1.10)。刚结点的几何特征是各杆不能绕该结点相对转动,即各杆轴线之间的夹角变形前后保持不变。

(3)组合结点

图 1.1c)所示的组合结点是组合结构中一个结点的计算简图(可参看图 1.11)。组合结点同时具有铰结点和刚结点的几何特征。左图水平杆与竖杆是铰结,右图斜杆则铰结于刚结点上。

3. 支座的简化

联系结构与基础的装置称为支座。同时,当一构件支承于另一构件时,后者也可以说是前者的支座。平面结构的支座可简化为可动铰支座、固定铰支座和固定支座三种基本类型。

(1)可动铰支座

可动铰支座亦称为滚轴支座,如图 1.2 所示。其几何特征是构件可以围绕铰 A 转动,并可沿支承面移动(对图 1.2 来说,即水平方向),但不能在支承面法线方向移动(对图 1.2 来说,即竖直方向)。由于限制了一个方向的移动,所以此种支座具有一个约束反力,如图中 F_A。

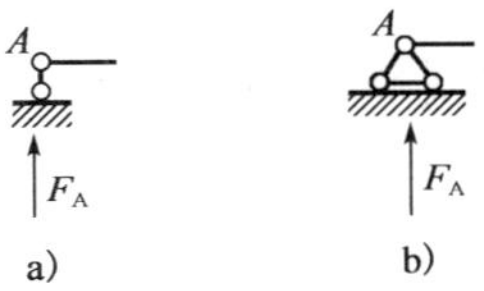

图 1.2

(2)固定铰支座

固定铰支座对应可动铰支座被称为滚轴支座时,亦称为铰支座,如图 1.3 所示。其几何特征是结构可以绕铰 A 转动,但 A 点不能作水平移动和竖向移动。因此约束反力有两个,即水平反力 F_{Ax} 和竖向反力 F_{Ay},两个反力通过铰 A 的中心。

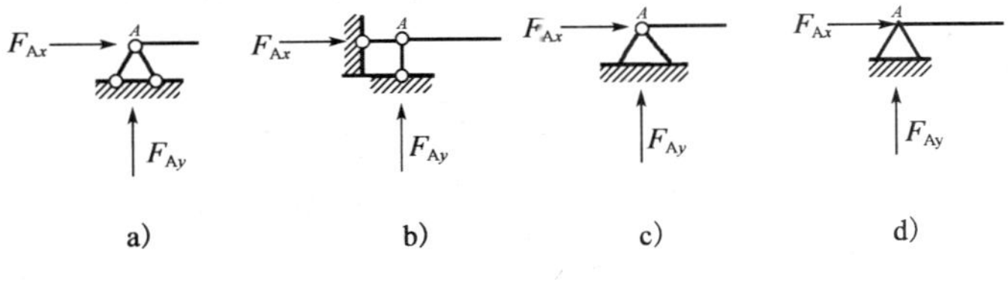

图 1.3

(3)固定支座

固定支座的几何特征是结构在 A 端的转动、水平移动和竖向移动均受限制。如图 1.4 所示,由于存在三个约束,所以支座反力有三个,即反力偶 M_A、水平反力 F_{Ax} 和竖向反力 F_{Ay}。

支座除上述三种基本类型外,还有定向支座(也称滑动支座),如图 1.5 所示,它的反力有水平反力 F_{Ax} 和反力偶 M_A。

4. 荷载的简化

作用在一个结构上的荷载是很复杂的。荷载主要来源于以下四个方面:

(1)直接施加于结构上的力,如风力、设备和人群的荷载等。

(2)构件内各处的重力，如自重。

(3)支座的约束反力。

(4)相连结构的反作用力。

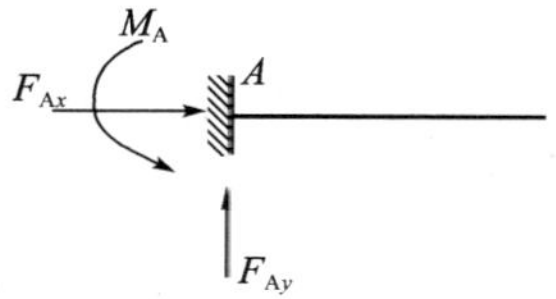

图 1.4

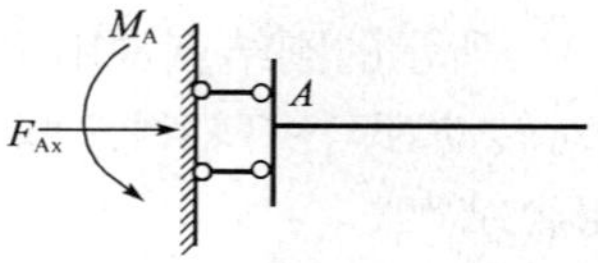

图 1.5

如果要准确地确定这些荷载的大小、方向和作用点将是困难的，必须适当简化。例如作用面积不大，但给予结构较大荷载(如机器自重、搁在结构上的梁端传来的荷载等)的力，按集中荷载考虑；作用在较大面积上的荷载(如人群、自重和风力等)的力，按分布荷载计算；相连部分给结构的反作用力视联结处的构造情况按集中力、集中力偶计算。所有荷载最后都简化为作用在结构纵轴线上的三大类型荷载：线荷载、集中荷载和力偶荷载。

下面用一个简单的例子围绕上述四个方面的简化内容来说明计算简图的取法。

图 1.6 所示的 L 形构件支承于砖墙上，次梁搁在其上，而板搁在次梁上。现选取 L 形构件的计算简图。

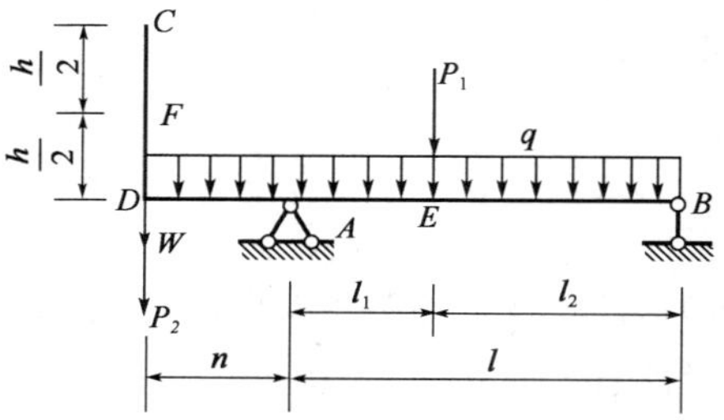

图 1.6

1. 结构的简化

以各杆的纵轴线来代替实际的 L 形构件，当物件与砖墙接触面的长度不大时，取墙的中线至 B 为计算跨度，其余尺寸的取法见图 1.6。

2. 结点的简化

CD 杆与 DB 杆是用钢筋混凝土整体浇筑而成的，且在结点 D 处配置一定数量的钢筋，构件变形后，两杆的夹角保持不变，将 D 看做刚结点。

3. 支座的简化

构件受力后的变形特点是：

(1)构件搁在砖墙上，搁置点 A 和 B 没有竖向移动，但能转动。

(2)构件不能在水平方向发生整体移动。

(3)受温度变化影响时，各杆可自由伸缩。

考虑到上述的变形特点，对支承情况作如下处理：A 处作为固定铰支座，B 处作为可动铰支座。这样 A、B 处就不会竖直向下移动，但可以转动，符合了上述构件变形的第一个特点；由于 A 处为固定铰支座，其水平链杆限制了构件在水平方向的整体移动，符合第二个变形特点；又由于 B 处为可动铰支座，允许构件在水平方向自由伸缩，符合了第三个变形特点。

4. 荷载的简化

DB 杆的自重取为均布荷载 q；次梁 L2 搁在构件 E 处，尽管接触处次梁对构件的作用力的分布情况是复杂的，但可用其合力 P_1 来取代分布的作用力；同理，次梁 L1 对构件的作用力用在 D 点的集中力 P_2 来表示；DC 杆的自重作用在 F 点处用集中力 W 来代替；在支座 A、B 处，采用了这个计算简图，就是假定构件的反力沿墙宽为均匀分布，并以墙宽中点的合力来代替分布的反力。

要选择好一个结构的计算简图，要求有丰富的结构设计、施工经验和力学知识。对于一些新结构形式的计算简图，往往需要通过反复试验和实践才能确定；对于常用的结构型式，其计算简图是实践经验的总结，可直接采用。

当选定了计算简图之后，往往要采取相应的构造措施，以使结构实际内力与所选的计算简图相符。

二 结构的分类

结构的分类是按照结构计算简图来进行的，常见的平面杆件结构有如下几种类型。

1. 梁

梁是一种以弯曲变形为主的构件，水平梁在竖直荷载作用下，其截面内力只有弯矩和剪力，如图 1.7 所示。

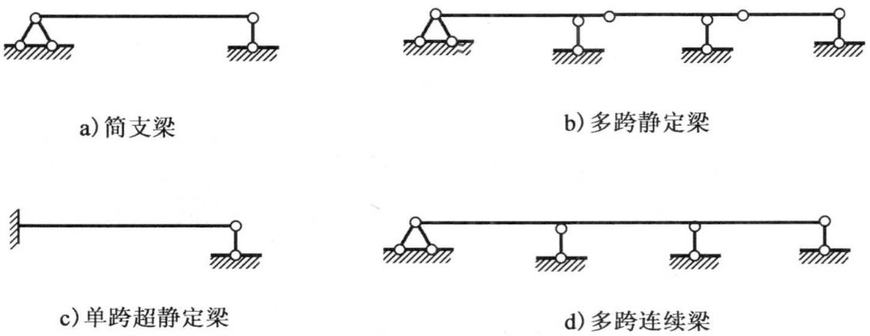

图 1.7

2. 拱

拱是由曲杆组成，并且在竖向荷载作用下能产生水平反力的杆件结构。其截面内力有弯矩、剪力和轴力。在一定条件下，可以使拱以压缩变形为主，此时各截面主要承受轴向压力。如图 1.8 所示，图 1.8a) 是静定拱，图 1.8b) 是超静定拱。

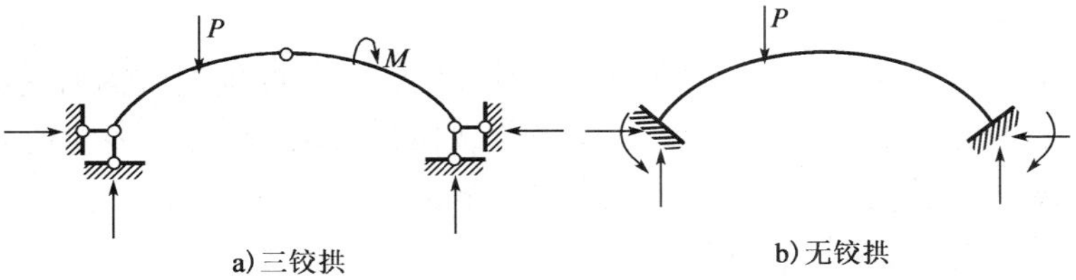

图 1.8

3. 桁架

桁架是由直杆组成，各杆端以铰联结而成的结构。在结点荷载作用下，各杆只有轴力。如图 1.9 所示，图 1.9a) 是静定桁架，图 1.9b) 是超静定桁架。

4. 刚架

刚架是由梁和柱组成，并具有刚结点的杆件结构。刚架也是以弯曲变形为主，在荷载作用下各截面除有弯矩和剪力外，还有轴力。如图 1.10 所示，图 1.10a）是静定刚架，图 1.10b）、图 1.10c）是超静定刚架。

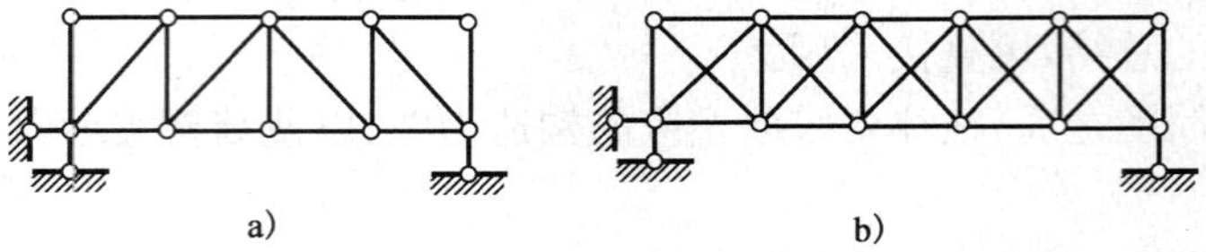

图 1.9

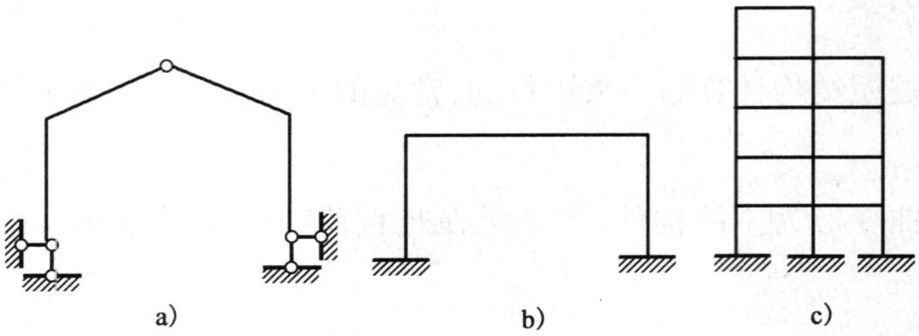

图 1.10

5.组合结构

组合结构的特点是存在组合结点。在此结构中，有些杆件只有轴力（称为桁式杆），而另一些杆件同时存在弯矩、剪力和轴力（称为梁式杆）。如图 1.11 所示，图 1.11a）是静定组合结构，图 1.11b）是超静定组合结构。

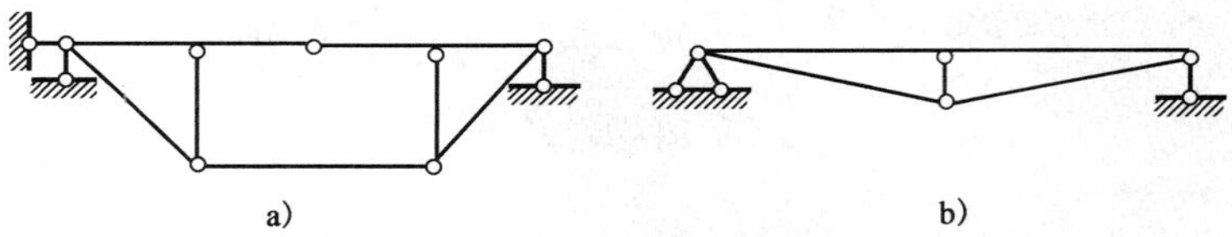

图 1.11

第四节　荷载的分类

作用在结构上的力称为荷载。在进行结构计算之前，首先要确定结构所受的荷载，这是进行结构受力分析的前提，必须慎重对待。如果将荷载估计过大，就会过多地消耗材料，造成浪费；反之，若将荷载估计过低，则不能保证结构的安全。

结构计算中常见的荷载，分类如下：

（1）按荷载作用的时间，分为恒载和活载。

①恒载是作用在结构上的不变荷载，如结构的自重、固定设备重等。

②活载是作用在结构上的可变荷载，如楼面活荷载、风荷载、雪荷载和吊车荷载等。

（2）按荷载作用的分布情况，分为集中荷载和分布荷载。

①当荷载的分布面积远小于结构的表面积时，就可认为荷载集中作用在结构的一点上，称为集中荷载。如吊车梁上的轮压、次梁传给主梁的梁端压力，屋架传给柱子的压力等。

②连续分布在结构上的荷载，称为分布荷载。当分布荷载在结构上均匀分布时，称为均布

荷载;不均匀分布时,称为非均布荷载。例如,梁板自重及作用在结构上的活重等可视作均布荷载;水对水池侧壁的压力随深度而变化,呈三角形分布,便是非均布荷载。

(3)按荷载作用的性质,分为静力荷载与动力荷载。

①静力荷载是缓慢地施加于结构上的荷载,当它由零达到最终值后,其大小、方向和位置不随时间而变化,在加荷载过程中结构不产生明显的加速度,可认为不产生惯性力,如结构自重等。

②动力荷载是急剧地施加于结构上的荷载,其大小、方向和位置等都可能随时间而改变,使结构产生显著运动,因为产生加速度所以必须考虑惯性力的影响。如机器运转时产生的荷载、冲击波对结构的压力等。

思考题

1. 结构力学的研究对象是什么?
2. 结构力学的任务是什么?
3. 结构计算简图简化的原则。
4. 结构的分类共有几种?
5. 荷载的分类有哪些?
6. 如何画出拱的简图?
7. 如何画出刚架的简图?

第二章　平面体系的几何组成分析

第一节　几何组成分析的目的

杆件结构是由若干杆件组成的杆件体系，按不同的组成形式有不同的几何形状。如图 2.1a)所示的矩形体系，各杆均为铰结，在稍微加一点力以后，其几何形状就将引起显著变化，变成平行四边形(如图中虚线所示)，这种变化主要是由于杆件间产生刚体运动而引起。又如图 2.1b)所示的三角结构，在加力以后，其杆件间不会产生刚体运动，几何形状也不会引起显著变化，只是由于材料的应变会引起一点微小的形状改变，但这种形状改变量与结构的原来尺寸相比，一般来说是很微小的，并不影响结构的正常工作。在几何组成分析中，我们将不考虑这种微小变形的影响，而把杆件当作是刚性的，只考虑杆件间的刚体运动。如果结构在承受荷载以后，其几何形状或各杆的相对位置不会引起任何变化(即杆件间不会产生机械运动)的体系，称为几何不变体系；如果在荷载作用下，其几何形状或各杆的相对位置引起变化的体系，则称为几何可变体系。图 2.1a)所示的属几何可变体系，而图 2.1b)所示的则属几何不变体系。

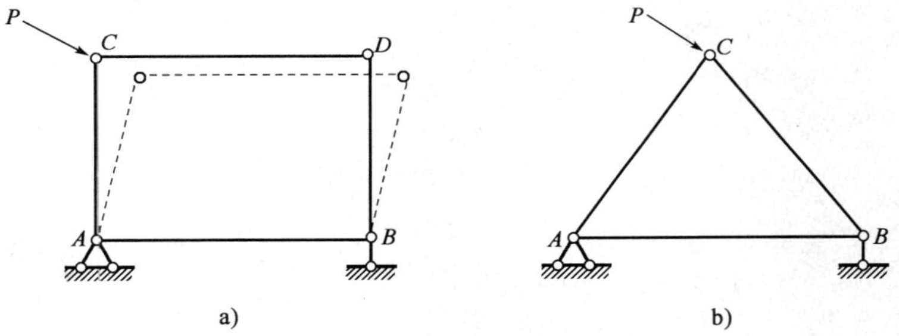

图　2.1

在建筑工程中，各种结构都可能承受一定的荷载，而可变体系在荷载作用下不能维持平衡，因此建筑结构不能采用可变体系，而必须采用几何不变体系。作为结构设计者，首先应当具备几何分析的知识，以保证结构具有可靠的几何组成，避免工程中出现可变的结构，这就是进行几何分析的主要目的；其次，通过几何组成分析也可了解体系中各个部分的相互依赖或独立的关系，从而改善和提高结构的性能，以及可以有条不紊地计算结构的内力。

第二节　平面体系的自由度

为了确定一个体系是否可变，最好先弄清楚该体系的自由度。一个体系的自由度就是体系运动时可以独立改变的几何参数的个数，也就是完全确定体系的位置所需要的独立坐标数。

先研究一个点在平面内运动的自由度。如图 2.2 所示的一点 A，设它在 xy 平面内可自由运动，即它有沿 x 轴运动的自由，也有沿 y 轴运动的自由。也即点 A 在 xy 平面内的位置，应由 x 和 y 两个坐标确定。因此，一个点在平面内的自由度是 2。

再研究一个刚片在平面内运动的自由度。如图 2.3 所示的一几何形状不变的刚片 AB，此刚片在平面内除了有沿 x 轴和 y 轴运动的自由外，还有绕刚片内任意一点转动的自由。或者说，其位置可以由刚片内任意点 A 的坐标 x 和 y 以及过 A 点在刚片上的任一直线 AB 的倾角 φ 来表示。无论刚片运动到 xy 平面的任何位置（图中虚线表示运动后的位置），只要分别给出 x、y 和 φ 这三个独立参数的数值，则刚片在平面内的位置便可完全确定。因此，一刚片在平面内的自由度是 3。

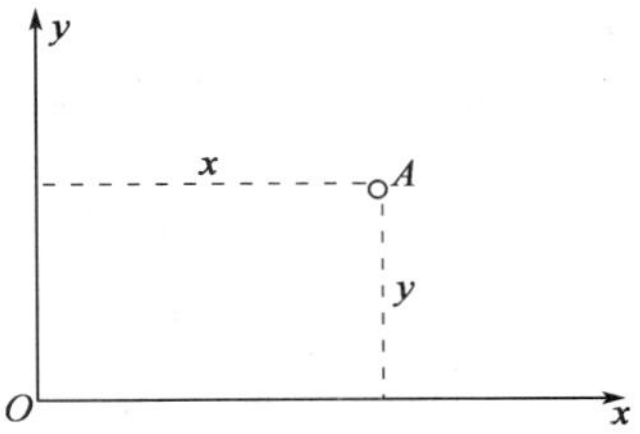

图 2.2

在几何分析中，可能遇到各式各样的杆件或由它们组成的部分，但不论它们的具体形式如何，只要其本身确实是几何不变的，就可把它看做刚片。图 2.4 中的 1、2、3、4、5 等构件都可看做刚片。

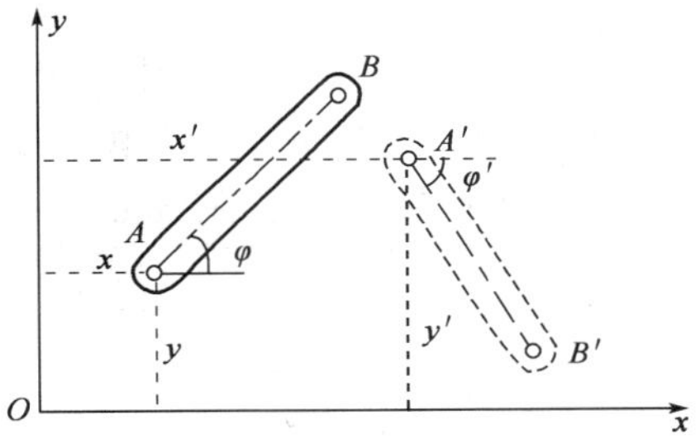

图 2.3

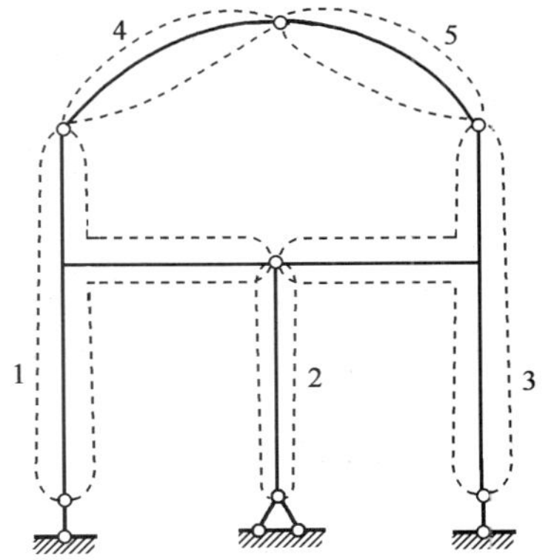

图 2.4

下面讨论两类平面体系的自由度。

一 平面刚片系的自由度

每个平面杆件结构通常都是由若干杆件（刚片）互相用铰联结而成，并用一定的支承链杆与基础相连，所有这样的体系都可称为刚片系。图 2.5 所示就是一任意布置的刚片系。要研究刚片系的自由度，首先可设想铰和支承链杆都不存在，于是每个刚片均可在平面内自由运动，各自的自由度为 3，以 m 表示刚片数，则体系的总自由度为 $3m$。实际上铰和支承链杆的存在都使体系的自由度减少，下面将分别讨论铰与支承链杆对自由度的影响。

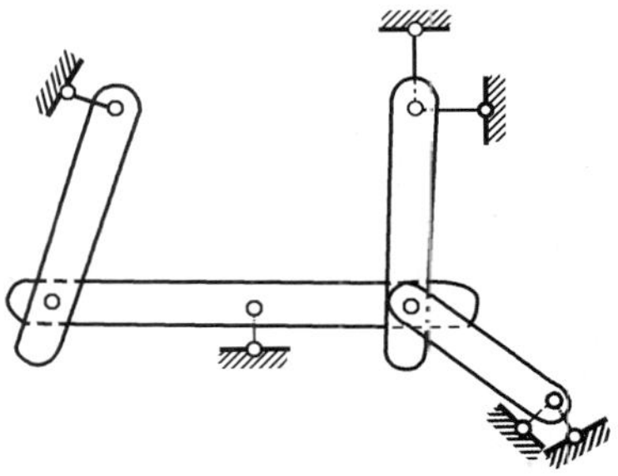
图 2.5

两个互不相连的刚片，共有 6 个自由度，若用一个铰把两个刚片联结起来，如图 2.6a）所示，则此刚片系的自由度为 4。因为用三个坐标可先确定刚片Ⅰ的位置，刚片Ⅱ则只能绕 A 点转动，只要一个坐标参数便可确定刚片Ⅱ的位置。因此由于铰 A 的存在，刚片Ⅰ和Ⅱ的自由度由6减为4。将联结两刚片的铰称为简单铰（也称单铰）。一个简单铰可以减少2个自由度，其作用相当于2个联系（约束）。图2.6b)所示的三个刚片，若无联系，则共有9个自由度，现刚片Ⅰ和Ⅱ用铰 A 相连，刚片Ⅱ和Ⅲ用铰 B 相连，两个单铰共减少4个自由度，相当于4个约束，刚片系的自由度由9减为5。

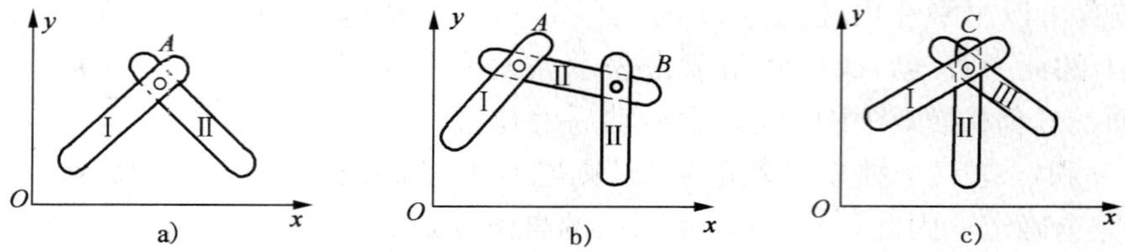

图 2.6

若将铰 A 和 B 合并在一起，如图2.6c)所示，即把三个刚片同时连接在一个铰 C 上，这样的铰属于复铰。用三个坐标可先确定其中一个刚片的位置，其余两刚片则还可分别绕铰 C 转动，即还有2个自由度，因此体系的自由度为5。由此可见，联结三个刚片的复铰可减去4个自由度，相当于两个简单铰的作用。由此可推知，联结 n 个刚片的复铰可以当作 $n-1$ 个单铰，它具有 $2(n-1)$ 个约束能力。这里还要注意刚片数的计算，图2.7所示的三个图中似乎都是一个铰结点上有三个刚片，但实际上只有图2.7a)中 A 结点上有三个刚片，铰 A 相当于两个单铰，而结点 B 和 C 只联结着两个刚片，铰 B 和 C 各相当于一个单铰。为了避免混淆，我们把铰 A 称为完全铰，而把铰 B 和 C 称为不完全铰。

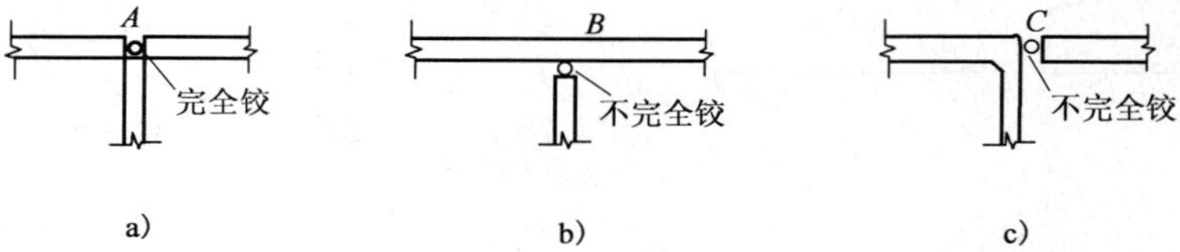

图 2.7

此外，如图2.8所示，用一根沿 y 方向的支承链杆把刚片上的点 A 与基础相连，则刚片失去了沿 y 轴运动的自由，只有沿 x 轴运动和绕 A 点转动的自由，因此刚片的自由度由3减为2，即丧失了一个自由度。由此可知，一根支承链杆可约束一个自由度，即相当于一个联系（约束）。

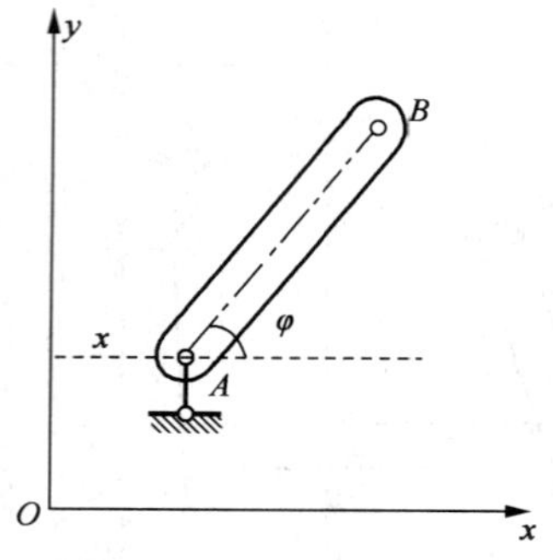

图 2.8

综上所述，现设体系中的刚片数为 m，单铰数为 h（若遇复铰，先化为单铰数计算），支承链杆数为 r，则体系的自由度 W 为：

$$W=3m-2h-r \tag{2.1}$$

应用式(2.1)时，必须注意单铰数 h 只包括刚片与刚片之间相互联结所用的铰，而不包括刚片与支承链杆相联结所用的铰。

当体系不与基础相连，即 $r=0$ 的情况下，体系对基础必有3个自由度，此时只需研究体系本身各部分之间相对运动的自由度，简称为内部可变度，用 V 表示，则 $W=V+3$，将此式与

$r=0$代入式(2.1),得刚片系的可变度为:

$$V=W-3=3m-2h-3 \quad (2.2)$$

【例 2.1】 计算如图 2.9 所示体系的自由度。

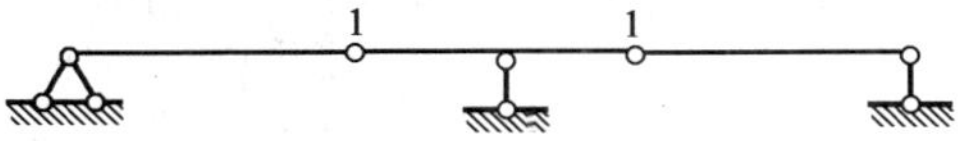

图 2.9

【解】 该体系是与地基相连,故用式(2.1)计算。

因为　$m=3,h=2,r=4$

所以　$W=3\times3-2\times2-4=1$

即体系具有 1 个自由度。

【例 2.2】 计算如图 2.10 所示体系的自由度。

【解】 该体系不与基础相连,故用式(2.2)计算。

因为　$m=7,h=9$

所以　$V=3\times7-2\times9-3=0$

即体系可变度为 0。

【例 2.3】 计算如图 2.11 所示体系的自由度。

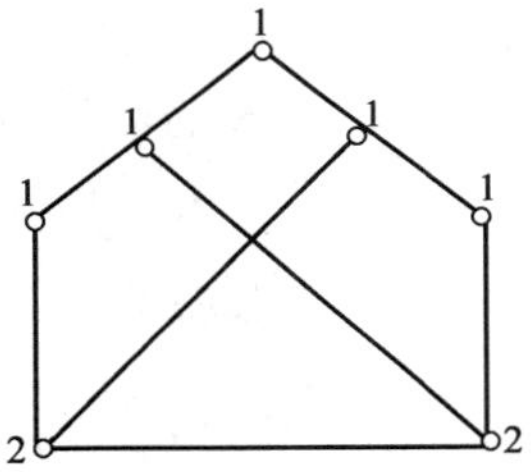

图 2.10

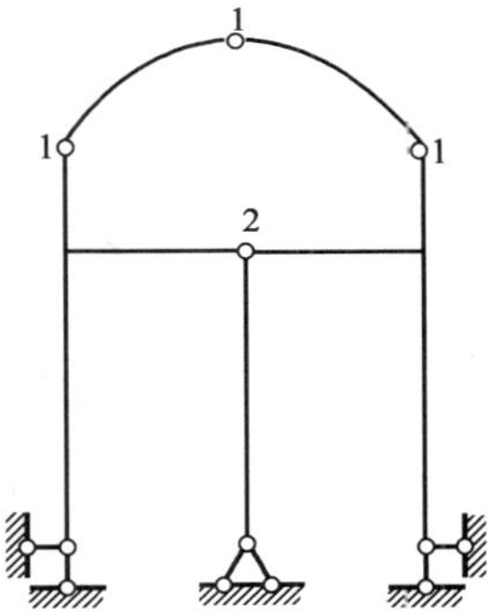

图 2.11

【解】 该体系与基础相连,故用式(2.1)计算。

因为　$m=5,h=5,r=6$

所以　$W=3\times5-2\times5-6=-1$

即体系无自由度,且有一个多余约束。

注意:这里所说"多余约束",即没有它体系已有足够的约束,可使自由度为 0。

二 平面链杆系的自由度

仅在杆的两端用铰联结的杆件称为链杆,它是刚片的特殊形式,通常桁架都是由这类杆件组成。链杆系的自由度当然也可以用式(2.1)和式(2.2)计算,但在链杆系中复铰较多,计算有所不便。因此,我们从结点出发另外推导两个公式。

在链杆系中，假如各结点都是互不相连地独立存在，则每一结点在平面内的自由度是2。

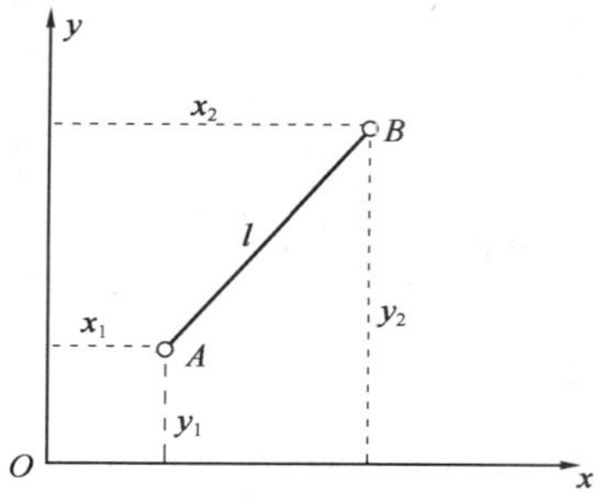

图 2.12

两个独立的结点 A 和 B 应有4个自由度，即4个参数 x_1、y_1、x_2、y_2，如图2.12所示。当两结点由一链杆相连后，A、B 两点的四个参数之间应满足下列关系：

$$(x_2-x_1)^2+(y_2-y_1)^2=L^2$$

其中可以独立改变的参数只有3个。因此，一根链杆相当于一个约束，即两结点间加一链杆，则减少1个自由度。

现以 j 记为链杆系中的结点数，b 为链杆数，r 为支承链杆数。则链杆系的自由度 W 为：

$$W=2j-(b+r)$$

$$W=2j-b-r \tag{2.3}$$

应用式(2.3)时，应注意结点 j 的计算，凡联结杆端或联结杆件与支承链杆的铰都应算作结点。但链杆(或支承链杆)与地基联结的铰则不计入。

当体系不与基础相连，体系内部可变度则为：

$$V=W-3$$

$$V=2j-b-3 \tag{2.4}$$

【例2.4】 计算如图2.13所示体系的自由度。

【解】 用式(2.3)计算。

因为　　$j=9, b=15, r=3$

所以　　$W=2j-b-r=2\times9-15-3=0$

即体系自由度为0。

【例2.5】 计算如图2.14所示体系的自由度。

【解】 图中只有 A、B、C 应看做结点。其余与地基相连的铰不算入节点数 j 内(因为两斜杆视作支承链杆)。

因为　　$j=3, b=2, r=5$

所以　　$W=2j-b-r=2\times3-2-5=-1$

即体系无自由度，且有一个多余约束。

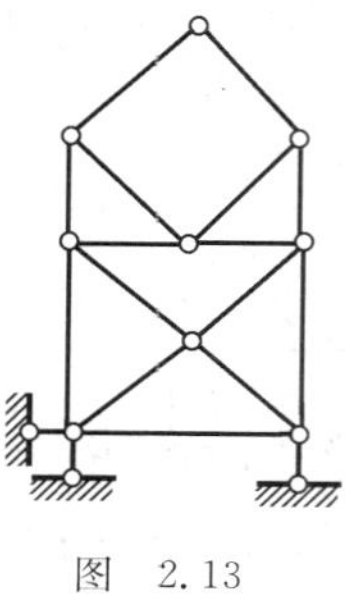
图 2.13

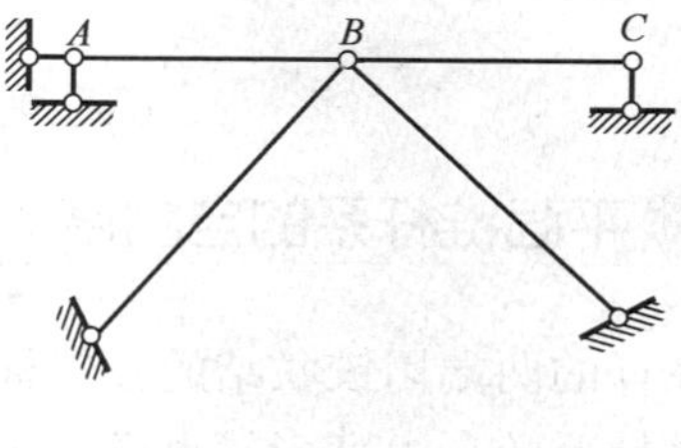

图 2.14

第三节　几何不变体系的组成规律

应用式(2.1)～式(2.4)计算自由度时，可能遇到以下三种情况：

(1)$W>0$ 或 $V>0$；

(2)$W=0$ 或 $V=0$；

(3)$W<0$ 或 $V<0$。

第一种情况表明体系存在自由度，体系肯定是几何可变的。

第二种情况表明体系的约束数正好等于体系中刚片全无联系时的自由度数，因此体系有可能几何不变，但还不一定能保证体系是几何不变。图 2.15 所示的三种情况，都是一根杆件(刚片)用三根支承链杆与基础相连，用式(2.1)计算，结果都是 $W=0$，但除了图 2.15a)所示简支梁形式的体系我们已知它是几何不变之外，图 2.15b)中由于三根支承链杆交汇于一点，杆件可绕铰转动，图 2.15c)三根支承链杆相互平行，杆件可做水平运动，因此图 2.15b)、图 2.15c)所示的两种体系都是几何可变的。

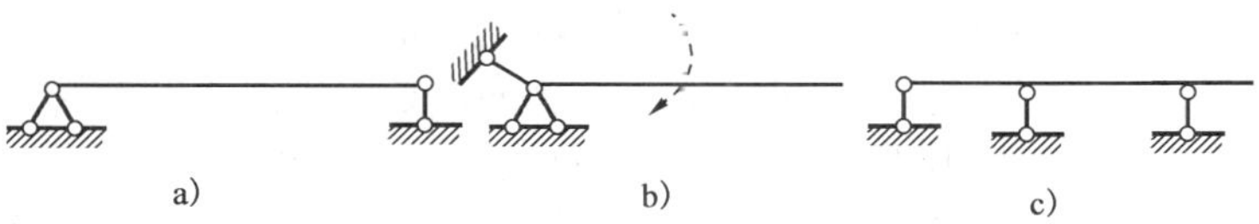

图　2.15

第三种情况表明体系有多余约束，但体系也不一定就保证是几何不变的。这同理可由图 2.16所示的三种情况，用式(2.1)计算结果都是 $W=-1$，但显然只有图 2.16a)所示体系是几何不变的，而图 2.16b)、图 2.16c)所示的两种体系都是几何可变的。

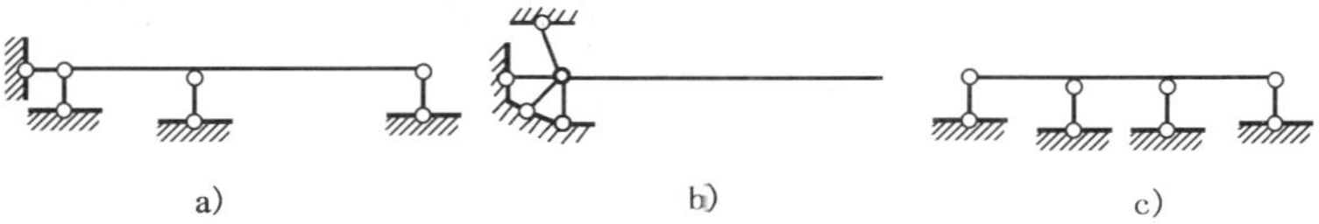

图　2.16

因此，体系的自由度为 0 或小于 0(有多余约束)只表明该体系有足够的约束数，但并不保证体系一定是几何不变的。这还要由杆件、支承链杆的布置情况而定。因此，用式(2.1)算得体系自由度等于零，只是体系几何不变的必要条件，但不是充分条件，还必须通过几何组成分析才能得出体系可变或不变的结论。

组成平面几何不变体系的一般规律有以下三个。

规律一：两个刚片用不交于一点及不相互平行的三根链杆联结，则组成内部几何不变的体系。

图 2.17a)所示的刚片Ⅰ和Ⅱ，它们由交于点 P 的两链杆 ab 及 cd 相连，组成四链杆机构。从运动学知识可知，点 P 是刚片Ⅰ和Ⅱ的相对转动瞬心，很明显这是一个可变体系。

若再加一根不通过 P 的链杆 ef，如图 2.17b)所示，它与链杆 cd 相交于点 K，与链杆 ab 相交于点 L，点 K 与点 L 是刚片Ⅰ和Ⅱ的另两个相对转动瞬心。这样刚片Ⅰ和Ⅱ同时会绕三个瞬心作相对转动，这是不可能的。因此，我们说两个刚片用不交于一点及不相互平行的三根链杆相连，可组成一个内部几何不变的体系；至于三根链杆若相互平行，两刚片则可作相对平动，自然是几何可变的体系了。

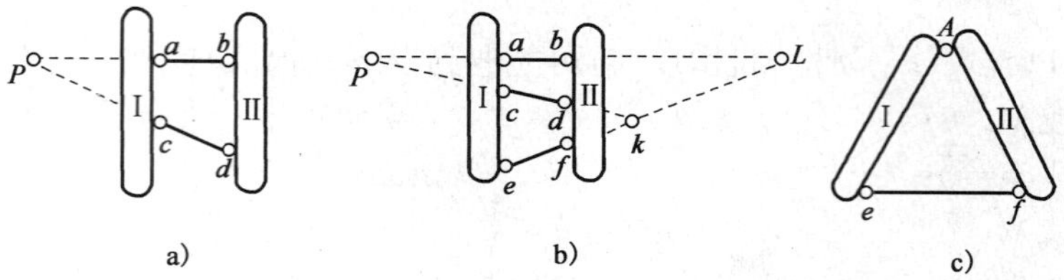

图 2.17

以上规律也可推广叙述如下：两个刚片用一个铰和一根链杆相连，可组成内部几何不变体系。因为一根链杆等于 1 个约束，一个单铰等于 2 个约束，如图 2.17c）所示，只要链杆 ef 不通过铰 A，则体系是内部几何不变的。

规律二：三个刚片用不在一条直线上的三个铰相联结，则组成内部几何不变的体系。

若把图 2.17c）中的链杆 ef 看做刚杆Ⅲ。如图 2.18 所示，就得规律二。图中铰(1,2)表示该铰是将刚片Ⅰ、Ⅱ联结起来的。铰(2,3)及铰(1,3)也是类似的标志。

在上述联结三个刚片的三个铰中，可以部分或全部都是虚铰。所谓虚铰，就是联结两个刚片的两根链杆的交点。图 2.19 中所示的铰(1,3)及铰(2,3)就是虚铰，而铰(1,2)是实铰。此外还应注意，只有联结相同的两个刚片的两根链杆的交点才能称为铰或虚铰，以用于几何组成分析中。

规律三：从一个刚片上用两根链杆联结一新结点，则组成内部几何不变的体系。

如图 2.20 所示，若把链杆 1 和链杆 2 看做两个刚片，即变成三刚片用三个不在一条直线上的铰相连，所以是内部几何不变体系。通常把链杆 1 和链杆 2 及铰 A 称作二元体，因此规律三又称二元体规律，并有以下特点：加(或减)二元体于体系上，不改变原体系的自由度。

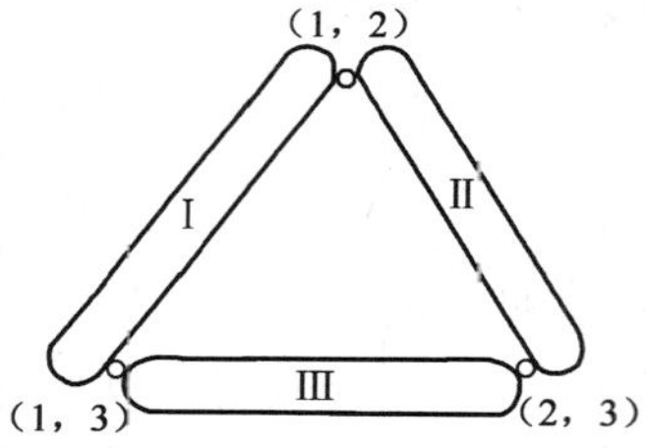

图 2.18

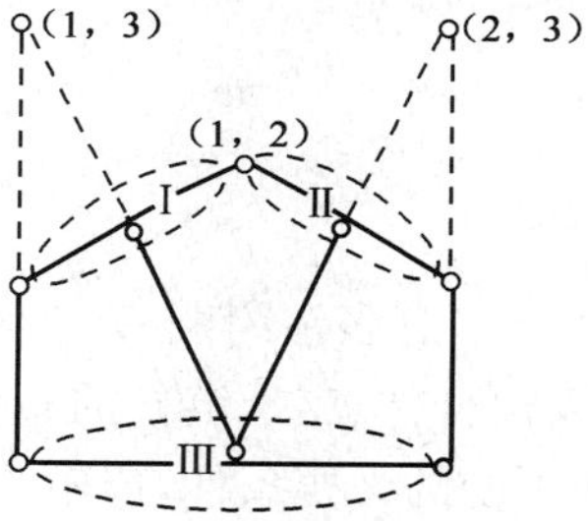

图 2.19

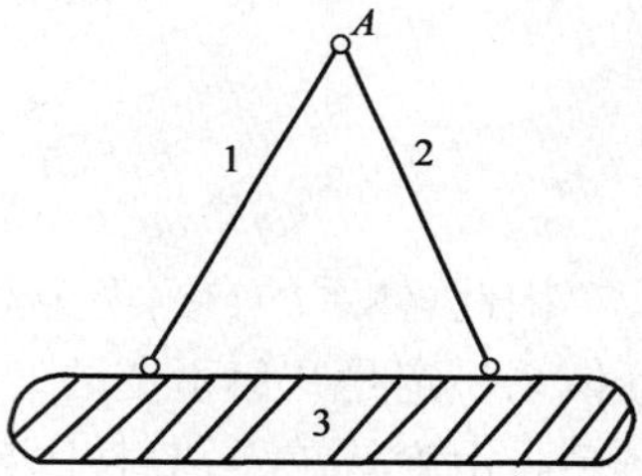

图 2.20

下面通过一些例题说明如何运用这些规律分析体系的几何组成。

【例 2.6】 试分析如图 2.21a)所示体系的几何组成。

【解】 可先选择适当的公式计算体系的自由度，计算结果若 $W>0$ 或 $V>0$，可肯定体系是可变的，就无需作几何组成分析。若 $W\leqslant 0$ 或 $V\leqslant 0$，就应再进行分析。

(1)用式(2.4)计算体系的可变度 V

由图可知　　$j=9, b=15$

所以　　$V=2j-b-3=2\times 9-15-3=0$

(2)进行几何组成分析

如图 2.21b)所示，先找出 012 部分，它是三角形，符合规律二，是几何不变部分。在此基础上加上杆件 23 及 03，得一新结点 3，符合二元体规律，所以也是几何不变的。再加二元体(34,14)，将几何不变部分扩展到结点 4，形成整个刚片Ⅰ。又以三角形 0′1′2′为几何不变部分，加二元体(2′3,0′3)，得刚片Ⅱ。刚片Ⅰ与Ⅱ用铰 3 及杆 41′相连，符合规律一，所以 022′0′整个部分都是几何不变的。最后加上二元体(25,2′5)，亦是几何不变。

因此，整个体系是内部几何不变的。

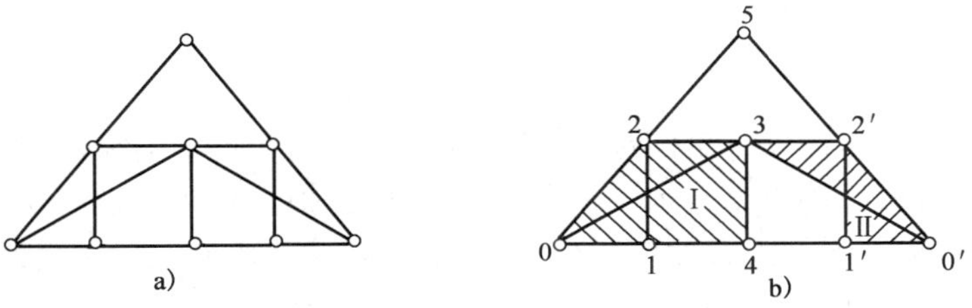

图 2.21

【例 2.7】 试分析图 2.22a)所示体系的几何组成。

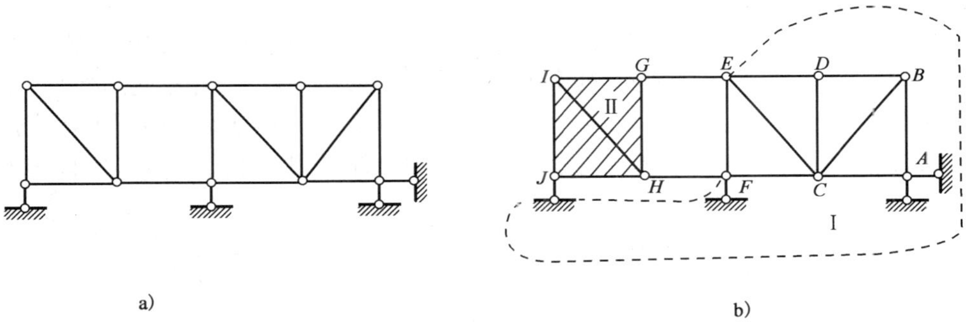

图 2.22

【解】 (1)用式(2.3)计算体系的自由度

由图可知 $j=10, b=16, r=4$

所以 $W=2j-b-r=2\times10-16-4=0$

(2)进行几何组成分析

如图 2.22b)所示，ABC 部分是三角形几何不变，依次加上二元体(BD,CD)、(DE,CE)、(EF,CF)，也为几何不变。再在 A 与 F 铰处加上三根支承链杆与基础相连，得一几何不变刚片Ⅰ。体系左边有阴影线部分，是三角形加二元体，也是几何不变，记为刚片Ⅱ。刚片Ⅰ与Ⅱ之间用 EG、FH 链杆及 J 点处的支承链杆相连，符合规律一。

因此，整个体系是几何不变。

【例 2.8】 试分析如图 2.23a)所示体系的几何组成。

【解】 此体系的自由度已在【例 2.3】中算出，结果是 $W=-1$，即有一个多余约束，现进行几何组成分析。

如图 2.23b)所示，地基连同固定铰支座可看做一刚片，称为Ⅰ，ACE 可看做刚片Ⅱ，而杆 BC 可看做刚片Ⅲ，这三刚片用铰 A、铰 B、铰 C 相连，符合规律二，因此构成一个几何不变部分。再将 CDF 部分看做一个刚片，这刚片与原先的几何不变部分用铰 C 及铰 D 相连。

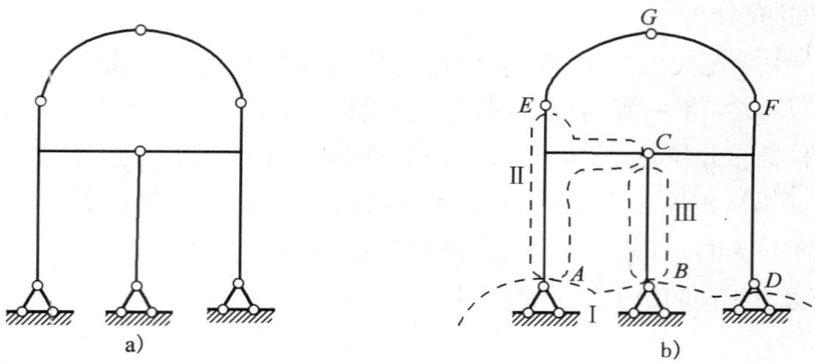

图 2.23

按规律一,两刚片只需要一个铰及一根链杆相连就可保证几何不变,现用两个铰相连,当然是几何不变,而且有一约束是多余的(例如,支座 D 去掉一根支承链杆也可以,它就是多余的约束)。在此基础上,再加上二元体(EG、FG),自然不会影响其几何不变性。

因此,整个体系是几何不变的,且有一多余约束。

第四节 瞬 变 体 系

如果结构体系的几何组成虽然满足 $W(V)\leqslant 0$ 的条件,但由于杆件与铰的布置不当,仍为几何可变。几何可变又可分常变与瞬变两种。如图 2.24a)所示,两刚片之间用相交于一点的三根链杆相连,则刚片Ⅰ可绕铰 A 任意转动,这是常变体系。又如图 2.24b)所示,两刚片之间用三根等长而相互平行的链杆相连,则刚片Ⅰ可相对刚片Ⅱ任意作平移,所以也是常变体系。

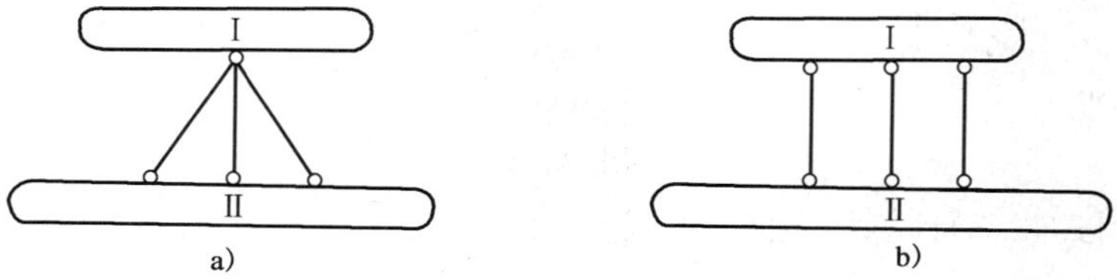

图 2.24

如图 2.25a)所示,两刚片用三根延长可交于点 O(虚铰)的链杆相连,因此两刚片可以绕它们的相对瞬心 O 作相对转动,但经微小转动后,三根链杆就不再交于一点。因而体系也转入不变状态,像这种发生几何微小变动后即转为不变的体系,称为瞬变体系。如图 2.25b)所示,两刚片用三根互相平行但不等长的链杆相连,亦为瞬变体系,因为刚片Ⅰ相对刚片Ⅱ稍作移动后,三根链杆不再互相平行。如图 2.25c)所示,三刚片用三个在一直线上的铰相连,由于 A、B、C 三点在一条直线上,杆Ⅰ与杆Ⅱ在点 C 都会垂直向下沿同一方向运动,所以这时 C 点可发生微小变动至 C' 点,但一经变动后,三个铰就不在一条直线上,因而体系转入几何不变。由此可知,连接三个刚片的三个铰处在同一条直线上,也是构成瞬变的几何特征。

常变体系在工程上固然不能采用,瞬变体系从理论上来说虽然只发生很小的几何变形,但它很接近几何可变的形式,同时这种体系即使承受很少的荷载也能产生导致结构破坏的巨大内力,所以在工程中也不能采用。

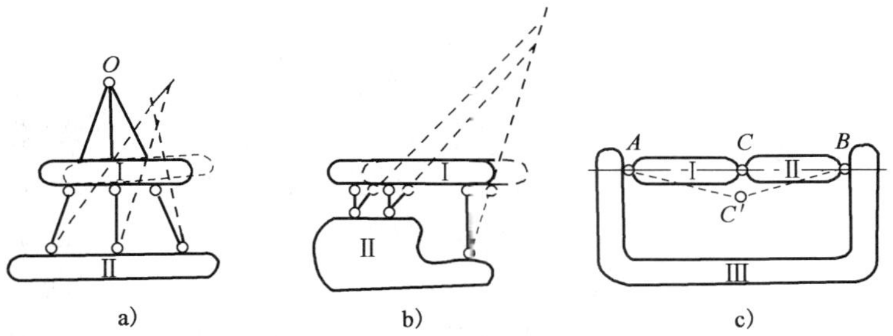

图 2.25

图 2.26a)所示的瞬变体系，设在 C 点有一竖向荷载 P 作用。当 C 点移至 C' 点以后体系才能平衡，杆 AC 和 BC 的内力可由节点 C 的平衡条件求得，即

$$\sum X=0 \quad -N_{AC}\cos\alpha+N_{BC}\cos\alpha=0$$

$$\sum Y=0 \quad N_{AC}\sin\alpha+N_{BC}\sin\alpha-P=0$$

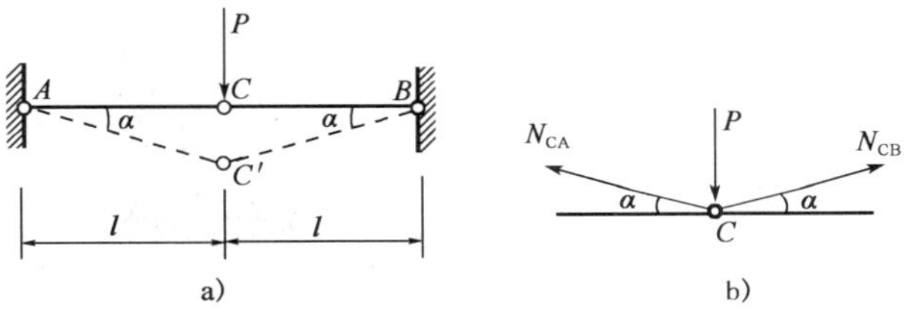

图 2.26

所以 $N_{AC}=N_{BC}=\dfrac{P}{2\sin\alpha}$（拉力）

若 $\alpha=0$，则 $\sin\alpha=0$，此时：

$$N_{AC}=N_{BC}=\frac{P}{2\times 0}=\frac{P}{0}=\infty$$

即力 P 虽然非常小，亦能产生无限大的内力。就算考虑 C 点有微小位移，α 角度不等于 0，但仍是非常小的数值，此时 $\sin\alpha$ 很接近零值，所以杆件内力也是非常大。这种情况应该避免。

【例 2.9】 试分析如图 2.27a)所示体系的几何组成。

【解】 (1)计算自由度

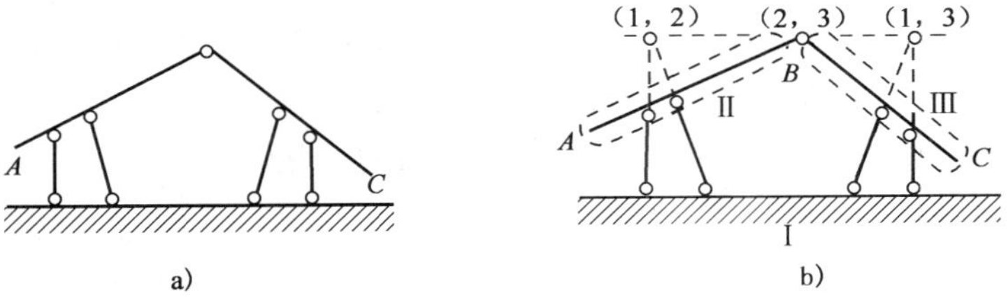

图 2.27

因体系属刚片系，且与地基相连，应用式(2.1)计算自由度。

由图可知 $m=2, h=1, r=4$

所以　　$W=3m-2h-r=3\times2-2\times1-4=0$

(2)几何组成分析

一个几何不变部分与地基相连，只需三根链杆便组成整体不变的体系。现图中有四根链杆与地基相连，而从自由度 $W=0$ 看却没有多余联系，这些说明上部(内部)缺少一联系，而外部则有一多余联系，内部不足可由外部来补足。遇到这一类情况，可连同地基一起来分析。如图 2.27b)所示，设地基为刚片Ⅰ，再设 AB 和 BC 分别为刚片Ⅱ和Ⅲ。选定刚片后再检查这三个刚片间的联结情况。刚片Ⅱ、Ⅲ之间有实铰(2、3)联结。刚片Ⅱ和Ⅰ之间有两链杆相连，其虚铰为(1,2)，刚片Ⅲ和Ⅰ之间有两链杆相连，虚铰为(1,3)。由于连接三刚片的三个铰(2,3)、(1,2)和(1,3)在一条直线上，所以体系是一瞬变体系。

【例 2.10】 试分析如图 2.28a)所示体系几何组成。

【解】 (1)计算自由度

因体系属刚片体系，且与基础相连，应用式(2.1)计算自由度。

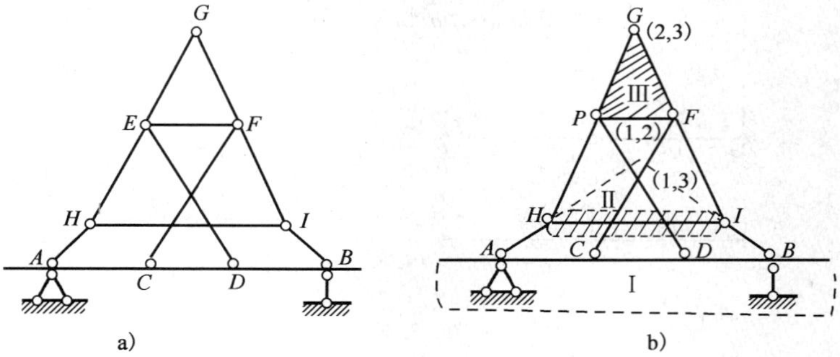

图　2.28

由图可知　　$m=11, h=15, r=3$

所以　　$W=3m-2h-r=3\times11-2\times15-3=0$

(2)几何组成分析

如图 2.28b)所示，杆件 AB 与地基用三条不交与一点的链杆相连，符合规律一，是几何不变部分，记为刚片Ⅰ。HI 杆为刚片Ⅱ，再设 GEF 三角形部分为刚片Ⅲ。刚片Ⅰ和Ⅱ之间有链杆 AH 和 BI 相连，即铰(1,2)联结；刚片Ⅱ和Ⅲ之间有链杆 HE 和 IF，即铰(2,3)联结；刚片Ⅰ和Ⅲ之间有链杆 CF 和 DE，即铰(1,3)联结。从图中分析结果表明，(1,2)、(2,3)和(1,3)三个虚铰在一条直线上，因此体系是瞬变体系。

通过上面两例，可以知道自由度为 0 是判断体系是否为瞬变体系的一种方法。此方法的要点是：把体系一些部分作为三个刚片，其余杆件作为联结刚片的链杆(或用实铰联结刚片)。看联结刚片的三个铰(实铰或虚铰)是否在一条直线上(包括三铰是否汇交于一点)。若是则为瞬变体系，否则是几何不变体系。要注意，分析过程中体系内每一杆件都要用上，或视作刚片，或视作链杆，不能漏掉。而且每杆只能用一次，不能重复使用。

小　结

本章学习了几何不变体系(无多余约束和有多余约束)、几何可变体系(恒变和瞬变)的概念；约束个数概念和体系自由度计算；无多余约束几何不变体系的三个组成规则以及对杆件组成的体系作几何组成性质分析的方法。

几何不变体系：在受到任意方向的外力作用或外部干扰时，如果不考虑杆件的弯曲或伸缩变形，几何形状或各部分的位置都不发生改变的体系。在平面问题中，几何不变体系又叫刚片。几何不变体系分为无多余约束和有多余约束两类。

几何可变体系：在受到任意方向的外力作用或外部干扰时，即使不考虑杆件的弯曲或伸缩变形，几何形状或各部分的位置也会发生改变的体系。几何可变体系分为几何瞬变体系和几何恒变体系两类。

几何组成性质：体系是几何不变的或几何可变的这一特性称为体系的几何组成性质。

几何组成分析：确定一个体系几何组成性质的分析过程。

自由度：体系或其部分在空间中可能运动方向的数目。平面内不受约束的一个点有 2 个自由度，一个链杆或一个刚片有 3 个自由度。

1 个约束：能减少体系 1 个自由度的装置。平面内一根链杆就是 1 个约束，1 个单铰（只联结两个刚片的铰）是 2 个约束，一个刚性联结是 3 个约束。

虚铰：不共用同一个铰的两根链杆延长线的交点。

复铰：联结三个及以上刚片的铰。联结 n 个刚片的复铰相当于 $n-1$ 个单铰。

几何不变体系的组成规则：

(1)两刚片规则：两刚片规则一，两刚片用一个铰和一根链杆相连，只要铰与链杆不共线，则构成无多余约束的几何不变体系；两刚片规则二，两刚片用三根链杆相连，只要三根链杆不全平行或交于一点，则构成无多余约束的几何不变体系。

(2)三刚片规则：三刚片用三个铰两两相连，只要三个铰不共线，则构成无多约束的几何不变体系。

(3)二元体规则：在一个体系中增加或拆除二元体，不会改变原体系的几何组成性质。

体系几何组成分析方法：通过例题学习和解题，可归纳出几何组成分析方法如下。

①依次拆除体系中的二元体，拆除得越多越好。

②尽量扩大体系余下部分中的每一个刚片（包括基础），扩得越大越好。

思考题

1. 什么是几何不变体系？
2. 什么是几何可变体系？
3. 什么是几何组成分析？
4. 体系自由度的含义是什么？
5. 约束是如何量化的？在平面内链杆、单铰、刚性联结的约束量是多少？
6. 什么是复铰？
7. 什么是实铰？什么是虚铰？
8. 什么是体系的多余约束？有多余约束的体系一定几何不变吗？
9. 两刚片规则有几种形式？
10. 试述三刚片规则的含义。

11. 什么是二元体？试述二元体规则的含义。

12. 什么是几何瞬变体系？为什么工程结构不能使用几何瞬变体系？

习题

2-1　试对图 2.29 所示体系进行几何组成分析。

2-2　试对图 2.30 所示体系进行几何组成分析。

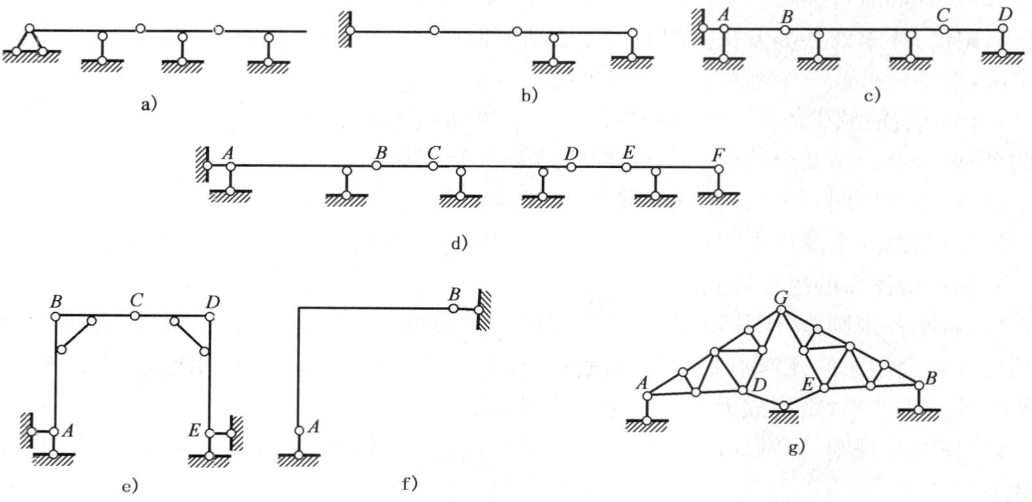

图　2.29

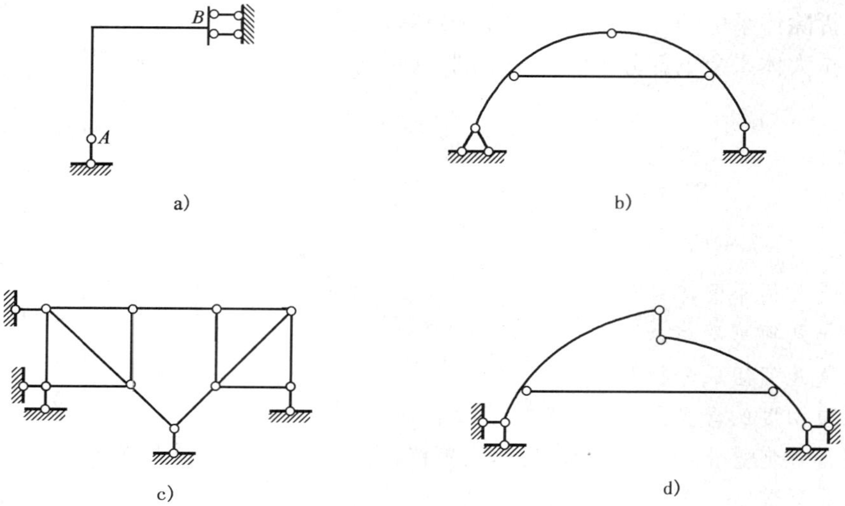

图　2.30

第三章　静定结构的内力计算

第一节　多跨静定梁及静定斜梁的内力计算

一　多跨静定梁的内力计算

1. 多跨静定梁的概念

若干根梁用中间铰联结在一起，并以若干支座与基础相连，或者搁置于其他构件上而组成的静定梁，称为多跨静定梁。在实际的建筑工程中，多跨静定梁常用来跨越几个相连的跨度。图 3.1a)所示为公路或城市桥梁中常采用的多跨静定梁结构形式之一，其计算简图如图 3.1b)所示。

在房屋建筑结构中，木檩条也是多跨静定梁的结构形式，如图 3.2a)所示为木檩条的构造图，其计算简图如图 3.2b)所示。

a)

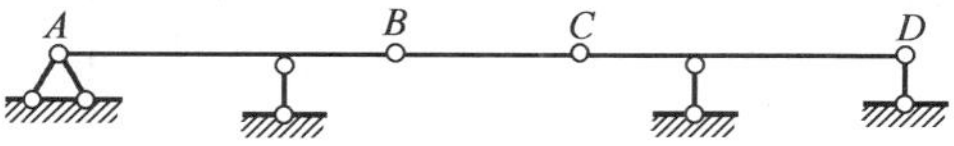

b)

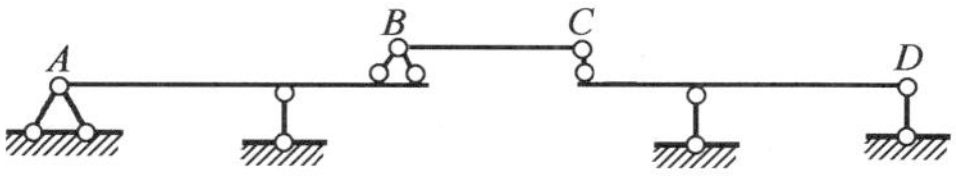

c)

图 3.1

2. 多跨静定梁的结构特点和受力特点

结构特点：图 3.1b)中 AB 梁是直接由链杆支座与地基相连，是几何不变的。且梁 AB 本身不依赖梁 BC 和 CD 就可以独立承受荷载，所以称为基本部分。如果仅受竖向荷载作用，CD 梁也能独立承受荷载维持平衡，同样可视为基本部分。短梁 BC 是依靠基本部分的支承才能承受荷载并保持平衡，因此称为附属部分。

受力特点：图 3.2b)中梁 AB、CD 和 EF 均为基本部分，梁 BC 和梁 DE 为附属部分。为了更清楚地表示各部分之间的支承关系，把基本部分画在下层，附属部分画在上层，分别如

图 3.1c)和图 3.2c)所示,我们称之为关系图或层叠图。

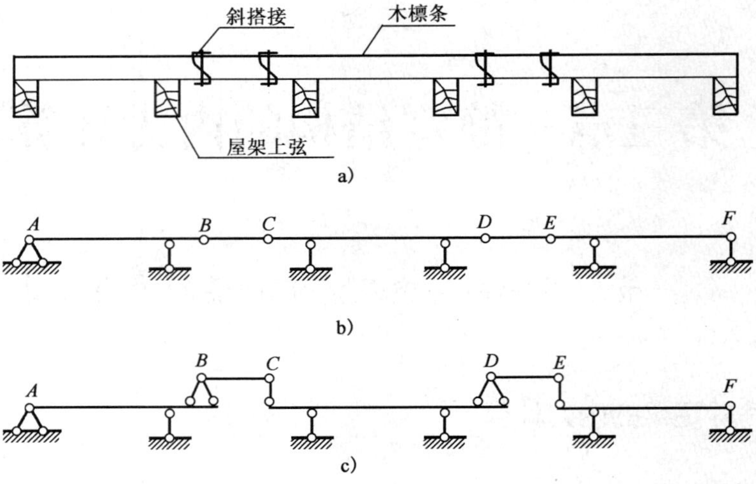

图 3.2

因此,计算多跨静定梁时应遵守以下原则:先计算附属部分后计算基本部分;将附属部分的支座反力反向指向,作用在基本部分上,把多跨梁拆成多个单跨梁,依次解决;将单跨梁的内力图连在一起,就是多跨梁的内力图;多跨梁的弯矩图和剪力图的画法与单跨梁相同。

3. 多跨静定梁的实例分析

【例 3.1】 试作图 3.3a)所示多跨静定梁的内力图。

【解】 (1)结构分析和绘层次图

如图 3.3b)所示,梁 AC 为基本部分,梁 CE 是通过铰 C 和支座链杆 D 联结在梁 AC 上,要依靠梁 AC 才能保证其几何不变性,所以梁 CE 为附属部分。

(2)计算支座反力

从层叠图看出,应先从附属部分 CE 开始取隔离体,如图 3.3c)所示。

$\sum M_C=0, 80\times6-V_D\times4=0, V_D=120\text{kN}(\uparrow)$

$\sum M_D=0, 80\times2-V_C\times4=0, V_C=40\text{kN}(\downarrow)$

将 V_C 反向,作用于梁 AC 上,计算基本部分:

$\sum X=0, H_A=0$

$\sum M_A=0, -40\times10+V_B\times8+10\times8\times4-64=0$

$\sum M_B=0, -40\times2-10\times8\times4-64+V_A\times8=0$

$V_A=58\text{kN}(\uparrow), V_B=18\text{kN}(\downarrow)$

校核,由整体平衡条件得:

$\sum Y=-80+120-18+58-10\times8=0$

由校核可知计算无误。

(3)作内力图

除分别作出单跨梁的内力图,然后拼合在同一水平基线上这一方法外,多跨静定梁的内力图也可根据其整体受力图直接绘出。

将整个梁分为 AB、BD、DE 三段,由于中间铰 C 处是外力的连续点,故不必将它选为分段点。

由内力计算法则，各分段点的剪力为：

$Q_A^{右}=58kN$，$Q_B^{左}=58-10\times8=-22kN$

$Q_B^{右}=58-10\times8-18=-40kN$，$Q_D^{左}=80-120=-40kN$

$Q_D^{右}=80kN$，$Q_E^{左}=80kN$

据此绘得剪力图如图 3.3d)所示。其中 AB 段剪力为 0 的截面 F 距 A 点为 5.8m。

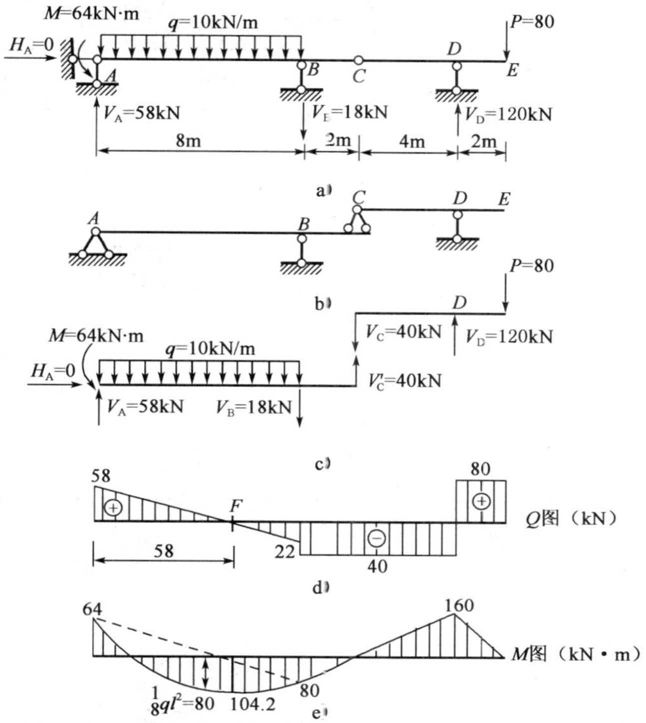

图 3.3

由内力计算法则，各分段点的弯矩为：

$M_{AB}=-64kN\cdot m$

$M_{BA}=-64+58\times8-10\times8\times4=80kN\cdot m$

$M_{DE}=-80\times2=-160kN\cdot m$

$M_{ED}=0$

$M_F=-64+58\times5.8-10\times5.8\times5.8\div2=104.2kN\cdot m$

据此作弯矩图如图 3.3e)所示，其中 AB 段内有均布荷载，故需在直线弯矩图(图中虚线)的基础上叠加相应简支梁在跨中间(简称跨中)荷载作用的弯矩图。

【例 3.2】 试作图 3.4a)所示多跨梁的弯矩图和剪力图。

【解】 (1)结构分析和绘层次图

如图 3.4a)所示多跨静定梁，由于仅受竖向荷载作用，故 AB 和 CE 都为基本部分，其层次图如图 3.4b)所示。各根梁的隔离体示于图 3.4c)中。

(2)计算支座反力

从附属部分 BC 开始，依次求出各根梁上的竖向约束力和支座反力。铰 C 处的水平约束力为 0，并由此得知铰 B 处的水平约束力也等于 0。

(3)作内力图

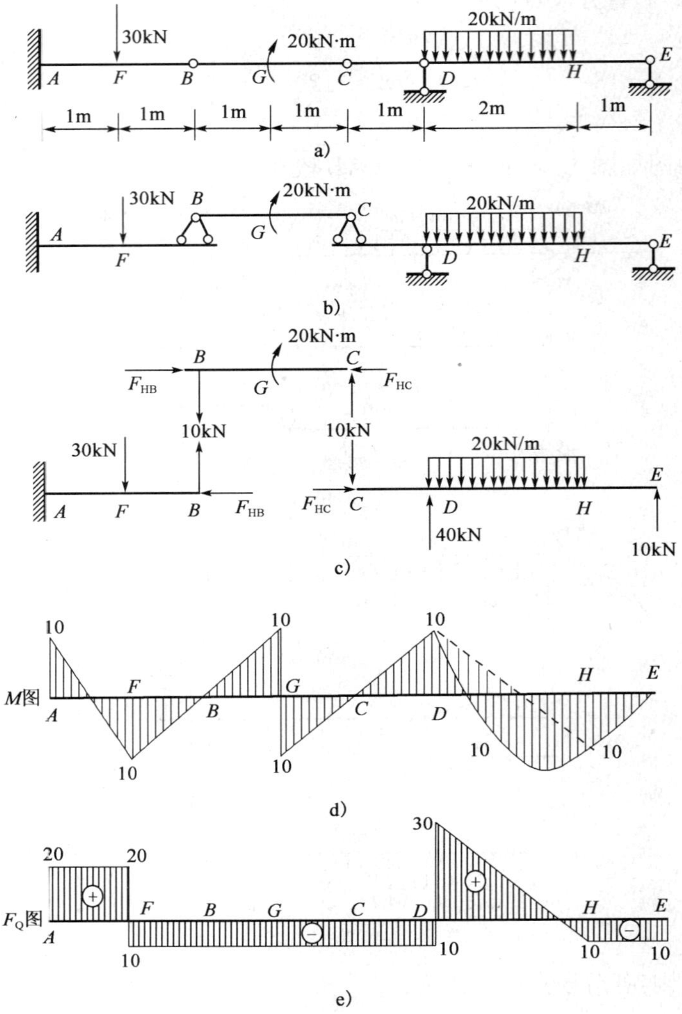

图 3.4

求出各约束力和支座反力后,便可分别绘出各根梁的内力图。将各根梁的内力图置于同一基线上,则得出该多跨静定梁的内力图如图 3.4d)、图 3.4e)所示。

在 FG、GD 两区段剪力 F_Q 是同一常数,由微分关系$\frac{dM}{dx}=F_Q$可知这两区段内的弯矩图形有相同的斜率。因此,弯矩图中 FG 与 GD 两段斜直线相互平行。同样的理由,因为在 H 左、右相邻截面的剪力 F_Q 相等,所以弯矩图中 HE 区段内的直线与 DH 区段内的曲线在 H 点相切。

二 斜梁的内力计算

1. 斜梁的概念

斜梁的特点是,在竖直荷载作用下只产生竖向支座反力。梁不一定是水平放置的,斜梁在竖直荷载作用下横截面上的内力形式一般有三种:弯矩、剪力和轴力。图 3.5 所示为由楼梯简化成的斜梁。

斜梁通常承受两种形式的均布荷载：

(1)沿水平方向均布的荷载 q，如图 3.6a)所示。楼梯斜梁承受的人群荷载就是沿水平方向均匀分布的荷载。

(2)沿斜梁轴线均匀分布的荷载 q'，如图 3.6b)所示。等截面斜梁的自重就是沿梁轴均匀分布的荷载。

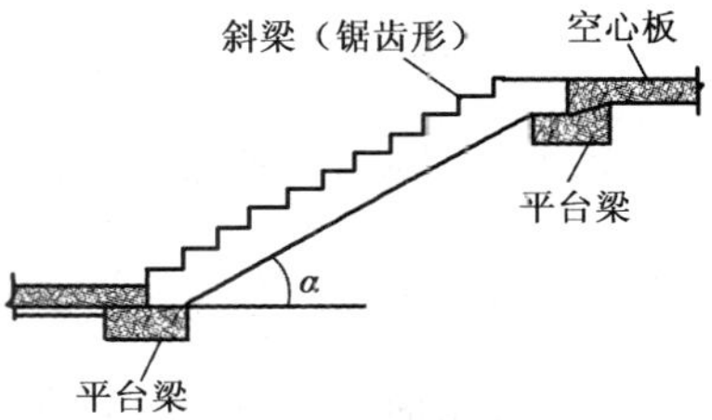

图 3.5

2. 荷载 q' 换算成 q

由于斜梁按水平均匀分布的荷载计算起来更为方便，故可根据总荷载不变的原则，将 q' 等效换算成 q 后再作计算，即由 $q'l'=ql$ 得：

$$q=q'\frac{l'}{l}=q'\frac{1}{\frac{l}{l'}}=\frac{q'}{\cos\alpha} \tag{3.1}$$

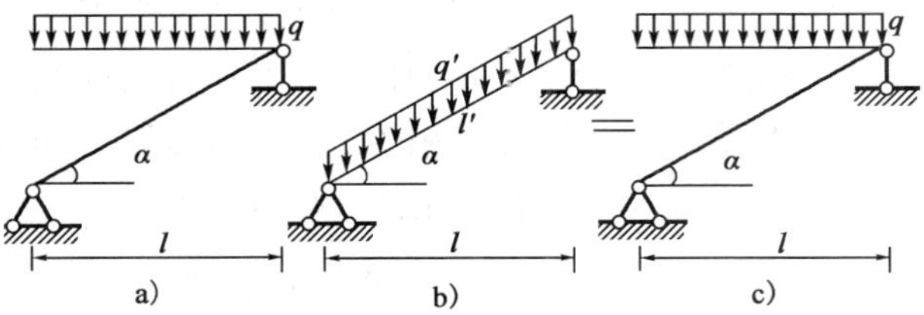

图 3.6

式(3.1)表明：沿斜梁轴线分布的荷载 q' 除以 $\cos\alpha$ 就可化为沿水平分布的荷载 q。这样换算以后，对斜梁的一切计算都可按图 3.6c)的简图进行。

【例 3.3】 斜梁如图 3.7a)所示。已知其倾角为 α，水平跨度为 l，承受沿水平方向集度为 q 的均布荷载作用。试作该斜梁的内力图，并与相应水平梁的内力图作比较。

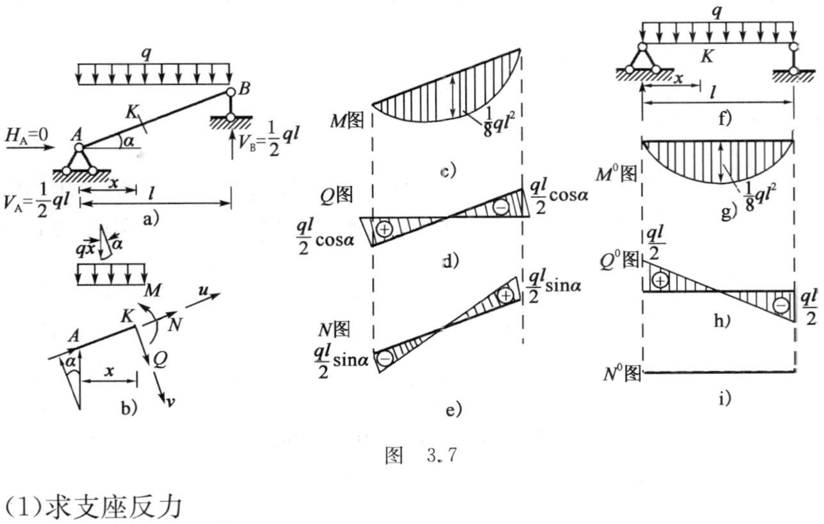

图 3.7

【解】 (1)求支座反力

以全梁为分离体，由静力平衡条件求得支座反力为：

$$H_A=0, V_A=\frac{ql}{2}$$

(2)求内力

列弯矩方程，设任一截面 K 距左端为 x，取分离体如图 3.7b)所示。

由 $\sum M_K=0$，可得弯矩方程为：

$$M = V_A x - qx\frac{x}{2} = \frac{ql}{2}x - \frac{q}{2}x^2 \quad (3.2)$$

故知弯矩图为一条抛物线，如图 3.7c)所示，跨中弯矩为 $\frac{ql^2}{8}$。可见斜梁中最大弯矩的位置(梁跨中)和大小($\frac{ql^2}{8}$)与直梁是相同的。

求剪力和轴力时，将反力 V_A 和荷载 qx 沿截面方向(v 方向)和杆轴方向(u 方向)分解为如图 3.7b)所示的隔离体，由$\sum v=0$，得：

$$Q = V_A\cos\alpha - qx\cos\alpha = \left(\frac{ql}{2} - qx\right)\cos\alpha \quad (3.3)$$

由$\sum u=0$，得：

$$N = -V_A\sin\alpha + qx\sin\alpha = -\left(\frac{ql}{2} - qx\right)\sin\alpha \quad (3.4)$$

根据式(3.3)、式(3.4)分别作出剪力图和轴力图，如图 3.7d)、图 3.7e)所示。

如图 3.7f)所示，为与上述斜梁的水平跨度相等并承受相同荷载的简支梁。由截面法可求得任一截面 K 的弯矩 M^0、剪力 Q^0 和轴力 N^0 的方程为：

$$M^0 = \frac{ql}{2}x - \frac{q}{2}x^2, Q^0 = \frac{ql}{2} - qx, N^0 = 0$$

作得内力图如图 3.7g)～图 3.7i)所示。

将斜梁与水平梁的内力加以比较，可知两者有如下关系：

$$M = M^0, Q = Q^0\cos\alpha \quad (3.5)$$

第二节　静定平面刚架的内力计算

一　平面刚架的概念

刚架(亦称框架)由横梁和柱组成，是具有刚结点(部分或全部)的结构。如果刚架所有杆件的轴线都在同一平面内，且荷载也作用在该平面内，这样的刚架称为平面刚架，如图 3.8 所示。

二　平面刚架的特征

1. 受力特征

从内力角度看，由于刚结点可以承受和传递弯矩，使得杆件的内力分布得均匀些，横梁跨中弯矩的峰值得到削减，如图 3.9 所示。

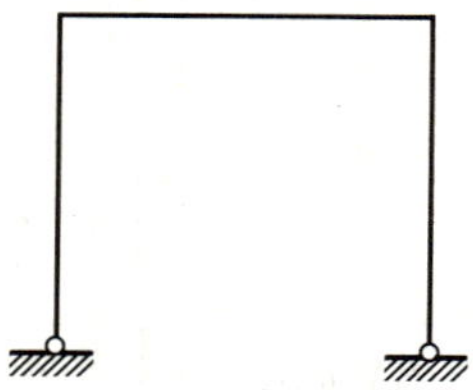

图 3.8　刚架

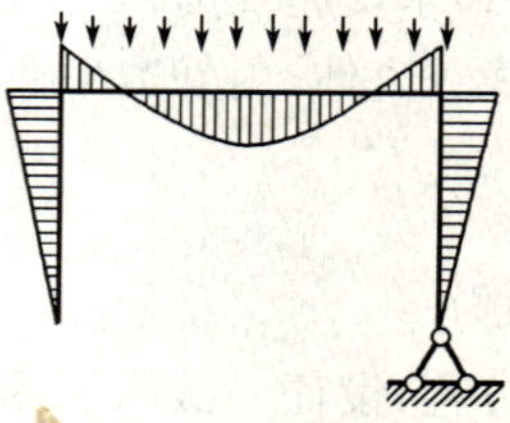

图 3.9　刚架弯矩图

2. 变形特征

从变形角度看，刚结点在变形后既产生角位移，又产生线位移，但变形前后各杆端之间的夹角保持不变，如图 3.10 所示。

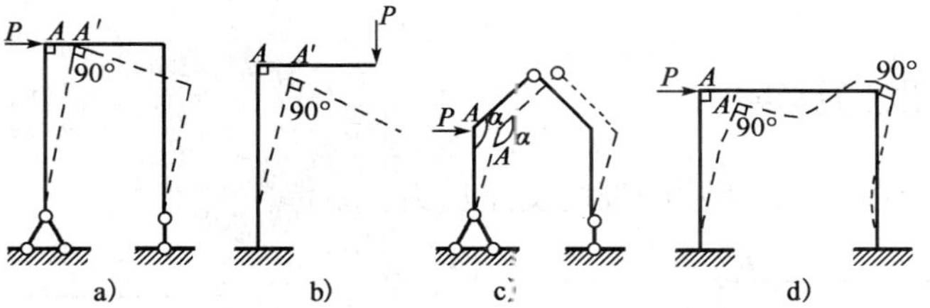

图 3.10

3. 几何特征

刚架依靠刚结点可用较少的杆件便能保持其几何不变性，而且可以使结构的内部具有较大的净空便于使用。

三 静定平面刚架的类型

凡由静力平衡条件即可确定全部反力和内力的平面刚架，称为静定平面刚架。其常用的类型主要有以下四种。

1. 简支刚架

简支刚架如图 3.11a）所示。刚架本身为几何不变体系且无多余约束，它用一个固定铰支座和一个可动铰支座与基础相连，常用于起重机的钢支架等。

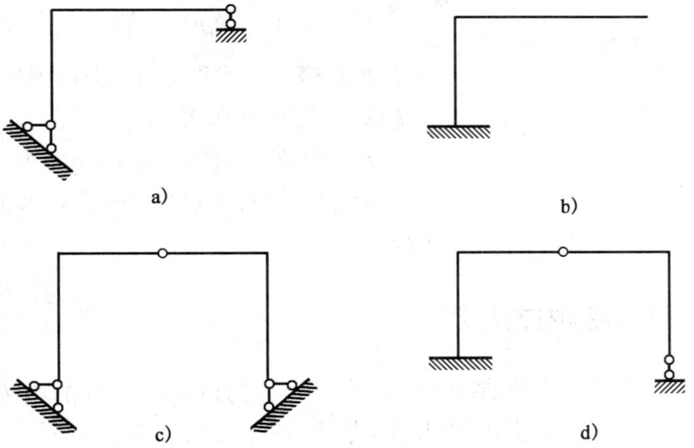

图 3.11

2. 悬臂刚架

悬臂刚架如图 3.11b）所示。刚架本身为几何不变体系且无多余约束，它用固定端支座与基础相连，常用于车站站台、雨棚等。

3. 三铰刚架

三铰刚架如图 3.11c）所示。刚架本身由两构件组成，中间用铰相连，其底部用两个固定铰支座与基础相连，常用于小型厂房、仓库、食堂等。

4. 组合刚架

组合刚架也称主从刚架，如图 3.11d)所示。在此刚架中，一般有前述三种刚架中的一种作为基本部分，另一部分是根据几何不变体系的组成规则联结上去作为附属部分。

四 刚架的反力计算

【例 3.4】 试求图 3.12 所示刚架的支座反力。

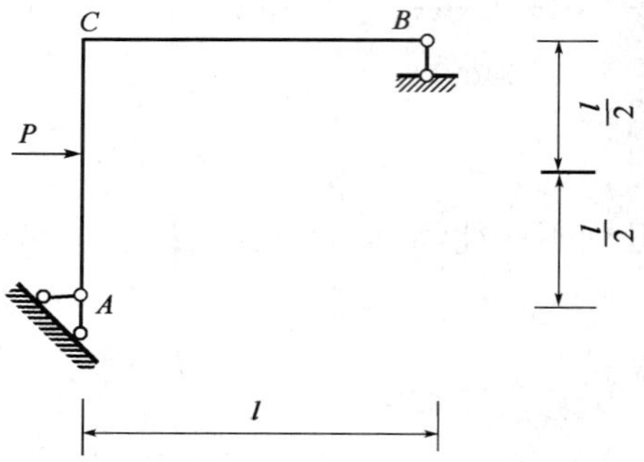

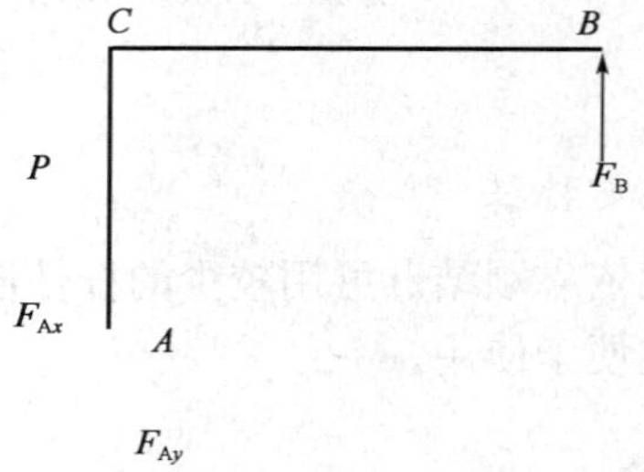

图 3.12

【解】 由整体的三个平衡条件便可求出。

$\sum F_x=0, X_A+P=0, X_A=-P(\leftarrow)$

$\sum M_A=0, P\times\frac{l}{2}-Y_B\times l=0, Y_B=\frac{P}{2}(\uparrow)$

$\sum F_y=0, Y_A+Y_B=0, Y_A=-Y_B=-\frac{P}{2}(\downarrow)$

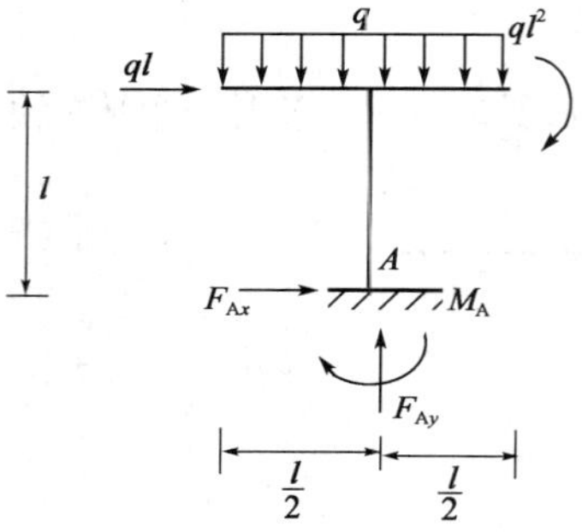

图 3.13

【例 3.5】 试求图 3.13 所示刚架的支座反力。

【解】 $\sum F_x=0, X_A+ql=0, X_A=-ql(\leftarrow)$

$\sum F_y=0, Y_A-ql=0, Y_A=ql(\uparrow)$

$\sum M_A=0, M_A+ql\times l+ql^2=0, M_A=-2ql^2$(逆时针转)

五 静定平面刚架的内力计算

静定平面刚架是由若干杆件联结而成，其内力分析仍以单个杆件的内力分析为基础。杆件横截面上的内力一般有三种：弯矩、剪力、轴力，计算方法与静定梁相同，只需将刚架的每根杆看作是梁，逐杆用截面法计算控制截面的内力，便可作出内力图。其解题步骤通常如下。

1. 求支座反力

由整体或某些部分的平衡条件求出，若静定刚架并不需要求出全部反力，只需求出与杆轴线垂直的反力。

2. 求控制截面的内力

控制截面一般为杆件两端点、集中荷载作用点、分布荷载的起点和终点。运用截面法或者直接由截面一边的外力求出控制截面的内力值。

3. 根据每区段内的荷载情况，利用内力图的特征及叠加法作出弯矩图

作刚架 Q、N 图有两种方法：第一种方法是通过求控制截面的内力作出；第二种方法是作出 M 图，再取杆件为隔离体，建立力矩平衡方程，由杆端弯矩求杆端剪力，最后取结点为分离体，利用投影平衡方程由杆端剪力求杆端轴力。当刚架构造较复杂（如有斜杆）时，采用第二种方法。

在土建结构中，对内力符号通常作如下规定：弯矩的正负不作硬性规定，弯矩图绘在杆件受拉一侧，图中不标明正、负号；剪力和轴力的正负号规定同前，剪力图和轴力图可画在杆件的任意一侧，但必须标明正、负号；所有内力图必须标明图的名称、单位和控制截面内力的大小。

需要指出的是，在结构力学中，为了不使内力符号发生混淆，规定在内力符号的右下角用两个角标：前一个角标表示该内力所属杆端，后一个角标表示该力杆段的另一端。例如，AB 杆的 A 端截面弯矩用 M_{AB} 表示，B 端截面弯矩用 M_{BA} 表示；CD 杆 C 端的剪力用 Q_{CD} 表示、D 端的剪力用 Q_{DC} 表示。轴力也采用同样的方法。

作出全部内力图后，可截取刚架的任一部分为隔离体，按静力平衡条件进行校核。

【例 3.6】 计算图 3.14a）所示刚架结点处各杆端截面的内力。

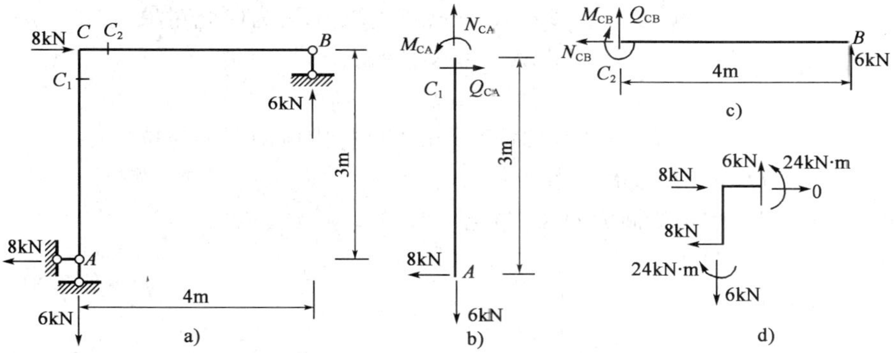

图 3.14

【解】 (1)用整体的三个平衡方程求出支座反力[图 3.14a)]

(2)计算刚结点 C 处杆端截面内力

刚结点 C 有 C_1、C_2 两个截面，沿 C_1 和 C_2 切开，分别取 C_1 下边、C_2 右边，即 C_1A（包括 A 支座）和 C_2B（包括 B 支座）两个隔离体，分别建立平衡方程，确定杆端截面 C_1 和 C_2 的内力。

对 C_1A 隔离，如图 3.14b)所示，有：

$\sum X=0, Q_{CA}-8=0, Q_{CA}=8\text{kN}$

$\sum Y=0, N_{CA}-6=0, N_{CA}=6\text{kN}$

$\sum M_C=0, M_{CA}-8\times 3=0, M_{CA}=24\text{kN}\cdot\text{m}$（$AC$ 杆内侧即右侧受拉）

对 C_2B 隔离，如图 3.14c)所示，有：

$\sum X=0, N_{CB}=0$

$\sum Y=0, Q_{CB}+6=0, Q_{CB}=-6\text{kN}$

$\sum M_C=0, -M_{CB}+6\times 4=0, M_{CB}=24\text{kN}\cdot\text{m}$（$CB$ 杆内侧即下侧受拉）

(3)取结点 C 为隔离体校核[图 3.14d)]

校核时画出分离体的受力图，应注意：①必须包括作用在此分离体上的所有外力，以及计

算所得的内力 M、Q 和 N；②图中的 M、Q 和 N 都应按求得的实际方向作出，并不再加注正负号。

$\sum X=0, 8-8=0$

$\sum Y=0, 6-6=0$

$\sum M_C=0, 24-24=0$

校核无误。

【例 3.7】 计算图 3.15 所示刚架刚结点 C、D 处杆端截面的内力。

【解】 利用平衡求出支座反力，如图 3.15 所示。

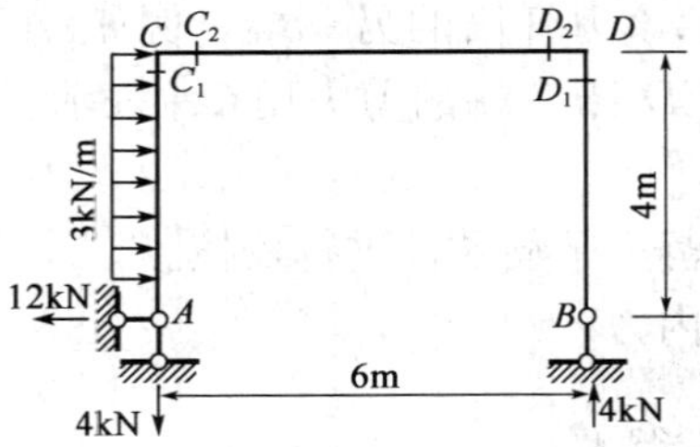

图 3.15

(1)计算刚结点 C 处杆端截面内力

取 AC_1(相当取 AC_1 段为研究对象，包括支座 A)，得：

$\sum Y=0, N_{CA}=4kN$

$\sum X=0, Q_{CA}=12-3\times4=0$

$\sum M_C=0, M_{CA}=12\times4-3\times4\times2=24kN\cdot m$($AC$ 杆内侧即右侧受拉)

取 AC_2 杆(相当取 AC_2 为研究对象，包括支座 A)，得：

$\sum X=0, N_{CD}=12-3\times4=0$

$\sum Y=0, Q_{CD}=-4kN$

$\sum M_C=0, M_{CD}=12\times4-3\times4\times2=24kN\cdot m$($CD$ 杆内侧即下侧受拉)

(2)计算刚结点 D 处杆端截面内力

取 BD_1 杆(相当取 BD_1 为研究对象，包括支座 B)，得：

$\sum Y=0, N_{DB}=-4kN$

$\sum X=0, Q_{DB}=0kN$

$\sum M_D=0, M_{DB}=0$

取 BD_2 杆(相当取 BD_2 为研究对象，包括刚结点 D 和支座 B)，得：

$\sum X=0, N_{DC}=0kN$

$\sum Y=0, Q_{DC}=-4kN$

$\sum M_D=0, M_{DC}=0$

(3)取结点 C 或 D 为分离体进行校核

【例 3.8】 试作图 3.16a)所示刚架的内力图。

【解】 (1)计算支座反力[图 3.16a)]

(2)计算各杆端内力

取 CD 杆：

$M_{CD}=0$

$M_{DC}=4\times1=4kN\cdot m$(左侧受拉)

$Q_{CD}=Q_{DC}=4kN$

$N_{CD}=N_{DC}=0$

取 DB 杆：

$M_{BD}=0$

$M_{DB}=7\times4=28kN\cdot m$(下侧受拉)

$Q_{BD}=Q_{DB}=-7kN$

$N_{BD}=N_{DB}=0$

取 AD 杆：

$M_{AD}=0$

$M_{DA}=8\times4-1\times4\times2=24kN\cdot m$(右侧受拉)

$Q_{AD}=8kN$

$Q_{DA}=8-1\times4=4kN$

$N_{AD}=N_{DA}=7kN$

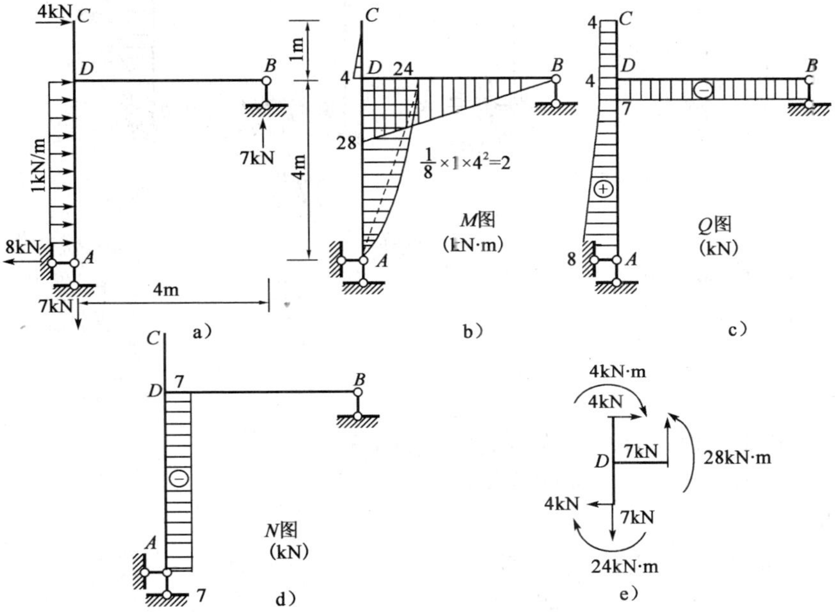

图 3.16

(3)作 M、Q、N 内力图

弯矩图画在杆的受拉侧，杆 CD 和 BD 上无荷载，将杆的两端杆端弯矩的纵坐标以直线相连，即得杆 CD 和 BD 的弯矩图。杆 AD 上有均布荷载作用，将杆 AD 两端杆端弯矩值以虚直线相连，以此虚直线为基线，叠加以杆 AD 的长度为跨度的简支梁受均布荷载作用下的弯矩图，即得杆 AD 的弯矩图。叠加后，AD 杆中点截面 E 的弯矩值为：

$$M_E=\frac{1}{2}(0+24)+\frac{1}{8}\times1\times4^2=14\ kN\cdot m(右侧受拉)$$

刚架的 M 图如图 3.16b)所示。

剪力图的纵坐标可画在杆的任一侧，但需标注正负号。将各杆杆端剪力纵坐标用直线相连(各杆跨中均无集中力作用)，即得各杆的剪力图。刚架的剪力图如图 3.16c)所示。

轴力图的做法与剪力图类似，可画在任意一侧，需注明正负号。

刚架的轴力图如图 3.16d)所示。

(4)校核

取结点 D 为隔离体，如图 3.16e)所示。

$\sum F_x=0,4-4=0$

$\sum F_y=0, 7-7=0$

$\sum M_D=0, 4+24-28=0$

校核无误。

【例 3.9】 试作图 3.17a)所示刚架的弯矩图。

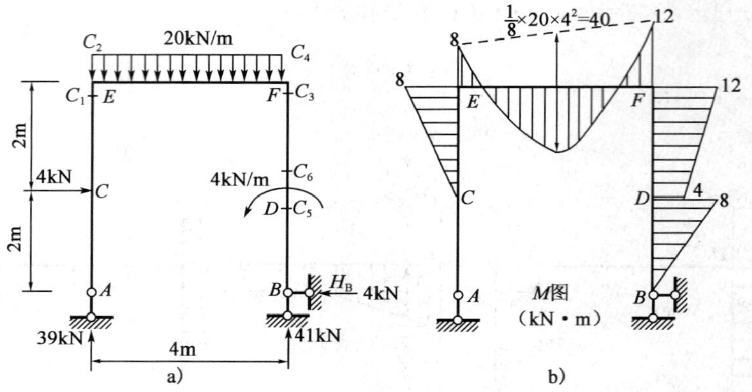

图 3.17

【解】 (1)利用平衡方程计算支反力

(2)计算杆端弯矩

取 AC 杆:

$M_{AC}=M_{CA}=0$

求 CE 杆 E 端弯矩时,可取 ECA 隔离体(从 C_1 面截开):

$M_{EC}=-4\times2=-8\text{kN}\cdot\text{m}$(左侧受拉)

$M_{CE}=M_{CA}=0$

取 EA 杆(包括刚结点 E,从 C_2 面截开):

$M_{EF}=-4\times2=-8\text{kN}\cdot\text{m}$(上侧受拉)

取 DB 杆(从 C_5 面截开):

$M_{BD}=0$, $M_{DB}=-4\times2=-8\text{kN}\cdot\text{m}$(右侧受拉)

取 DB 杆(从 C_6 面截开):

$M_{DF}=-4\times2+4=-4\text{kN}\cdot\text{m}$(右侧受拉)

取 FB 杆(从 C_3 面截开):

$M_{FD}=-4\times4+4=-12\text{kN}\cdot\text{m}$(右侧受拉)

取 FB 杆(从 C_4 面截开):

$M_{FE}=-4\times4+4=-12\text{kN}\cdot\text{m}$(上侧受拉)

(3)作弯矩图

杆 EF 上作用均布荷载,将杆 EF 两端的弯矩值用虚线相连,以虚直线为基线,叠加简支梁受均布荷载作用的弯矩图[杆中央截面弯矩叠加值为 $\frac{1}{8}\times20\times4^2-\frac{1}{2}(8+12)=30\text{kN}\cdot\text{m}$],由此得杆 EF 上的弯矩图,其余各杆将杆端弯矩的纵坐标用直线相连。注意 D 截面弯矩有突变。刚架的弯矩图如图 3.17b)所示。

(4)校核

取结点 E 为隔离体(略)。

【例 3.10】 试作图 3.18a)所示刚架的弯矩图。

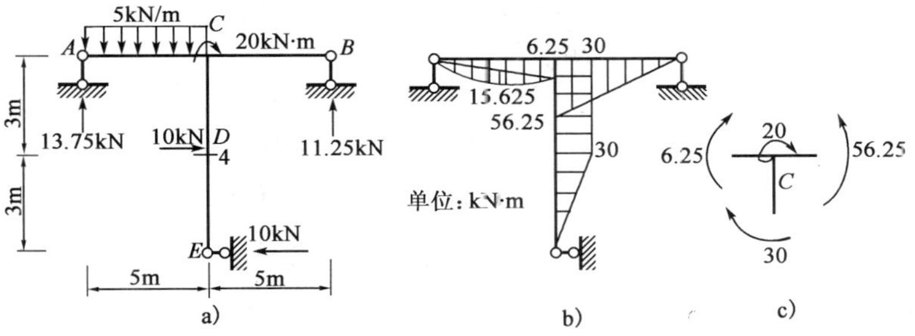

图 3.18

【解】 (1)利用平衡方程计算支反力

(2)计算杆端弯矩

取 AC 杆(杆上荷载不包括力偶)：

$M_{AC}=0$

$M_{CA}=5\times13.75-\frac{1}{2}\times5\times5^2=6.25\text{kN}\cdot\text{m}$(下侧受拉)

取 BC 杆(从 C 左边截开,杆上荷载不包括力偶)：

$M_{BC}=0$

$M_{CB}=11.25\times5=56.25\text{kN}\cdot\text{m}$(下侧受拉)

取 DE 杆：

$M_{ED}=0$

$M_{DE}=10\times3=30\text{kN}\cdot\text{m}$(右侧受拉)

DC 杆的 D 端弯矩与 ED 杆 D 端弯矩值相同,即

$M_{DC}=M_{DE}=30\text{kN}\cdot\text{m}$(右侧受拉)

求 DC 杆 C 端弯矩时可取 CDE 隔离体(杆上荷载不包括力偶)：

$M_{CD}=10\times6-10\times3=30\text{kN}\cdot\text{m}$(右侧受拉)

(3)作弯矩图

AC 杆中央截面弯矩：

$M_{中}=\frac{1}{8}\times5\times5^2+\frac{1}{2}\times6.25=21.875\text{kN}\cdot\text{m}$

(4)校核

取结点 C 为隔离体,如图 3.18c)所示。显然满足 $\sum M_C=0$。

通过以上例题可看出,作刚架内力图的常规步骤一般是先求反力,再逐杆分段、定点、连线作出。在作弯矩图之前,若能先作一番判断,常常可以少求一些反力(有时甚至不求反力)而迅速作出弯矩图。

特别强调：

(1)熟练掌握 M-Q-q 之间的微分关系。

(2)铰结点处弯矩为零。

(3)刚结点力矩平衡。各杆端弯矩与力偶荷载的代数和应等于 0,如图 3.19a)所示。对于两杆刚结点,如结点上无力偶荷载作用时,则两杆端弯矩数值必相等且受拉侧相同(即同为外

侧受拉或同为内侧受拉)，如图 3.19b)所示。在刚结点处，除某一杆端弯矩外，其余各杆端弯矩若均已知，则该杆端弯矩的大小和受拉侧便可根据刚结点力矩平衡条件推出。

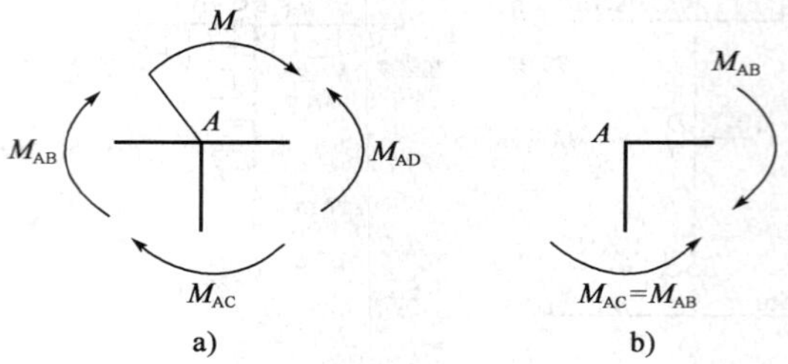

图 3.19

【例 3.11】 试作图 3.20a)所示结构的弯矩图。

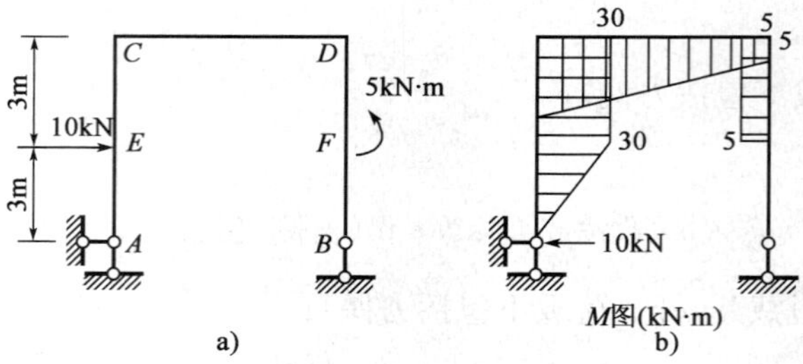

图 3.20

【解】 由整体水平力平衡可知 $F_{Ax}=10\text{kN}(\leftarrow)$，则 $M_{EA}=30\text{kN}\cdot\text{m}$，右侧受拉；$M_{CE}=10\times6-10\times3=30\text{kN}\cdot\text{m}$，右侧受拉；根据结点 C 力矩平衡，$M_{CD}=30\text{kN}\cdot\text{m}$，下侧受拉；$BD$ 杆无剪力，则 BF 段无 M 图，FD 段 M 保持常数，为 $5\text{kN}\cdot\text{m}$，左侧受拉；根据刚结点力矩平衡，$M_{DC}=5\text{kN}\cdot\text{m}$，下侧受拉。有了各控制截面的弯矩竖标，根据无荷载区间 M 图为直线，集中力偶处弯矩有突变。画出整个 M 图，如图 3.20b)所示。

上述过程无需笔算，仅根据 M 图特点即可作出 M 图。

【例 3.12】 试作图 3.21a)所示刚架的弯矩图。

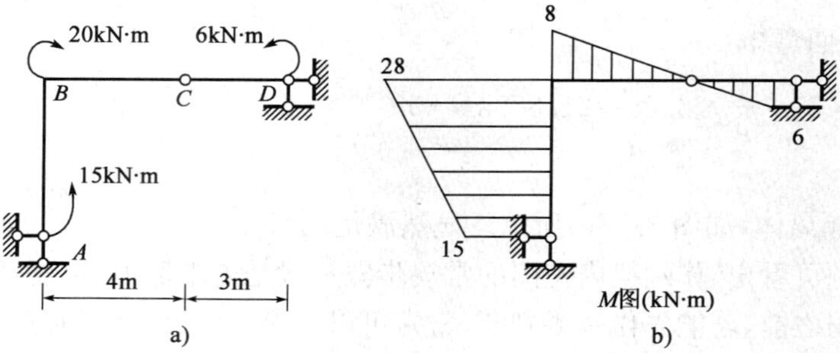

图 3.21

【解】 AB 和 BD 杆段间无荷载，故 M 图均为直线。因 $M_{DC}=6\text{kN}\cdot\text{m}$，下侧受拉；$M_{CD}=0$，故 $M_{BC}=\dfrac{4}{3}\times6=8\text{kN}\cdot\text{m}$，上侧受拉；由刚结点 B 的力矩平衡得，$M_{BA}=8+20=28\text{kN}\cdot\text{m}$，左侧受拉；$M_{AB}=15\text{kN}\cdot\text{m}$，左侧受拉。有了各控制截面弯矩，即可作出整个结构 M 图，如图 3.21b)所示。

第三节　三铰拱的内力计算

一 与拱结构有关的概念

除隧道、桥梁外，在房屋建筑中，屋面承重结构也用到拱结构，如图 3.22 所示。

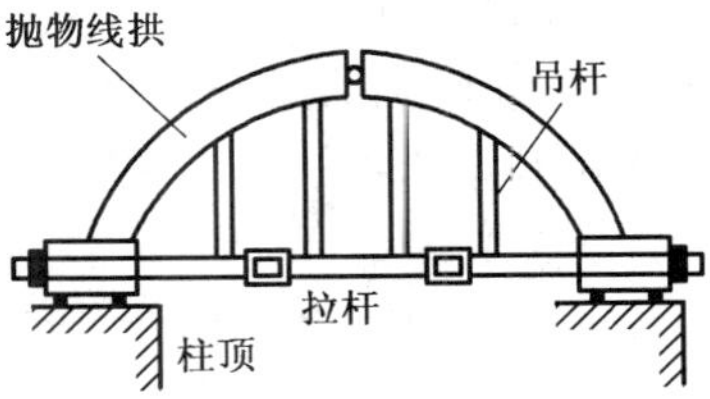

图 3.22　拱结构

拱结构的计算简图通常有三种，如图 3.23a)、图 3.23b)所示的无铰拱和两铰拱是超静定的，如图 3.23c)所示三铰拱是静定的。在本节中，将只讨论三铰拱的计算。

拱结构的特点是：杆轴为曲线，而且在竖向荷载作用下支座将产生水平反力，这种水平反力又称为水平推力，简称推力。拱结构与梁结构的区别，不仅在于外形不同，更重要的还在于在竖向荷载作用下是否产生水平推力。如图 3.24所示的两个结构，虽然它们的杆轴都是曲线，但图 3.24a)所示结构在竖向荷载作用下不产生水平推力，其弯矩与相应简支梁(同跨度、同荷载的梁)的弯矩相同，因此这种结构不是拱结构而是一根曲梁。如图 3.24b)所示结构，由于其两端都有水平支座链杆，在竖向荷载作用下将产生水平推力，所以属于拱结构。

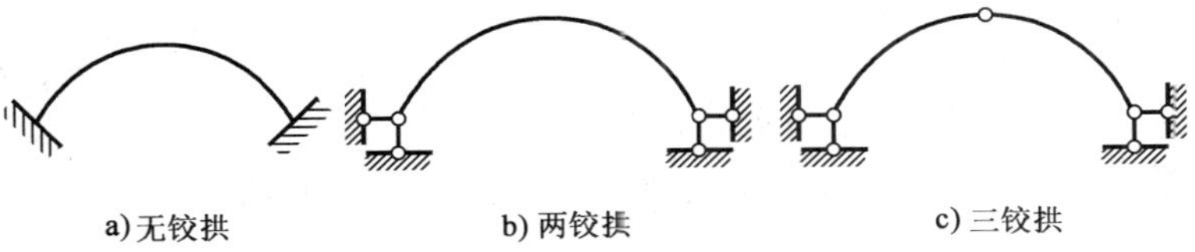

图　3.23

用作屋面承重结构的三铰拱，常在两支座铰之间设水平拉杆，如图 3.25b)所示。这样，拉杆内所产生的拉力代替了支座推力的作用，在竖向荷载作用下，使支座只产生竖向反力。但是这种结构的内部受力情况与三铰拱完全相同，故称为具有拉杆的拱，简称拉杆拱。

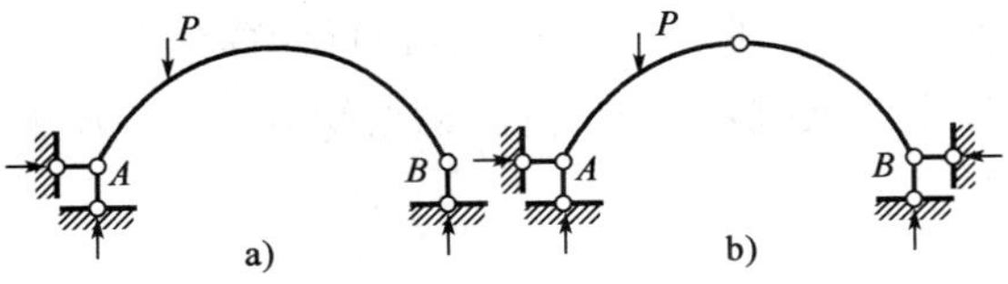

图　3.24

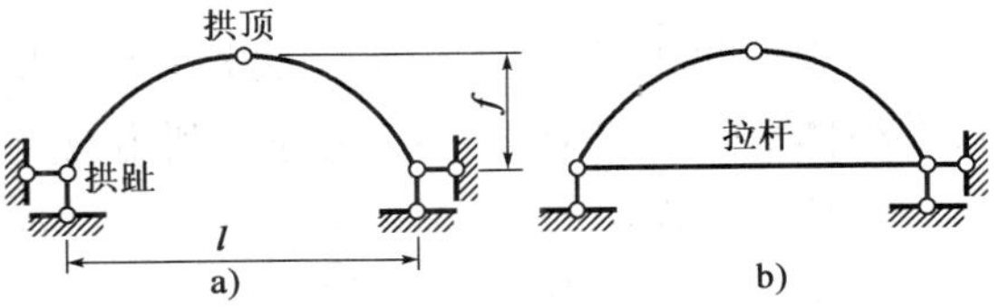

图　3.25

拱结构最高的一点称为拱顶，如图 3.25a)所示。三铰拱的中间铰通常是安置在拱顶处。拱的两端与支座联结处称为拱趾，或称拱脚；两个拱趾间的水平距离 l 称为跨度；拱顶到两拱趾连线的竖向距离 f 称为拱高；拱高与跨度之比 f/l 称为高跨比，拱的主要力学性能与高跨比有关。

二 拱的内力特点

与简支梁相比，拱的弯矩、剪力较小，轴力(压力)较大，应力沿截面高度分布较均匀。

优点：节省材料，减轻自重，能跨越较大跨度，宜采用抗压性能好而又相对廉价的材料（如砖、石、混凝土等材料）来修建，且拱式结构能够营造一种曲线美。

缺点：拱对基础或下部结构施加水平推力，增加了下部结构的材料用量，对地基要求高；且由于杆件是曲线，故施工较麻烦。

三 反力和内力计算

分析竖向荷载作用下三铰拱的内力和反力时，与同跨度、同荷载的简支梁相对比，便于计算和对比分析拱的受力特点。现以最常见的承受竖向荷载作用且两拱趾位于同一水平面上的三铰拱（图 3.26）为例，介绍三铰拱的受力分析方法和受力特点。

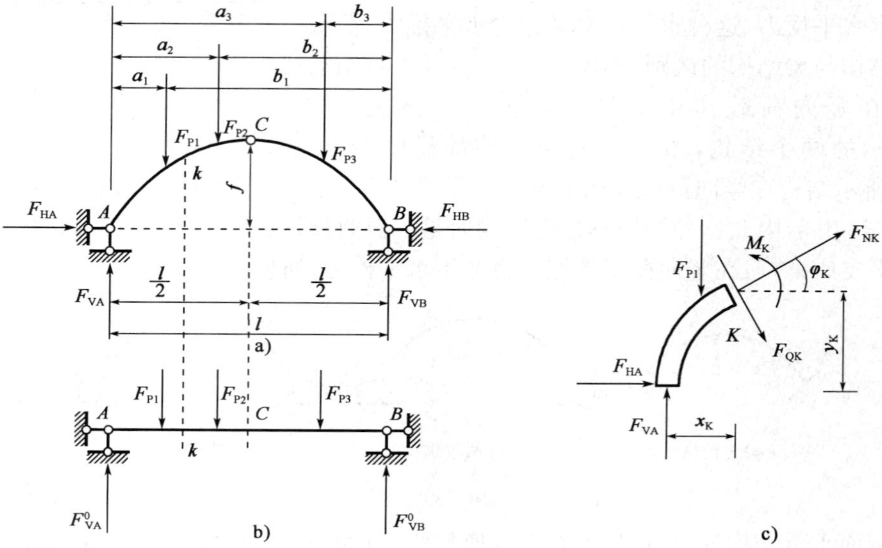

图 3.26

1. 支座反力计算公式

三铰拱的两端都是铰支座，因此有 4 个未知反力，故需列 4 个平衡方程进行计算。除了三铰拱整体平衡的三个方程之外，还可利用中间铰处不能抵抗弯矩的特性（即弯矩 $M_C=0$）来建立一个补充方程。

首先考虑三铰拱的整体平衡，由：

$$\sum M_B = F_{VA}l - F_{P1}b_1 - F_{P2}b_2 - F_{P3}b_3 = 0$$

可得左支座竖向反力：

$$F_{VA}=\frac{F_{P1}b_1+F_{P2}b_2+F_{P3}b_3}{l} \tag{3.6}$$

同理，由 $\sum M_A=0$ 可得右支座竖向反力：

$$F_{VB}=\frac{F_{P1}a_1+F_{P2}a_2+F_{P3}a_3}{l} \tag{3.7}$$

由 $\sum X=0$，可知：

$$F_{HA}=F_{HB}=F_H$$

再考虑 $M_C=0$ 的条件,取左半拱上所有外力对 C 点的力矩来计算,则有:

$$M_C=F_{VA}\frac{l}{2}-F_{P1}\left(\frac{l}{2}-a_1\right)-F_{P2}\left(\frac{l}{2}-a_2\right)-F_{HA}f=0$$

所以:

$$F_H=F_{HA}=F_{HB}=\frac{F_{VA}\frac{l}{2}-F_{P1}\left(\frac{l}{2}-a_1\right)-F_{P2}\left(\frac{l}{2}-a_2\right)}{f} \tag{3.8}$$

式(3.6)和式(3.7)右边的值,恰好等于图 3.26b)所示相应简支梁的支座反力 F_{VA}^0 和 F_{VB}^0。式(3.8)右边的分子,等于相应简支梁上与拱的中间铰位置相对应的截面 C 的弯矩 M_C^0。由此可得:

$$F_{VA}=F_{VA}^0 \tag{3.9}$$

$$F_{VB}=F_{VB}^0 \tag{3.10}$$

$$F_H=F_{HA}=F_{HB}=\frac{M_C^0}{f} \tag{3.11}$$

由式(3.11)可知,推力 F_H 等于相应简支梁截面 C 的弯矩 M_C^0 除以拱高 f。其值只与三个铰的位置有关,而与各铰间的拱轴形状无关。换句话说,即只与拱的高跨比 f/l 有关。当荷载和拱的跨度不变时,推力 F_H 将与拱高 f 反比,即 f 越大则 F_H 越小;反之,f 越小则 F_H 越大。

2. 内力的计算公式

计算内力时,应注意到拱轴为曲线这一特点,所取截面与拱轴正交,即与拱轴的切线相垂直,任意 K 点处拱轴线切线的倾角为 φ_K。截面 K 的内力可以分解为弯矩 M_K、剪力 F_{QK} 和轴力 F_{NK},其中 F_{QK} 沿截面方向,即沿拱轴法线方向作用,轴力 F_{NK} 沿垂直于截面的方向,即沿拱轴切线方向作用。下面分别研究这三种内力的计算。

(1)弯矩的计算公式

弯矩的符号,规定以使拱内侧纤维受拉的为正,反之为负。取 AK 段为隔离体,如图 3.26c)所示。由:

$$\sum M_K=F_{VA}x_K-F_{P1}(x_K-a_1)-F_H y_K-M_K=0$$

得截面 K 的弯矩:

$$M_K=F_{VA}x_K-F_{P1}(x_K-a_1)-F_H y_K$$

根据 $F_{VA}=F_{VA}^0$,可见等式右端前两项代数和等于相应简支梁 K 截面的弯矩 M_K^0,所以上式可改写为:

$$M_K=M_K^0-F_H y_K \tag{3.12}$$

即拱内任一截面的弯矩,等于相应简支梁对应截面的弯矩减去由于拱的推力 F_H 所引起的弯矩 $F_H y_K$。由此可知,因推力的存在,三铰拱中的弯矩比相应简支梁的弯矩小。

(2)剪力的计算公式

剪力的符号,通常规定以使截面两侧的隔离体有顺时针方向转动趋势的为正,反之为负。以 AK 段为隔离体,如图 3.26c)所示,由平衡条件得:

$$F_{QK}+F_{P1}\cos\varphi_K+H\sin\varphi_K-F_{VA}\cos\varphi_K=0$$

$$F_{QK}=(F_{VA}-F_{P1})\cos\varphi_K-F_H\sin\varphi_K$$

式中:$F_{VA}-F_{P1}$——相应简支梁在截面 K 的剪力 F_{QK}^0。

于是上式可改写为:

$$F_{QK} = F_{QK}^{0}\cos\varphi_K - F_H\sin\varphi_K \quad (3.13)$$

式中：φ_K——截面 K 处拱轴线的倾角。

(3)轴力的计算公式

因拱轴通常为受压，所以规定使截面受压的轴力为正，反之为负。取 AK 段为隔离体，如图 3.26c)所示，由平衡条件得：

$$F_{NK} + F_{P1}\sin\varphi_K - F_{VA}\sin\varphi_K - F_H\cos\varphi_K = 0$$

$$F_{NK} = (F_{VA} - F_{P1})\sin\varphi_K + F_H\cos\varphi_K$$

整理得：

$$F_{NK} = F_{QK}^{0}\sin\varphi_K + F_H\cos\varphi_K \quad (3.14)$$

有了上述公式，就可以求得任一截面的内力，从而作出三铰拱的内力图。

【例 3.13】 试求图 3.27 所示三铰拱截面 K 和 D 的内力值。拱轴线方程为：$y=\dfrac{4f}{l^2}x(l-x)$。

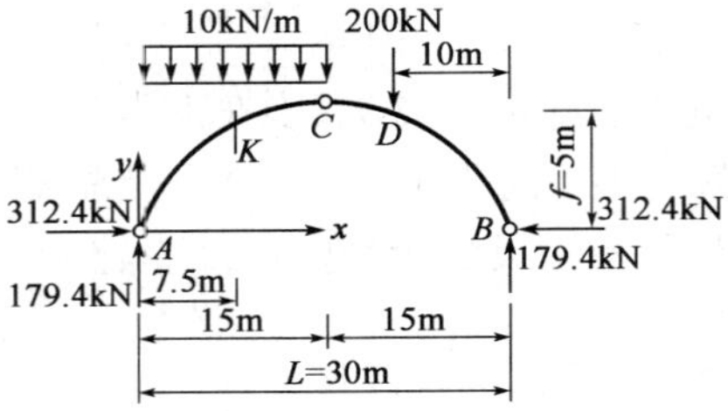

图 3.27

【解】 (1)利用平衡方程求各支座反力

$F_{VA}=179.2\text{kN}(\uparrow)$

$F_{VB}=170.8\text{kN}(\uparrow)$

$F_{HA}=312.4\text{kN}(\rightarrow)$

(2)根据已给拱轴线方程，分别计算 K、D 截面的纵坐标及拱轴线的切线倾角

$$y_K=\frac{4f}{l^2}x(l-x)=\frac{4\times5}{30^2}\times7.5\times(30-7.5)=3.75\text{m}$$

$$y_D=\frac{4\times5}{30^2}\times20\times(30-20)=4.44\text{m}$$

因为 $\dfrac{dy}{dx}=\dfrac{4f}{l^2}(l-2x)$

所以 $\tan\varphi_K=\left.\dfrac{dy}{dx}\right|_{x=7.5}=\dfrac{4\times5}{30^2}(30-2\times7.5)=\dfrac{1}{3}$

$\varphi_K=18°26'$

故 $\sin\varphi_K=0.3162$，$\cos\varphi_K=0.9487$

同理：

$$\tan\varphi_D=\left.\frac{dy}{dx}\right|_{x=2.0}=\frac{4\times5}{30^2}(30-2\times20)=0.222$$

$\varphi_D=-12°31'$

故 $\sin\varphi_D=-0.2167$，$\cos\varphi_D=0.9762$

由式(3.9)～式(3.11)及以上数据，计算 K、D 截面的内力：

$$M_K = M_K^0 - F_H y_K = \left(179.2\times7.5-\frac{1}{2}\times10\times7.5^2\right)-312.4\times3.75=-110\text{kN}\cdot\text{m}$$

$$F_{QK} = F_{QK}^0\cos\varphi_K - F_H\sin\varphi_K = (179.2-10\times7.5)\times0.9487-312.4\times0.3162=0.07\text{kN}$$

$$F_{NK} = F_{QK}^0\sin\varphi_K + F_H\cos\varphi_K = (179.2-10\times7.5)\times0.3162+312.4\times0.9487=329.5\text{kN}$$

同理：

$$M_D = M_D^0 - F_H y_D = 170.8\times10-312.4\times4.44=320.9\text{kN}\cdot\text{m}$$

因为截面 D 恰位于集中力作用点，所以计算该截面的剪力和轴力时，应该分别计算该截面稍左和稍右两个截面的剪力和轴力值，即 $F_{QD}^{左}$、$F_{D}^{右}$ 和 $F_{ND}^{左}$、$F_{ND}^{右}$。

$$F_{QD}^{左}=(F_{QD}^{左})^{0}\cos\varphi_{D}-F_{H}\sin\varphi_{D}=(200-170.8)\times0.9762-312.4\times(-0.2167)=96.2\text{kN}$$

$$F_{QD}^{右}=(F_{QD}^{右})^{0}\cos\varphi_{D}-F_{H}\sin\varphi_{D}=-170.8\times0.9762-312.4\times(-0.2167)=-98.3\text{kN}$$

$$F_{ND}^{左}=(F_{ND}^{左})^{0}\sin\varphi_{D}+F_{H}\cos\varphi_{D}=29.2\times(-0.2167)+312.4\times0.9762=298.6\text{kN}$$

$$F_{ND}^{右}=(F_{ND}^{右})^{0}\sin\varphi_{D}+F_{H}\cos\varphi_{D}=-170.8\times(-0.2167)+312.4\times0.9762=342.0\text{kN}$$

【例 3.14】 图 3.28a)所示为一三铰拱，其拱轴为抛物线，当坐标原点选在左支座时，拱轴方程为：$y=\dfrac{4f}{l^{2}}x(l-x)$，试绘制其内力图。

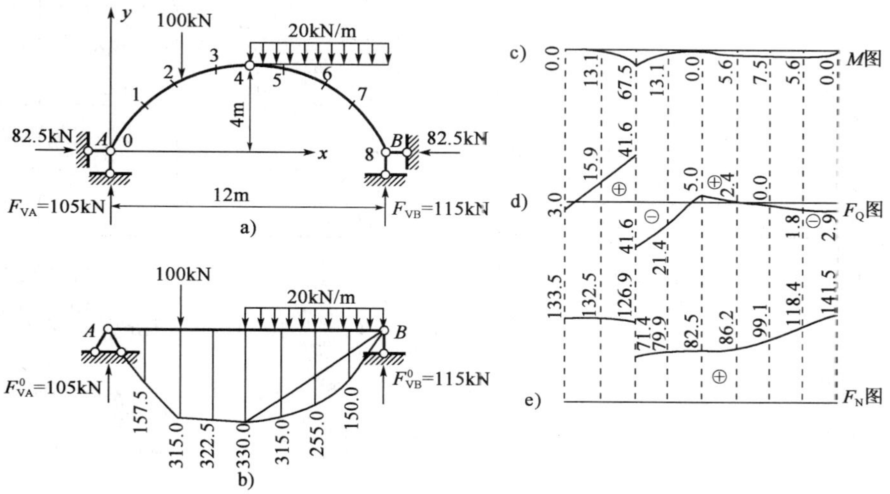

图 3.28

【解】 先求支座反力，根据式(3.9)～式(3.11)可得：

$$F_{VA}=F_{VA}^{0}=\frac{100\times9+20\times6\times3}{12}=105\text{kN}$$

$$F_{VB}=F_{VB}^{0}=\frac{100\times3+20\times6\times9}{12}=115\text{kN}$$

$$F_{H}=\frac{M_{C}^{0}}{f}=\frac{105\times6-100\times3}{4}=82.5\text{kN}$$

反力求出后，即可根据式(3.12)～式(3.14)绘制内力图。为此，将拱跨分成八等分，列表(表 3.1)算出各截面上的 M、F_Q、F_N 值，然后根据表中所得数值绘制 M、F_Q、F_N 图，如图 3.28c)～图 3.28e)所示。这些内力图是以水平线为基线绘制的。图 3.28b)为相应简支梁的弯矩图。

以截面 1(离左支座 1.5m 处)和截面 2(离左支座 3.0m 处)的内力计算为例，对表 3.1 说明如下。

三铰拱的内力计算 表 3.1

拱轴分点	纵坐标(m)	$\tan\varphi_K$	$\sin\varphi_K$	$\cos\varphi_K$	F_{QK}^{0}
0	0	1.333	0.800	0.599	105.0
1	1.75	1.000	0.707	0.707	105.0
2(左,右)	3	0.667	0.555	0.832	105.0,5.0
3	3.75	0.333	0.316	0.948	5.0
4	4	0.000	0.000	1.000	5.0
5	3.75	−0.333	−0.316	0.948	−25.0

续上表

拱轴分点	纵坐标(m)	$\tan\varphi_K$	$\sin\varphi_K$	$\cos\varphi_K$	F_{QK}^0
6	3	−0.667	−0.555	0.832	−55.0
7	1.75	−1.000	−0.707	0.707	−85.0
8	0	−1.333	−0.800	0.599	−115.0

M(kN·m)			F_Q(kN)			N(kN)		
M_K^0	$-Hy_K$	M_K	$F_{QK}^0\cos\varphi_K$	$-H\sin\varphi_K$	F_{QK}	$F_{QK}^0\sin\varphi_K$	$H\cos\varphi_K$	N_K
0.00	0.00	0.00	63.0	−66.0	−3.0	84.0	49.5	133.5
157.5	−144.4	13.1	74.2	−58.3	15.9	74.2	58.3	132.5
315.0	−247.5	67.5	87.4,4.2	−45.8	41.6,−41.6	58.3,2.8	68.6	126.9,71.4
322.5	−309.4	13.1	4.7	−26.1	−21.4	1.6	78.3	79.9
330.0	−330.0	0.00	5.0	0.00	5.0	0.00	82.5	82.5
315.0	−309.4	5.6	−23.7	26.1	2.4	7.9	78.2	86.2
255.0	−247.5	7.5	−45.8	45.8	0.00	30.5	68.6	99.1
150.0	−144.4	5.6	−60.1	58.3	−1.8	60.1	58.3	118.4
0.00	0.00	0.00	−68.9	66.0	−2.9	92.0	49.5	141.5

在截面1,有 $x=1.5\text{m}$,由拱轴方程求得:

$$y=\frac{4f}{l^2}x_1(l-x_1)=\frac{4\times4}{12^2}\times1.5\times(12-1.5)=1.75\text{m}$$

截面1处切线斜率为:

$$\tan\varphi_1=\left(\frac{\mathrm{d}y}{\mathrm{d}x}\right)_1=\frac{4f}{l^2}(l-2x_1)=\frac{4\times4}{12^2}(12-2\times1.5)=1$$

则有:

$$\sin\varphi_1=\frac{\tan\varphi_1}{\sqrt{1+\tan^2\varphi_1}}=\frac{l}{\sqrt{2}}=0.707$$

$$\cos\varphi_1=\frac{1}{\sqrt{1+\tan^2\varphi_1}}=\frac{1}{\sqrt{2}}=0.707$$

根据式(3.12)~式(3.14)求得该截面的弯矩、剪力和轴力分别为:

$M_1=M_1^0-Hy_1=105\times1.5-82.5\times1.75=157.5-144.4=13.1\text{kN}\cdot\text{m}$

$F_{Q1}=F_{Q1}^0\cos\varphi_1-F_H\sin\varphi_1=105\times0.707-82.5\times0.707=74.2-58.3=15.9\text{kN}$

$F_{N_1}=F_{QK}^0\sin\varphi_1+F_H\cos\varphi_1=105\times0.707+82.5\times0.707=74.2+58.3=132.5\text{kN}$

在截面2因有集中荷载作用,该截面两边的剪力和轴力不相等,此处 F_Q、F_N 图将发生突变。现计算该截面内力如下:

$M_2=M_2^0-Hy_2=105\times3-82.5\times3=315-247.5=67.5\text{kN}\cdot\text{m}$

$F_{Q2左}=F_{Q2左}^0\cos\varphi_2-F_H\sin\varphi_2=105\times0.32-82.5\times0.555=87.4-45.8=41.6\text{kN}$

$F_{Q2右}=F_{Q2左}^0\cos\varphi_2-F_H\sin\varphi_2=5.0\times0.832-82.5\times0.555=4.2-45.8=-41.6\text{kN}$

$F_{N2左}=F_{N2左}^0\sin\varphi_2+F_H\cos\varphi_2=105\times0.555+82.5\times0.832=58.3+68.6=126.9\text{kN}$

$F_{N2右}=F_{N2右}^0\sin\varphi_2+F_H\cos\varphi_2=5.0\times0.555+82.5\times0,832=2.8+68.6=71.4\text{kN}$

其他各截面内力的计算与以上相同。

四 拱的合理轴线

在一般情况下,三铰拱截面上有弯矩、剪力和轴力,处于偏心受压状态,其正应力分布不均匀。但是，我们可以选取一根适当的拱轴线，使得在给定荷载作用下，拱上各截面只承受轴力而弯矩为零，这样的拱轴线称为合理轴线。

由式(3.12)知，任意截面 K 的弯矩为：

$$M_K = M_K^0 - F_H y_K$$

上式说明，三铰拱的弯矩 M_K 是由相应简支梁的弯矩 M_K^0 与 $-F_H y_K$ 叠加而得。当拱的跨度和荷载为已知时，M_K^0 不随拱轴线改变而变，而 $-F_H y_K$ 则与拱的轴线有关。因此，我们可以在三个铰之间恰当地选择拱的轴线形式。使拱中各截面的弯矩都为 0。为了求出合理轴线方程，根据各截面弯矩都为零的条件应有：

$$M = M^0 - F_H y = 0$$

得：

$$y = \frac{M^0}{F_H} \tag{3.15}$$

由式(3.15)可知，合理轴线的竖标 y 与相应简支梁的弯矩竖标成正比，$\frac{1}{F_H}$ 是这两个竖标之间比例系数。当拱上所受荷载已知时，只需求出相应简支梁的弯矩方程，然后除以推力 F_H，便可得到拱的合理轴线方程。

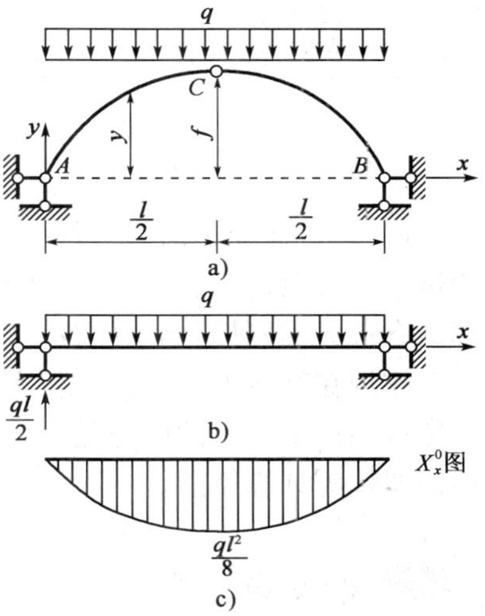

图 3.29

【例 3.15】 试求图 3.29a)所示对称三铰拱在均匀荷载 q 作用下的合理轴线。

【解】 作出相应简支梁，如图 3.29b)所示，其弯矩方程为：

$$M^0 = \frac{1}{2}qlx - \frac{1}{2}qx^2 = \frac{1}{2}qx(l-x)$$

由式(3.15)求得：

$$F_H = \frac{M_C^0}{f} = \frac{\frac{ql^2}{8}}{f} = \frac{ql^2}{8f}$$

所以由式(3.11)得到合理轴线方程为：

$$y = \frac{\frac{1}{2}qx(l-x)}{\frac{ql^2}{8f}} = \frac{4f}{l^2}x(l-x)$$

由此可见，在满跨的竖向均布荷载作用下，三铰拱的合理轴线是一条抛物线。因此，拱的轴线常采用抛物线。

第四节 静定平面桁架的内力计算

一 桁架的概念

桁架是有若干直杆在其两端用铰联结而成的结构，是大跨度结构常用的一种结构形式。广泛应用于桥梁、塔架及工业与民用建筑屋盖等。

桁架的杆件按其所在位置分为弦杆和腹杆。弦杆又分为上弦杆和下弦杆，腹杆也分为斜杆和竖杆，如图 3.30 所示。两支座之间的水平距离 l 称为跨度，支座连线至桁架最高点的距离 H 称为桁高。弦杆上相邻两结点之间的区间称为结间，其间距 d 称为结间长度。

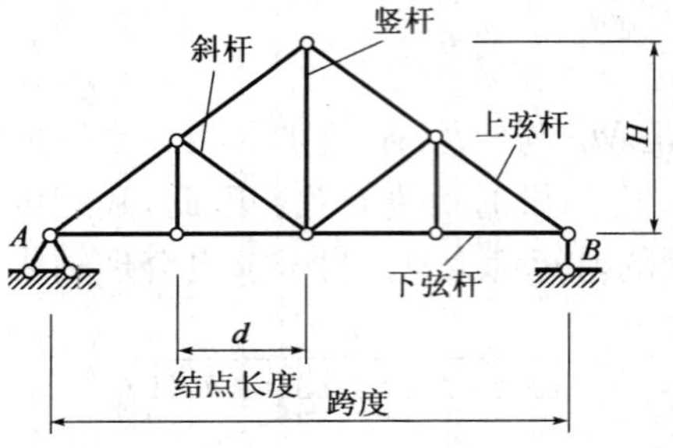

图 3.30

1. 桁架的特点

所有结点都是铰结点，在结点荷载作用下，各杆内力中只有轴力。

2. 桁架计算中引用的基本假定

(1)桁架中的各结点都是光滑的理想铰结点。

(2)各杆轴线都是直线，且在同一平面内并通过铰的中心。

(3)荷载及支座反力都作用在结点上，且在桁架平面内。

上述假定，保证了桁架中各结点均为铰结点，各杆内只有轴力，都是二力杆。符合上述假定的桁架，是理想桁架。实际桁架与上述假定是有差别的，如钢桁架及钢筋混凝土桁架中的结点都具有很大的刚性。此外，各杆轴线也不可能绝对平直，也不一定正好都过铰中心，荷载也不完全作用在结点上等。但工程实践及实验表明，这些因素所产生的应力是次要的，称为次应力。按理想桁架计算的应力是主要的，称为主应力。本节只讨论产生主应力的内力计算，并取理想桁架作为计算简图。

二 桁架的分类

(1)简单桁架

由地基或一基本铰结三角形开始依次增加二元体得到，如图 3.31 所示。

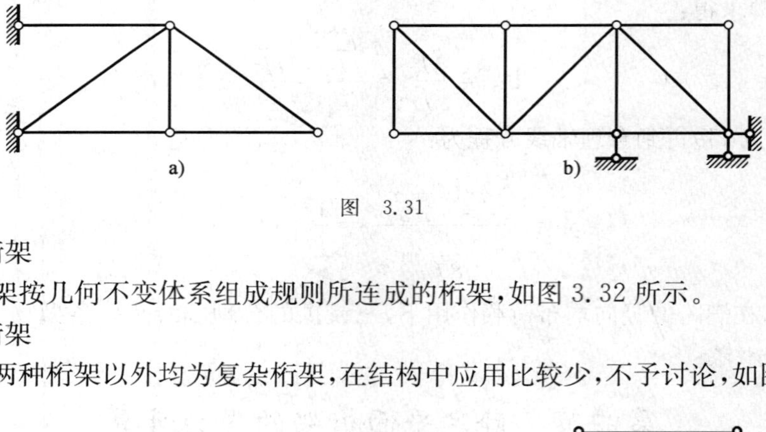

图 3.31

(2)联合桁架

由简单桁架按几何不变体系组成规则所连成的桁架，如图 3.32 所示。

(3)复杂桁架

除了上述两种桁架以外均为复杂桁架，在结构中应用比较少，不予讨论，如图 3.33 所示。

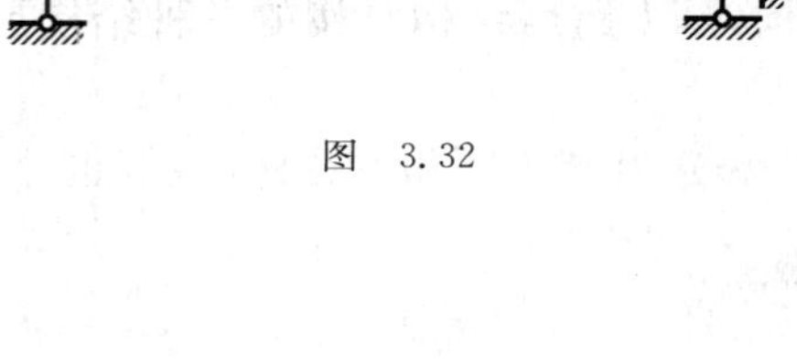
图 3.32

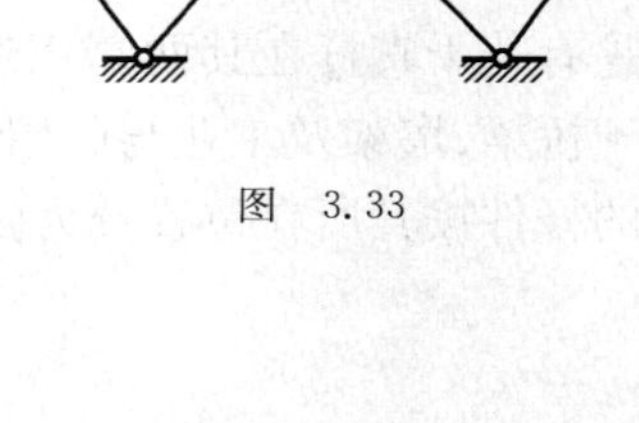
图 3.33

三 桁架的内力计算方法

1. 结点法

桁架计算一般是先求支座反力后计算内力。计算内力时可截取桁架中的一部分为隔离体,根据隔离体的平衡条件求解各杆的轴力。如果截取的隔离体包含两个及以上的结点,这种方法叫截面法。如果所取隔离体仅包含一个结点,这种方法叫结点法。

当取某一结点为隔离体时,由于结点上的外力与杆件内力组成一平面汇交力系,则独立的平衡方程只有两个,即$\sum F_x=0$,$\sum F_y=0$,可解出两个未知量。因此,在一般情况下,用结点法进行计算时,其中的未知力数目不宜超过两个,以避免在结点之间解联立方程。

结点法用于计算简单桁架很方便,因为简单桁架是依次增加二元体组成的。每个二元体只包含两个未知轴力的杆,完全可由平衡方程确定。计算顺序按几何组成的相反次序进行,即从最后一个二元体开始计算。

桁架杆件内力的符号规定:轴力以使截面受拉为正,受压为负。在取隔离体时,轴力均先假设为正,即轴力方向用离开结点表示。计算结果为正,则为拉力;反之,则为压力。

桁架中常有一些特殊形式的结点,掌握这些特殊结点的平衡条件,可使计算大为简化。把内力为零的杆件称为零杆。

(1)L 形结点

不在一直线上的两杆结点,当结点不受外力时,两杆均为零杆,如图 3.34a)所示。若其中一杆与外力 F 共线,则此杆内力与外力 F 相等,另一杆为零杆,如图 3.34d)所示。

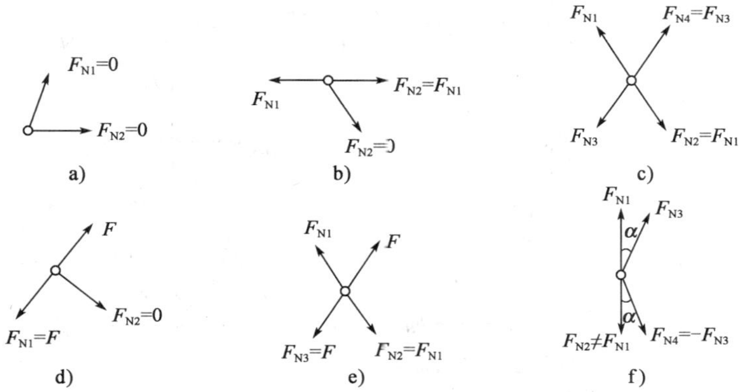

图 3.34

(2)T 形结点

两杆在同一直线上的三杆结点,当结点不受外力时,第三杆为零杆,如图 3.34b)所示。若外力 F 与第三杆共线,则第三杆内力等于外力 F,如图 3.34e)所示。

(3)X 形结点

四杆结点两两共线,如图 3.34c)所示,当结点不受外力时,则共线的两杆内力相等且符号相同。

(4)K 形结点

这也是四杆结点,其中两杆共线,另两杆在该直线同侧且与直线夹角相等,如图 3.34f)所示,当结点不受外力时,则非共线的两杆内力大小相等但符号相反。

以上结论，均可取适当的坐标由投影方程得出。

应用上述结论可判定出如图 3.35a)～图 3.35c)所示结构中虚线各杆均为零杆。这里所讲的零杆是对某种荷载而言的，当荷载变化时，零杆也随之变化，如图 3.35b)、图 3.35c)所示。此处的零杆也绝非多余联系。

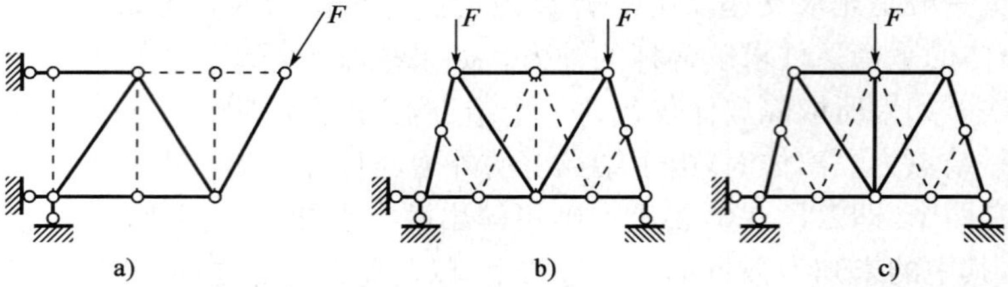

图 3.35

【例 3.16】 用结点法计算图 3.36a)所示桁架各杆的内力。

【解】 该桁架为简单桁架，由于桁架及荷载都对称，故可计算其中的一半杆件的内力，最后由结点 C 的平衡条件进行校核。

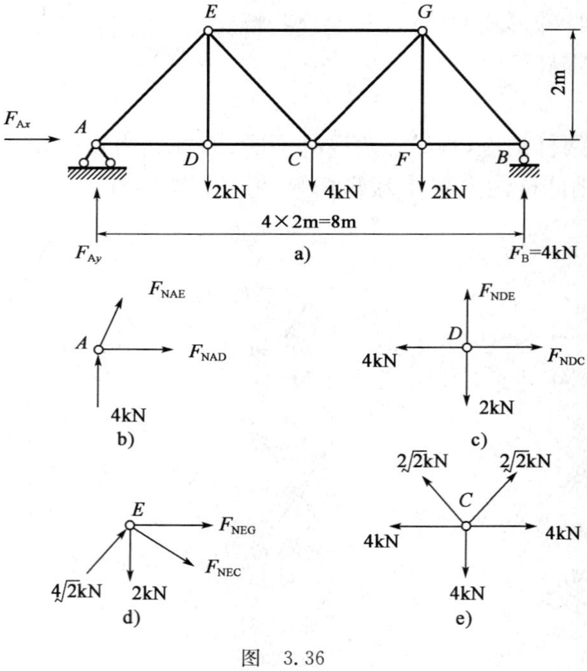

图 3.36

(1)计算支座反力

$\sum F_x=0, F_{Ax}=0$

由对称性可知：

$$F_{Ay}=F_{By}=\frac{2+4+2}{2}=4\text{kN}$$

(2)内力计算

①取结点 A 为隔离体，如图 3.36b)所示。

$\sum F_y=0, F_{NAE}=-4\times\sqrt{2}=-5.66\text{kN}$

$\sum F_x=0, F_{NAE}\times\frac{\sqrt{2}}{2}+F_{NAD}=0, F_{NAD}=4\text{kN}$

②取结点 D 为隔离体，如图 3.36c)所示。

$\sum F_x=0, F_{NDC}=4\text{kN}$

$\sum F_y=0, F_{NDE}=2\text{kN}$

③取结点 E 为隔离体，如图 3.36d)所示。

$\sum F_y=0, 4\sqrt{2}\times\frac{\sqrt{2}}{2}-2-F_{NEC}\times\frac{\sqrt{2}}{2}=0, F_{NEC}=2.83\text{kN}$

$\sum F_x=0, 4\sqrt{2}\times\frac{\sqrt{2}}{2}+F_{NEC}\times\frac{\sqrt{2}}{2}+F_{NEG}=0, F_{NEC}=-6\text{kN}$

④由对称性可知另一半桁架杆件的内力。

⑤校核。取结点 C 为隔离体，如图 3.36e)所示。

$\sum F_x=0, \sum F_y=0$

C 结点平衡条件满足，故内力计算无误。

2. 截面法

用截面法计算内力时，由于隔离体上所作用的力为平面一般力系，故可建立三个平衡方程。若隔离体上的未知力数目不超过三个，则可将它们全部求出，否则需利用解联立方程的方法才能求出所有未知力。为此，可适当选取矩心及投影轴，利用力矩法和投影法，尽可能使建立的平衡方程只包含一个未知力，以避免解联立方程。

【例 3.17】 用截面法计算图 3.37a)所示桁架中 1、2、3 杆的内力 N_1、N_2、N_3。

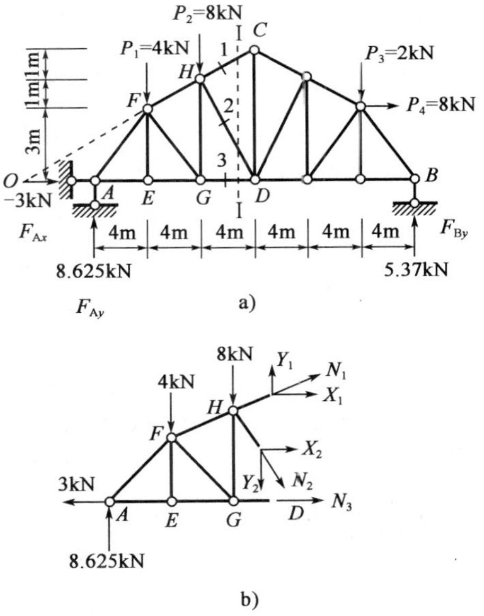

图 3.37

【解】 (1)求支座反力

$\sum F_x=0, F_{Ax}=-3\text{kN}(\leftarrow)$

$\sum M_B=0, F_{Ay}=\frac{1}{24}(4\times20+8\times16+2\times4-3\times3)$

$=8.625\text{kN}(\uparrow)$

$\sum M_A=0, F_{By}=\frac{1}{24}(4\times4+8\times8+2\times20+3\times3)$

$=5.375\text{kN}(\uparrow)$

(2)求内力

取Ⅰ-Ⅰ截面以左为隔离体，如图 3.37b)所示。将 N_1 分解为水平分力 X_1 和垂直分力 Y_1，则由：

$\sum M_D=0, 8.625\times12-4\times8-8\times4+4X_1+3Y_1=0$

所以 $X_1=-7.900\text{kN}(\leftarrow)$

$Y_1=-\frac{1}{4}\times7.900=-1.975\text{kN}(\downarrow)$

$N_1=-\frac{\sqrt{4^2+1^2}}{4}\times7.900=-8.143\text{kN}(压力)$

因为 $\sum F_y=0, 8.625-4-8-1.975-Y_2=0$

所以 $Y_2=-5.350\text{kN}(\uparrow), X_2=-5.350\text{kN}(\leftarrow)$

$$N_2=\frac{1}{0.707}\times 5.350=-7.567\text{kN(压力)}$$

求 N_3 仍利用图 3.37b)的示意图。

因为　$\sum F_x=0, -3-7.900-5.350+N_3=0$

所以　$N_3=16.25\text{kN(拉力)}$

用图 3.37b)中未用过的力矩方程 $\sum M_H=0$ 进行校核：

$\sum M_H=-3\times 4-8.625\times 8+4\times 4+16.250\times 4=0$

经校核结果无误。

如前所述，用截面法求桁架内力时，应尽量使截断的杆件不超过三根，这样所截杆件的内力均可利用同一隔离体求出。特殊情况下，所作截面虽然截断了三根以上的杆件，但只要在被截各杆中，除一根外其余各杆汇交于同一点或互相平行，则该杆的内力仍可首先求出。

3. 截面法和结点法的联合应用

结点法和截面法是计算桁架内力的两种基本方法。两种方法各有所长，应根据具体情况灵活选用。

【例 3.18】 试求图 3.38 所示桁架中 a、b 及 c 杆的内力。

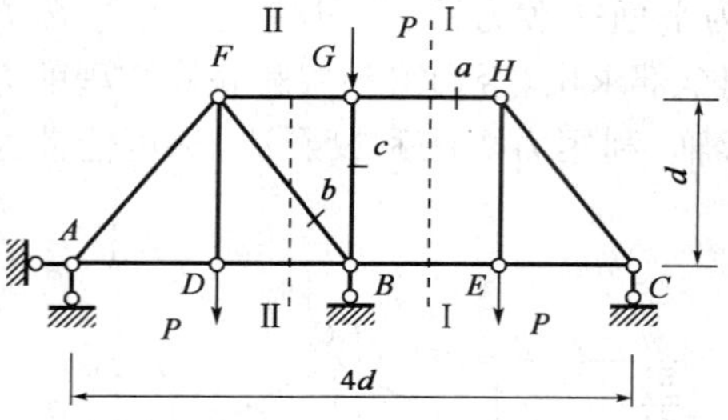

图 3.38

【解】 从几何组成看，桁架中的 AGB 为基本部分，EHC 为附属部分。

(1)作截面Ⅰ-Ⅰ，取右部分为隔离体

$\sum M_C=0, F_{Na}\times d+P\times d=0, F_{Na}=-P$

(2)取结点 G 为隔离体

$\sum F_y=0, F_{Nc}=-P$

$\sum F_x=0, F_{NFG}=F_{Na}=-P$

(3)作截面Ⅱ-Ⅱ，取左部分为隔离体

$\sum M_A=0, F_{Nb}\times d\sqrt{2}+F_{NFG}\times d-P\times d=0, F_{Nb}=0$

第五节　组合结构

一　组合结构的组成

组合结构由链杆和梁式杆组成。

二　应用

组合结构主要应用于吊车梁、桥梁的承重结构及房屋的屋架，图 3.39 所示为斜拉桥计算简图，图 3.40 所示为下撑式五角形屋架计算简图。

三　计算组合结构时的注意事项

(1)注意区分链杆(只受轴力)和梁式杆(受轴力、剪力和弯矩)。

(2)一般先计算反力和链杆的轴力，再计算梁式杆的内力。

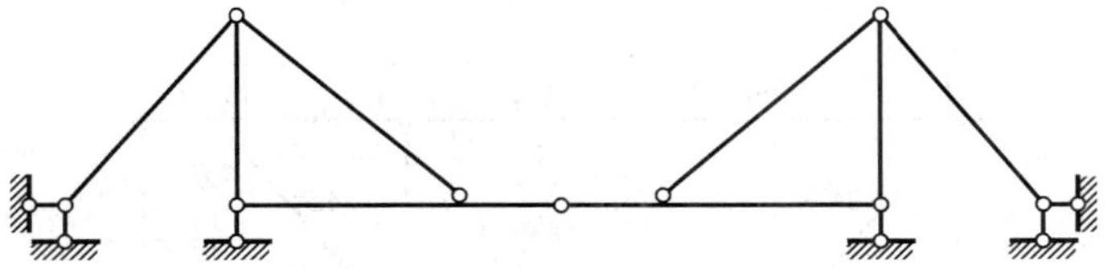

图 3.39

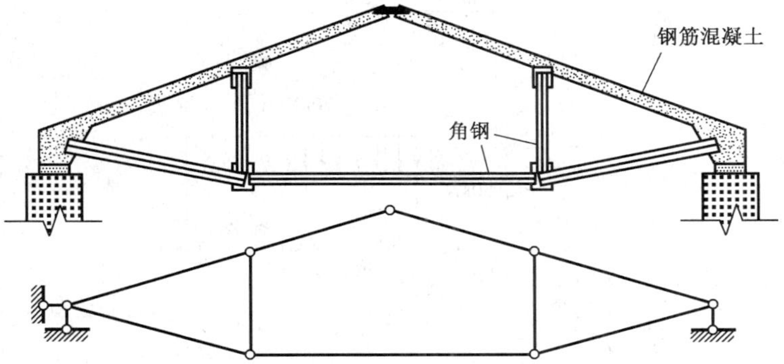

图 3.40

(3)取隔离体时，尽量不截断梁式杆。

因此，计算组合结构的步骤一般是先求支座反力，然后计算各链杆的轴力，最后计算受弯杆的内力。

【例 3.19】 试求图 3.41a)所示组合结构各杆的轴力，作受弯杆的 M、Q 图。

【解】 (1)计算支座反力

$\sum M_B=0, F_A=\frac{1}{12}(20\times6\times3)=30\text{kN}(\uparrow)$

$\sum M_A=0, F_B=\frac{1}{12}(20\times6\times9)=90\text{kN}(\uparrow)$

校核：$\sum F_y=30+90-20\times6=0$

故知反力计算无误。

(2)求链杆内力

①作截面Ⅰ-Ⅰ，拆开铰 C 并截断 DE 杆，取左边为隔离体。

由 $\sum M_C=0$，得：

$$F_{NDE}\times3-30\times6=0, F_{NDE}=60\text{kN}$$

②取结点 D、E 为隔离体，由平衡条件 $\sum F_x=0$、$\sum F_y=0$，可求得各链杆轴力如图 3.41a)所示。

(3)计算受弯杆内力

①取出 CB 杆为隔离体，如图 3.41b)所示。由平衡条件可得：

$$F_{CH}=60\text{kN}(\rightarrow), F_{CV}=30\text{kN}(\uparrow)$$

据此可作出 CB 杆的弯矩图及剪力图。

②AC 杆的内力可用与 CB 杆相同的方法求得。最后所得受弯杆的弯矩图及剪力图如图 3.41c)、图 3.41d)所示。

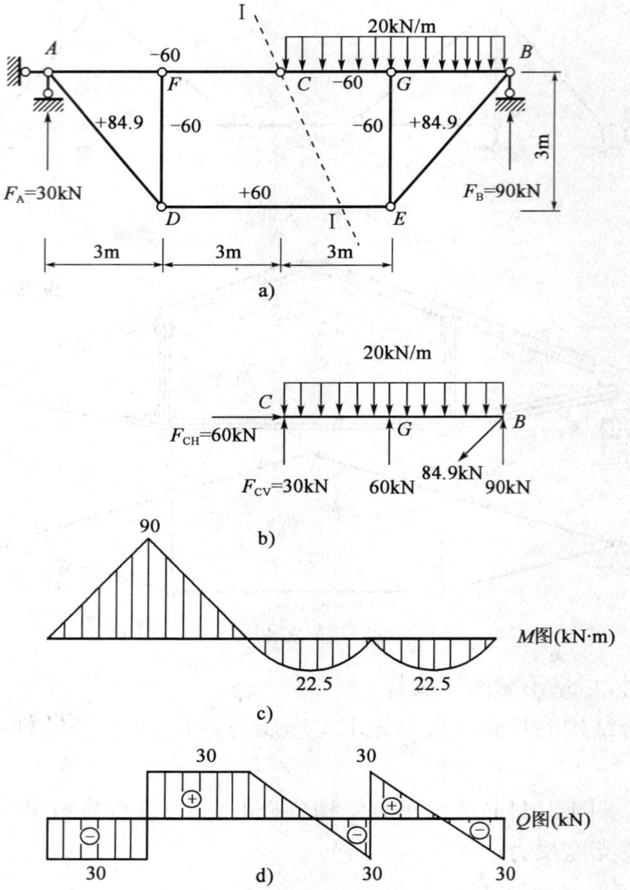

图 3.41

第六节 静定结构特性

一 受力分析方法

对静定结构来说，所能建立的独立的平衡方程的数目等于方程中所含的未知力的数目。因此，静定结构的内力完全由平衡条件确定。为了避免解联立方程组，应按一定的顺序截取分离体，尽量使一个方程中只含有一个未知量。

二 一般特性

1. 结构类型

静定结构的几种典型结构有梁、刚架、拱、桁架、组合结构，还可以从不同的角度加以分类。

(1) {无推力结构: 梁、梁式桁架
有推力结构: 三铰拱、三铰刚架、拱式桁架、组合结构}

(2)杆件 {链杆 → 组成桁架
→ 组成组合结构
梁式杆 → 组成梁、刚架}

2. 减小截面弯矩的措施

链杆只有轴力无弯矩,截面上正应力分布均匀,充分利用了材料的强度。梁式杆有弯矩,截面上正应力分布不均匀,没有充分利用材料强度。为达到物尽其用,应尽量减小杆件中的弯矩。减小截面弯矩的几种措施如下:

(1)在多跨静定梁中,利用杆端负弯矩可减小跨中正弯矩。

(2)在推力结构中,利用水平推力可减小弯矩峰值。

(3)在桁架中,利用杆件的铰结及荷载的结点传递,使各杆处于无弯矩状态。三铰拱采用合理拱轴线可处于无弯矩状态。

3. 基本特性

静定结构是无多余联系的几何不变体系,其全部内力和反力仅由平衡条件就可唯一确定;而超静定结构是有多余联系的几何不变体系,其全部内力和反力仅由平衡条件不能完全确定,需要同时考虑变形条件后才能确定。静定结构的基本静力特性:满足平衡条件的内力解答是唯一的。

4. 一般特性

(1)支座移动、制造误差、温度改变等因素在静定结构中不产生内力,如图 3.42 所示。

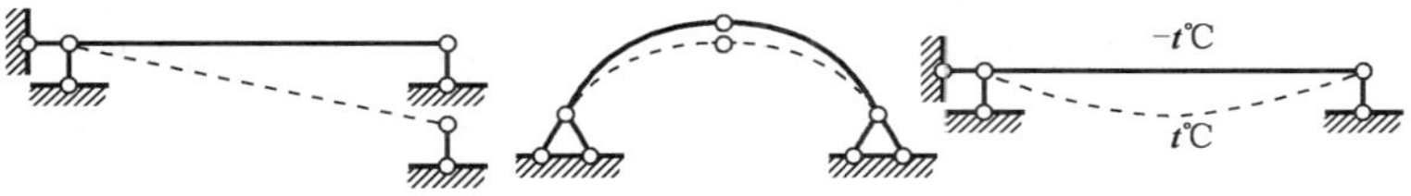

图 3.42

(2)静定结构的局部平衡特性:在荷载作用下,如果静定结构中的某一局部可以与荷载平衡,则其余部分的内力必为零,如图 3.43 所示。

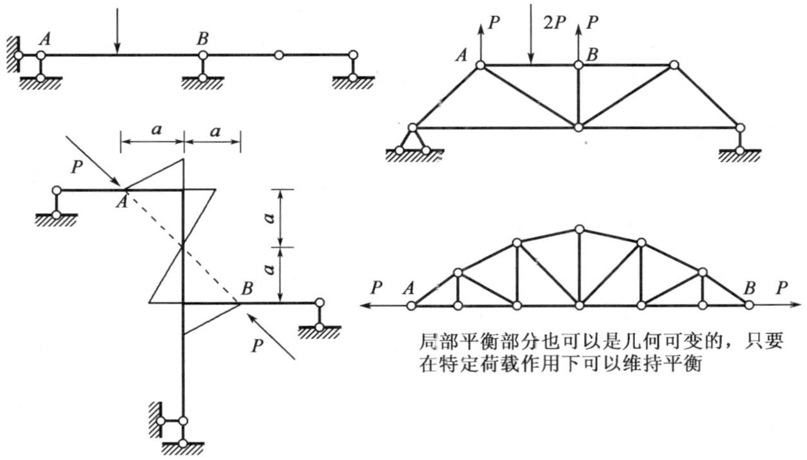

图 3.43

(3)静定结构的荷载等效特性:当静定结构的一个几何不变部分上的荷载作等效变换时,其余部分的内力不变,如图3.44所示,两者除AB杆外,其余部分受力相同。

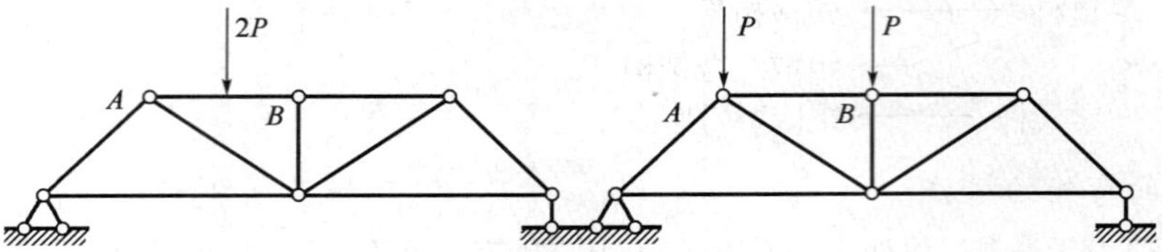

图 3.44

(4)静定结构的构造变换特性:当静定结构的一个内部几何不变部分作构造变换时,其余部分的内力不变,如图3.45所示,两者除AB部分外,其余各部分受力相同。

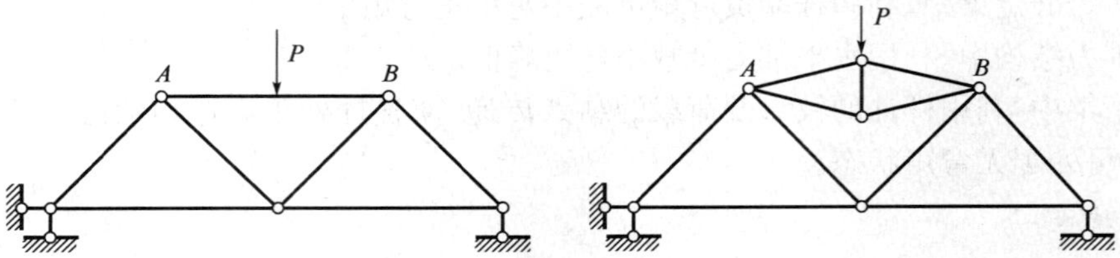

图 3.45

小 结

1. 内力组成

结构、构件某一截面的内力,是以该截面为界计算构件两部分之间的相互作用力。当构件所受的外力作用在结构、构件轴线所在平面内时,一般情况下,横截面上的内力有轴力、剪力和弯矩。

2. 内力计算

求内力的基本方法是截面法。用截面法求解内力的步骤为:以假想截面将构件截为两部分,取任一部分为研究对象,用内力代替两部分的相互作用,最后用平衡方程求出截面上的内力。为使计算方便,对内力的正负号作出了规定,在计算内力时,应首先假设内力为正。

3. 内力方程及内力图

一般情况下,横截面上的内力值随着截面位置的不同而变化。表达内力沿截面变化规律的函数称为内力方程。表达内力方程的图形称为内力图。

4. 多跨静定梁的计算

计算多跨静定梁时,可以将其分成若干单跨梁分别计算。应首先计算附属部分,再计算基础部分,最后将各单跨梁的内力图连在一起,即得到多跨静定梁的内力图。

5. 刚架的计算

作刚架内力图的基本方法是将刚架拆成单个杆件,求各杆件的杆端内力,分别作出各杆件的内力图,然后将各杆的内力图合并在一起,即得到刚架的内力图。在求解各杆的杆端内力时,应注意结点的平衡。

6. 三铰拱的计算

三铰拱的内力计算应通过与相应简支梁的剪力和弯矩联系来表示。这样可将求三铰拱的内力归结为求拱的水平推力和相应简支梁的剪力和弯矩，然后代入相应公式计算即可。

7. 静定平面桁架的计算

求解静定平面桁架的基本方法是结点法和截面法。前者是以结点为研究对象，用平面汇交力系的平衡方程求解内力，一般首先选取的结点未知内力的杆不超过 2 根；而截面法是用假想的截面把桁架断开，取一部分为研究对象，用平面一般力系的平衡方程求解内力，应注意假想的截面一定要把桁架断为两部分(即每一部分必须有一根完整的杆件)，一个截面一般不应超过截断 3 根未知内力的杆件。

8. 静定平面结构类型

主要有多跨静定梁、静定刚架、静定拱、静定桁架和组合结构。多跨静定梁分为水平梁和斜梁。多跨静定梁是使用短梁小跨度的一种较合理的结构形式。

静定刚架分为简支刚架、悬臂刚架和三铰刚架。刚架是梁和柱由刚结点连接组成的结构。由于有刚结点，各杆之间可以传递弯矩，内力分布较为均匀，可以充分发挥材料的性能，同时刚结点处刚架杆数少，可以形成较大的内部空间。

静定拱主要介绍三铰拱。三铰拱是在竖向荷载作用下，支座处有水平反力的结构。水平推力使拱上的弯矩比同情况下的梁的弯矩小得多，因而材料可以充分得到利用。又由于拱主要是受压，这样可以利用抗压性能好而抗拉性能差的砖、石和混凝土等建筑材料。

静定桁架是由等截面直杆相互用铰连接组成的结构。理想桁架各杆均为只受轴向力的二力杆，内力分布均匀，可以用较少的材料跨越较大的跨度。

9. 静定结构的特性

静定结构是没有多余联系的几何不变体系；静定结构的反力和内力是只用静力平衡条件就可以确定的；静定结构在支座位移、制造误差、温度改变等因素的影响下，不会产生内力和反力，但能使结构产生位移；当平衡力系作用在静定结构的某一内部几何不变部分上时，其余部分的内力和反力不受其影响；当静定结构的某一内部几何不变部分上的荷载作等效变换时，只有该部分的内力发生变化，其余部分的内力和反力均保持不变。

思考题

1. 什么是多跨静定梁？多跨静定梁的构造特点和受力特点是什么？如何计算其内力？
2. 如何计算静定斜梁的内力？
3. 什么是静定平面刚架？静定平面刚架分为哪几类？它的内力有几种？如何计算静定平面刚架的内力？
4. 什么是拱？静定平面拱一般有几种？如何计算三铰拱的内力？什么是三铰拱的合理拱轴线？如何确定合理拱轴线？
5. 什么是静定平面桁架？静定平面桁架分为哪几类？其内力计算方法有哪几和？
6. 什么是零杆？如何判定零杆？
7. 用截面法计算桁架内力时，什么情况下即使未知轴力个数超过三个也能解出所求轴力？
8. 静定结构有哪些特性？

习题

3-1　计算图 3.46 所示多跨静定梁并作其内力图。

3-2　试作图 3.47 所示斜梁的内力图。

3-3　计算图 3.48 所示静定刚架并作出其内力图。

3-4　计算图 3.49 所示三铰拱截面 E 的内力。

3-5　计算图 3.50 所示静定平面桁架指定杆件的内力。

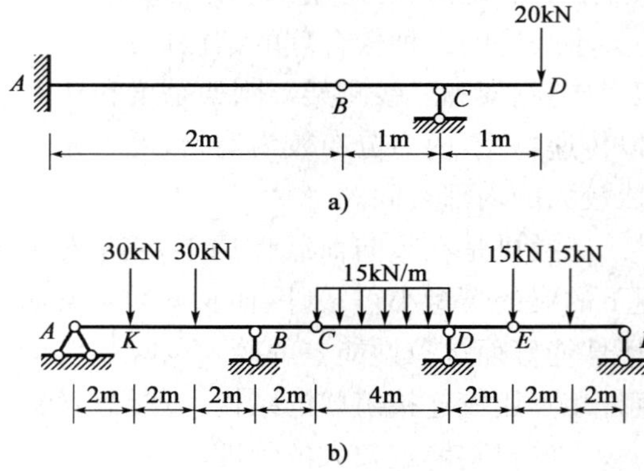

图　3.46

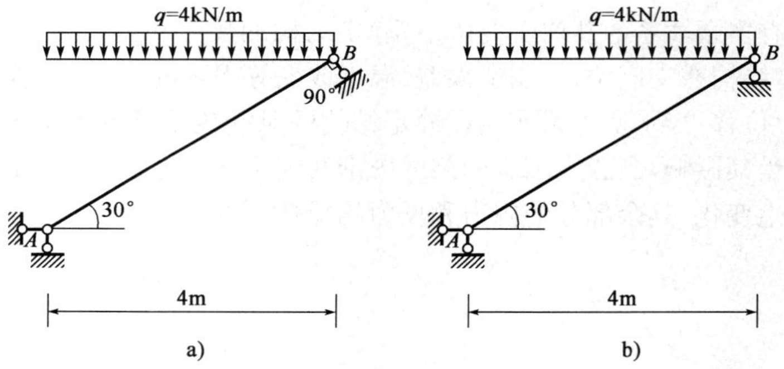

图　3.47

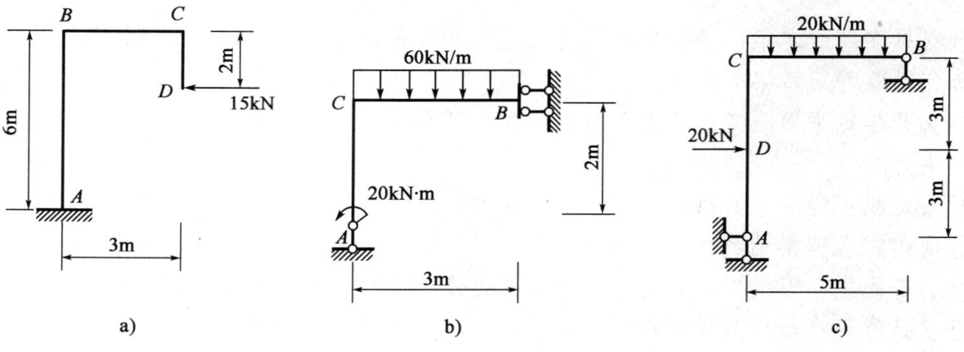

图　3.48

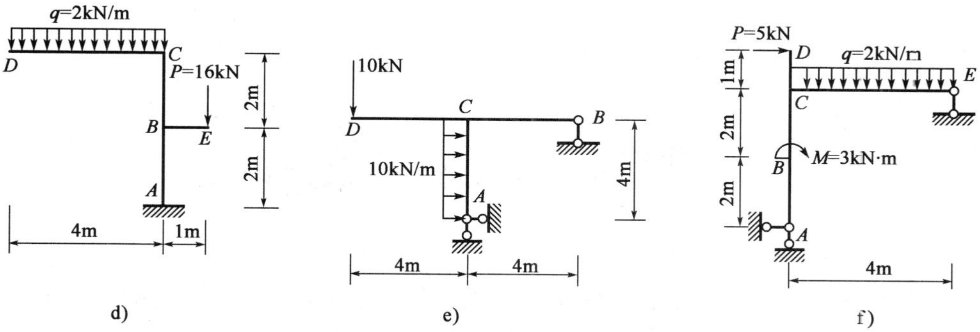

图 3.48

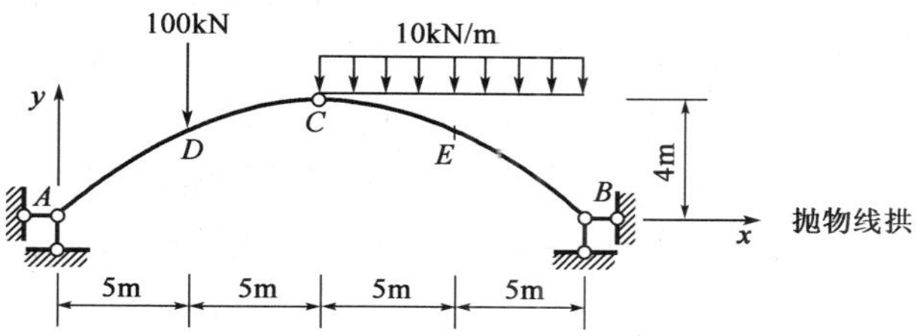

图 3.49

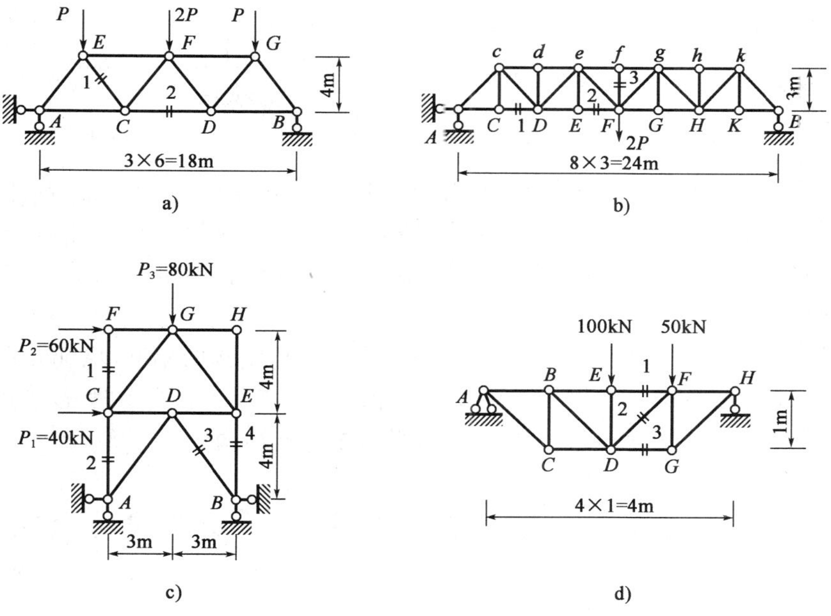

图 3.50

第四章　结构位移计算

结构在荷载作用、温度变化、支座位移等因素的影响下，将产生变形或结构位置的变化。如图 4.1 所示刚架在荷载作用下发生如图中虚线所示变形，截面从 A 点移动到 A' 点，我们将 Δ_A 称为 A 点的线位移，其中水平分量 Δ_A^H 称为 A 点的水平线位移，竖向分量 Δ_A^V 称为 A 点的竖向线位移，φ_A 称为 A 截面的角位移。这里的线位移和角位移都是绝对位移。

如图 4.2 所示刚架在荷载作用下发生如图中虚线所示变形。A、B 两点分别产生绝对线位移 Δ_A、Δ_B，则 A 点相对于 B 点产生线位移 $\Delta_{AB} = \Delta_A + \Delta_B$，称为 A 点与 B 点的相对线位移；C、D 两截面分别产生绝对角位移 φ_C、φ_D，则 C 截面相对于 D 截面产生转角 $\varphi_{CD} = \varphi_C + \varphi_D$，称为 C 截面与 D 截面的绝对角位移。这里相对线位移和相对角位移都是相对位移。

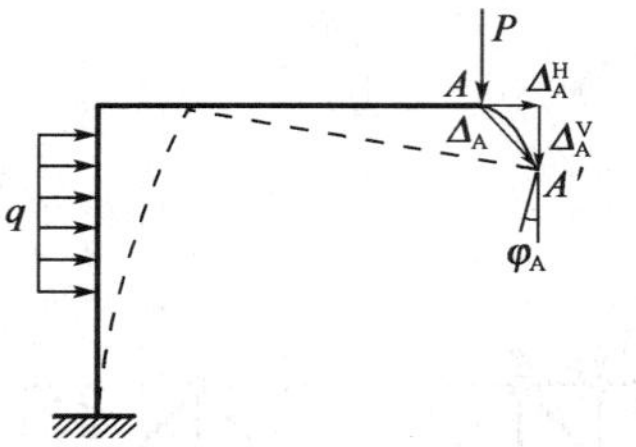

图　4.1

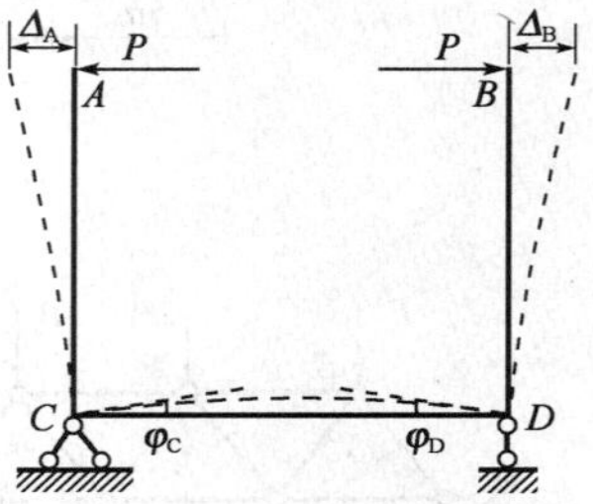

图　4.2

我们在前面讨论过单个杆件的位移计算，如利用胡克定律计算轴向拉压构件变形、利用积分法求梁的挠度和转角等。但这些方法对于计算杆件结构（如刚架、桁架、组合结构和拱等）的位移不是很方便。本章将从虚功原理出发，导出计算杆件结构位移的一般方法——虚功法（也称单位荷载法）。

工程中，结构位移计算主要有两个目的：一是为了校核结构的刚度，保证其在施工和使用过程中不产生过大的变形；二是因为在计算超静定结构支座反力和内力时，仅利用静力平衡条件不能得出唯一解，必须考虑变形协调条件，因此也要进行结构位移计算。

第一节　外力在变形体上的实功、虚功与虚功原理

一　功的概念

以前在物理课中已经学过功的概念。例如，图 4.3a）所示物体上 M 点受到常力 P 的作用，若 M 点发生线位移，则力 P 在线位移 Δ 上所做的功为：

$$W = P\Delta\cos\theta$$

式中：θ——力的方向与位移方向之间的夹角。

当力 P 与位移 Δ 方向一致(即 $\theta=0$)时,则:

$$W=P\Delta$$

又如,物体受力偶 $M=Pd$ 作用而发生角位移 φ,如图 4.3b)所示,则力偶 M 所做的功可以用构成力偶的两个力所做功的和来计算:

$$W=2P\frac{d}{2}\varphi=Pd\varphi=M\varphi$$

即力偶所做的功等于力偶矩与角位移的乘积。

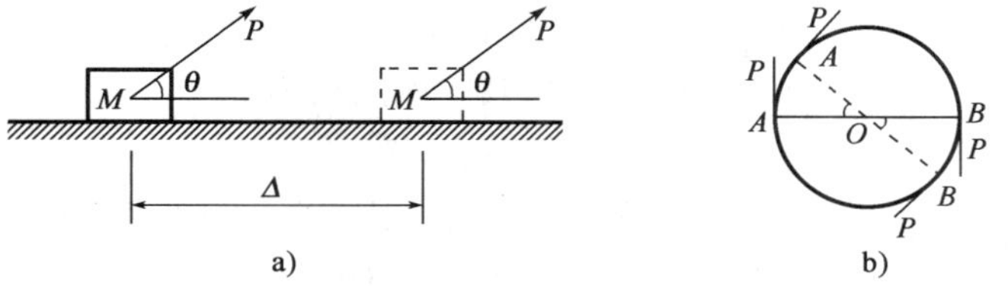

图 4.3

由上述可见,做功的力可以是一个力,也可以是一个力偶,有时甚至可能是一对力或一个力系。我们将力或力偶做功用一个统一的公式来表达:

$$T=P\Delta$$

其中,P 称为广义力,既可代表力,也可代表力偶;Δ 称为广义位移,它与广义力相对应,如集中力时代表线位移,力偶时代表角位移。

由物理知识还可知,当力 P 与相应位移 Δ 方向一致时,做功为正;两者方向相反时,做功为负。

二 实功与虚功

功包含了两个要素:力和位移。当位移是由力本身引起时,即力与相应位移彼此相关时,力在位移上所做的功称为实功;当力与相应位移彼此无关时,力在位移上所做的功称为虚功。

如图 4.4a)所示直杆,在荷载 P 作用下,此时杆轴温度为 t。当温度升高 Δt 时,杆件伸长 Δ_1 如图 4.4b)所示,在位移 Δ_1 由零增加至最终值的过程中,P 已经是作用在结构上的一个不变的常力。因此,荷载 P 在其相应位移上应当做功,其所做的功为 $W_1=P\Delta_1$。由于位移 Δ_1 是由温度变化引起的,与力 P 无关,所以 W_1 是力 P 做的虚功。"虚"字是强调位移和力无关的特点。当位移与力的方向一致时,虚功为正;相反时,虚功为负。

图 4.4

三 变形体的虚功原理

简支梁在荷载等因素作用下会产生变形,称为变形体。本章将利用变形体的虚功原理,推导位移计算的基本公式。

如图 4.5 所示简支梁 AB 在第一组荷载 P_1 作用下，在 P_1 作用点沿 P_1 方向产生的位移记为 Δ_{11} 。位移 Δ 的第一个下标表示位移的地点和方向，第二个下标表示引起位移的原因。Δ_{11} 的两个下标，表示位移 Δ 是在 P_1 作用点沿 P_1 方向由 P_1 的作用而引起的。当第一组荷载 P_1 作用于结构并达到稳定平衡以后，再加上第二组荷载 P_2 ，这时结构将继续变形，从而引起在 P_1 作用点沿 P_1 方向产生新的位移 Δ_{12} ，同时 P_2 作用点沿 P_2 方向产生位移 Δ_{22} 。其中 Δ_{12} 表示由于 P_2 引起的在 P_1 作用点沿 P_1 方向的位移。因而，P_1 将在位移 Δ_{12} 上做功，用 W_{12} 表示，同样，位移 Δ_{12} 由零增加至最终值的过程中，P_1 已经是作用在结构上的一个不变的常力，其所做的功为：

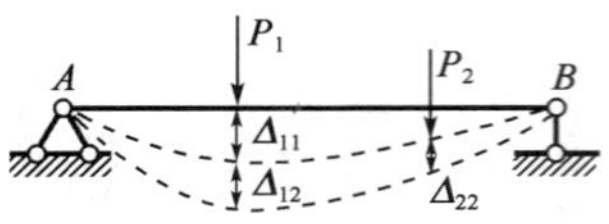

图 4.5

$$W_{12} = P_1\Delta_{12}$$

其中，W_{12} 是 P_1 在由于 P_2 所引起的 P_1 作用点的位移上所做的功，这种外力在其他因素（如荷载作用、温度变化、支座位移等）引起的位移上所做的功，称为外力虚功。

在 P_2 加载过程中，简支梁 AB 由于第一组荷载 P_1 作用产生的内力也将在第二组荷载 P_2 作用产生的内力所引起的相应变形上做功，称为内力虚功，用 W'_{12} 表示。

变形体虚功原理表明：结构的第一组外力在第二组外力所引起的位移上所做的外力虚功，等于第一组内力在第二组内力所引起的变形上所做的内力虚功。即

$$\text{外力虚功}\ W_{12} = \text{内力虚功}\ W'_{12} \tag{4.1}$$

在上述情况中，两组力 P_1 和 P_2 是彼此独立无关的。

第二节　结构位移公式及应用

一　结构位移计算的一般公式

利用虚功方程可推导出结构位移计算的一般公式。以图 4.6a）所示刚架结构为例，该刚架由于某种实际原因（荷载作用、温度变化、支座位移等）而发生图中虚线所示变形。现在要计算结构中任意一点沿任一方向的位移，如 K 点沿 K-K 方向的位移 Δ_K 。

图 4.6a）所示状态为实际发生的位移状态，称为实际状态。为了利用虚功方程求得 Δ_K ，可虚设图 4.6b）所示力状态，即在 K 点沿 K-K 方向加上一个单位集中力 $P_K = 1$ 。这时，A 点的支座反力 $\overline{R}_1$ 和 C 点的支座反力 $\overline{R}_2$ 与单位力 $P_K = 1$ 构成一组平衡力系。由于力状态是虚设的，故称为虚拟状态。虚拟力系的全部外力（包括支座反力）在实际状态的位移上所做的外力虚功为：

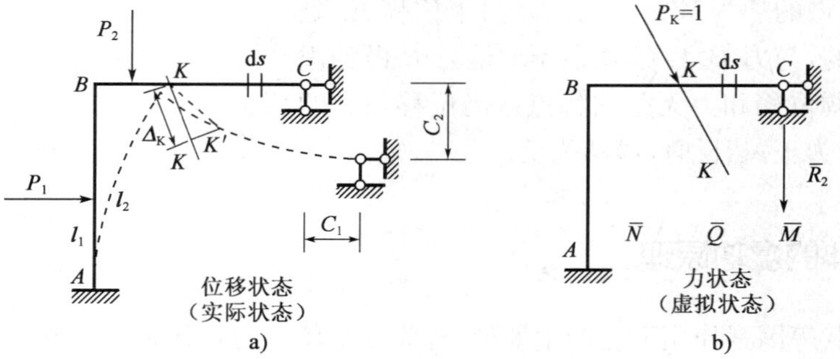

图 4.6

$$W_{外} = P_K\Delta_K + \overline{R}_1C_1 + \overline{R}_2C_2 = \Delta_K + \overline{R}_1C_1 + \overline{R}_2C_2$$

简写为：

$$W_{外} = \Delta_K + \sum \overline{R}_iC_i \tag{4.2}$$

式中：$\overline{R}_i$——虚拟状态中的支座反力；

C_i——实际状态中的支座位移；

$\sum\overline{R}_iC_i$——支座反力所做虚功之和。

以 du、$d\varphi$、γds 分别表示实际位移状态中微段 ds 的轴向变形、弯曲变形和剪切变形，以$\overline{N}$、$\overline{M}$、$\overline{Q}$表示虚拟状态中同一微段 ds 的内力，则变形虚功为：

$$W_{变} = \sum\int_0^l \overline{N}du + \sum\int_0^l \overline{M}d\varphi + \sum\int_0^l \overline{Q}\gamma ds \tag{4.3}$$

将式(4.2)、式(4.3)代入虚功方程 $W_{外} = W_{变}$，得：

$$\Delta_K + \sum\overline{R}_iC_i = \sum\int_0^l \overline{N}du + \sum\int_0^l \overline{M}d\varphi + \sum\int_0^l \overline{Q}\gamma ds$$

即

$$\Delta_K = \sum\int_0^l \overline{N}du + \sum\int_0^l \overline{M}d\varphi + \sum\int_0^l \overline{Q}\gamma ds - \sum\overline{R}_iC_i \tag{4.4}$$

这就是结构位移计算的一般公式。

这种沿所求位移方向虚设单位荷载（$P_K = 1$），利用虚功原理求结构位移的方法，称为单位荷载法。应用这个方法，每次可以计算一种位移。虚拟单位力的指向可以任意假设，如果计算结果为正值，即表示实际位移方向与所设的单位力指向相同；否则相反。单位荷载法不仅可以用于计算结构的线位移，而且可以计算结构的任意广义位移，只要所虚设的单位力与所计算的广义位移相对应即可。图 4.7 列出了常见的几种广义力与广义位移的情况。

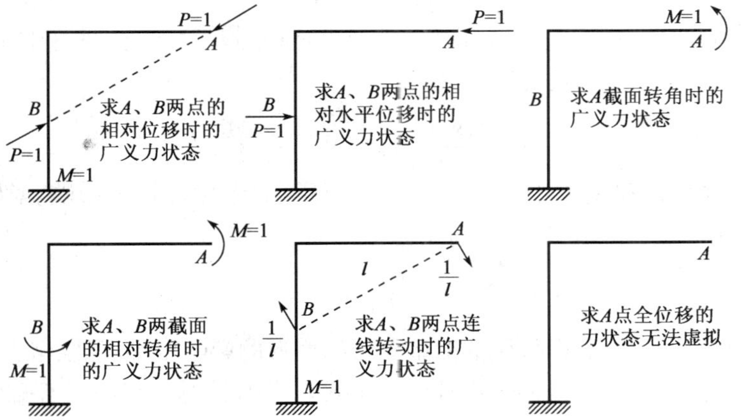

图 4.7

二 平面杆系结构仅受荷载作用时的位移计算一般公式

当结构只承受荷载作用而无支座位移（$C_i = 0$）时，则式(4.4)简化为：

$$\Delta_K = \sum\int_0^l \overline{N}du + \sum\int_0^l \overline{M}d\varphi + \sum\int_0^l \overline{Q}\gamma ds \tag{4.5}$$

对于弹性结构，由材料力学可得实际位移状态中杆件微段 ds 的变形为：

$$du = \frac{N_P}{EA}ds \tag{4.6}$$

$$d\varphi = \frac{M_P}{EI}ds \tag{4.7}$$

$$\gamma ds = k\frac{Q_P}{GA}ds \tag{4.8}$$

式中:EA、EI、GA——杆件截面的抗拉、抗弯、抗剪刚度;

k——剪应力不均匀分布系数(它与截面形状有关,对于矩形截面 $k=\frac{6}{5}$;圆形截面 $k=\frac{10}{9}$;薄壁圆环截面 $k=2$)。

如用Δ_{KP}表示荷载P引起的K截面的位移。将式(4.6)～式(4.8)代入式(4.5)得:

$$\Delta_{KP}=\sum\int_0^l \frac{\overline{N}N_P}{EA}ds+\sum\int_0^l \frac{\overline{M}M_P}{EI}ds+\sum\int_0^l k\frac{\overline{Q}Q_P}{GA}\gamma ds \tag{4.9}$$

这就是平面杆系结构在荷载作用下结构位移计算的一般公式。其中,等号右侧的第一、第二、第三项分别表示实际状态中由杆件轴向变形、弯曲变形、剪切变形引起的K点沿K-K方向的位移。

三 几类常用结构仅受荷载作用时位移计算的简化公式

对于梁和刚架,位移主要是由杆件弯曲引起的,轴力和剪力的影响很小,故可只考虑弯矩的影响,其位移计算公式由式(4.9)简化为:

$$\Delta_{KP}=\sum\int_0^l \frac{\overline{M}M_P}{EI}ds \tag{4.10}$$

对于桁架,因各杆只有轴向变形,且每一杆件的轴力$\overline{N}$、N_p及EA沿杆长l均为常数,故其位移计算公式可由式(4.9)简化为:

$$\Delta_{KP}=\sum\int_0^l \frac{\overline{N}N_P}{EA}ds=\sum\frac{\overline{N}N_P}{EA}l \tag{4.11}$$

组合结构由受弯杆和拉压杆组成。对受弯杆件可只考虑弯矩的影响,对链杆则只有轴力影响,故其位移计算公式可由式(4.9)简化为:

$$\Delta_{KP}=\sum^{\text{全部受弯杆}}\int_0^l \frac{\overline{M}M_P}{EI}ds+\sum^{\text{全部链杆}}\int_0^l \frac{\overline{N}N_P}{EA}l \tag{4.12}$$

对于曲梁和一般拱结构,因杆件的曲率对结构变形的影响很小,可以略去不计。通常只需要考虑弯曲变形的影响,即其位移仍可近似地用式(4.10)计算。仅在计算扁平拱($f/l<1/5$)的水平位移或当拱轴形状与压力线接近时,才需要同时考虑弯曲变形和轴向变形的影响。

利用式(4.10)～式(4.12)计算结构的基本步骤是:

(1)在欲求位移处沿所求位移方向虚设广义单位力,然后分别列各杆段内力方程。

(2)列实际荷载作用下各杆段内力方程。

(3)将各内力方程分别代入式(4.10)～式(4.12)分段积分后再求总和,即可计算出所求位移。

【例4.1】 悬臂梁AB,作用均布荷载q,EI为常数,如图4.8a)所示。求B端的竖向位移Δ_B。

【解】 (1)在 B 端加一竖向单位力,如图 4.8b)所示。

设以 B 为原点,则当 $0\leqslant x\leqslant l$ 时,弯矩方程为:$\overline{M}=-X$

(2)列实际荷载作用下梁的弯矩方程时,也应取 B 为原点,同时,当 $0\leqslant x\leqslant l$ 时,弯矩方程为:

$$M_P=-\frac{1}{2}qx^2$$

(3)将 $\overline{M}$ 及 M_P 代入式(4.10)得所求位移为:

$$\Delta_B=\int_0^l\frac{M_P\overline{M}}{EI}ds=\frac{1}{EI}\int_0^l\left(-\frac{1}{2}qx^2\right)(-x)dx=\frac{1}{EI}\left(\frac{qx^4}{8}\right)=\frac{ql^4}{8EI}(\downarrow)$$

计算结果为正,说明 Δ_B 的方向与虚拟单位力的方向一致。

【例 4.2】 悬臂刚架 ABC,在 C 端作用集中荷载 P,刚架的 EI 为常数,如图 4.9a)所示。求悬臂端 C 截面的角位移 φ_C。

【解】 (1)在 C 端加一单位力偶,如图 4.9b)所示。

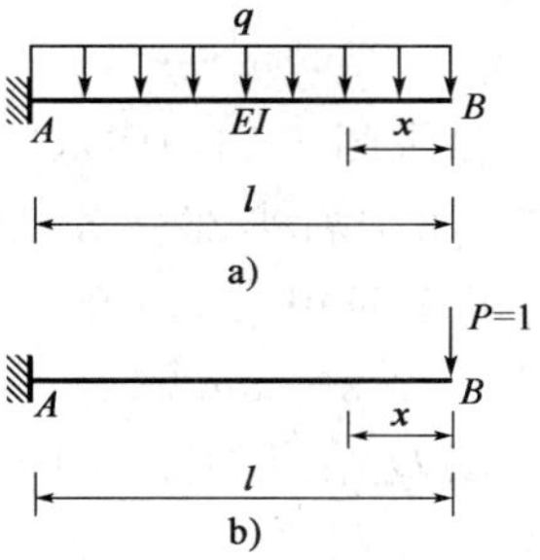

图 4.8

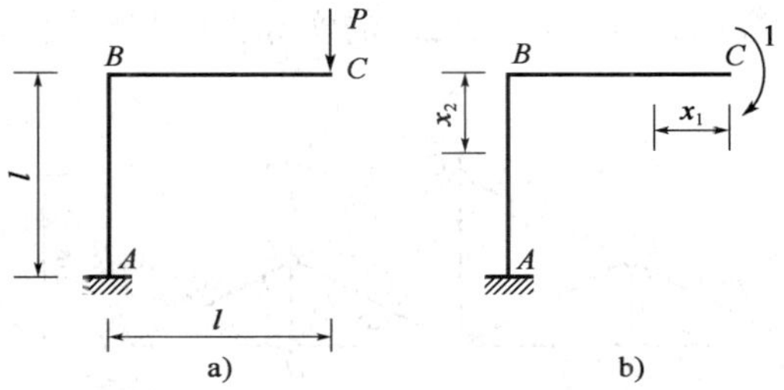

图 4.9

列弯矩方程时,以使刚架内侧受拉的弯矩为王弯矩,外侧受拉的弯矩为负弯矩,CB 段以 C 为原点、BA 段以 B 为原点,则各段的单位弯矩方程为:

CB 段 $\overline{M}=-1\quad(0\leqslant x_1\leqslant l)$

BA 段 $\overline{M}=-1\quad(0\leqslant x_2\leqslant l)$

(2)实际荷载作用下刚架各杆段的弯矩方程(同样应注意与单位荷载同坐标)为:

CB 段 $M_P=-Px_1\ (0\leqslant x_1\leqslant l)$

BA 段 $M_P=-Pl\quad(0\leqslant x_2\leqslant l)$

(3)将 $\overline{M}$ 及 M_P 代入式(4.10)得所求位移为:

$$\varphi_C=\sum\int\frac{M_P\overline{M}}{EI}ds=\frac{1}{EI}\int_0^l(-Px_1)\times(-1)dx_1+\frac{1}{EI}\int_0^l(-Pl)\times(-1)dx_2$$

$$=\frac{Pl^2}{2EI}+\frac{Pl^2}{EI}=\frac{3Pl^2}{2EI}(\circlearrowright)$$

计算结果为正,说明 φ_C 与虚拟单位力偶方向相同。

【例 4.3】 简支梁 AB 上作用有均布荷载,梁的 EI 为常数,如图 4.10a)所示。求跨中挠度 Δ_C。

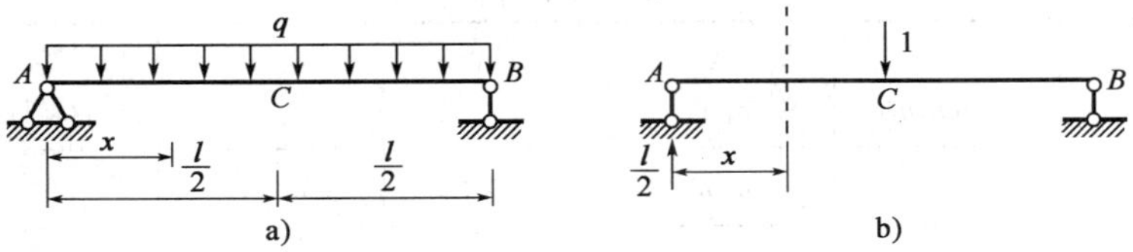

图 4.10

【解】 (1)在 C 截面加竖向单位力,如图 4.10b)所示。

以 A 为原点列弯矩方程,对 AC 段为:

$$\overline{M}=\frac{1}{2}x$$

(2)列实际荷载作用下梁的弯矩方程时,仍以 A 为原点,如图 4.10a)所示,则:

$$M_P=\frac{ql}{2}x-\frac{1}{2}qx^2=\frac{q}{2}(lx-x^2)$$

(3)将 $\overline{M}$ 及 M_P 代入式(4.10),不用单独分 AC 、BC 段积分求和,由于对称可得:

$$\Delta_C=\sum\int\frac{\overline{M}M_P}{EI}ds=2\int_0^{\frac{l}{2}}\frac{\overline{M}M_P}{EI}dx=2\int_0^{\frac{l}{2}}\frac{1}{EI}\left[\frac{x}{2}\cdot\frac{q}{2}(lx-x^2)dx\right]$$

$$=\frac{q}{2EI}\int_0^{\frac{l}{2}}(lx^2-x^3)dx=\frac{5ql^4}{384EI}(\downarrow)$$

计算结果为正,说明 Δ_C 的实际方向与虚设单位力的方向一致。

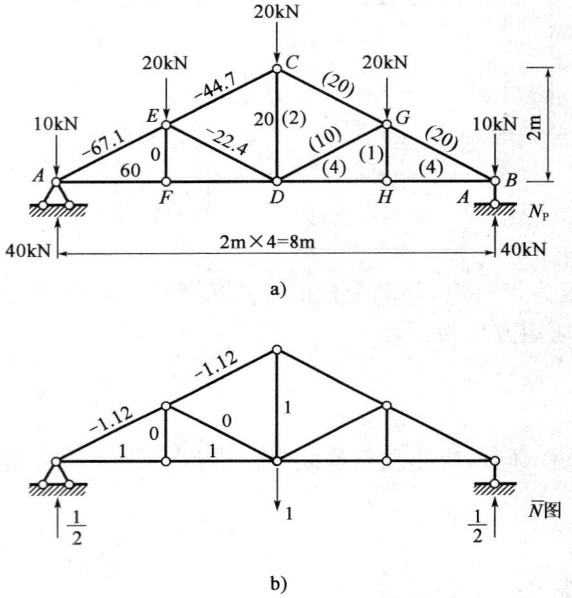

图 4.11

【例 4.4】 试求图 4.11a)所示屋架结点 D 的竖向位移。图中右半部分各括号内的数值为杆件的截面面积 A,其单位符号为 mm^2,$E=2.1\times10^2 kN/mm^2$ 。

【解】 (1)在 D 结点加竖向单位力,如图 4.11b)所示。

由于对称,只需计算半个屋架的杆件,用结点法或截面法算出杆件内力后(见表 4.1 第四栏 $\overline{N}$ 值),将各杆内力值填入图 4.11b)的左半部分。

(2)实际荷载作用下,同样只计算半个屋架的杆件内力,算出各杆内力后(见表 4.1 第五栏 N_P 值),将各杆内力值填入图 4.11a)的左半部分。

(3)利用式(4.11)计算 D 点的竖向位移,将值列入表格进行计算,见表 4.1。最后计算时将表中的总和值乘以 2,又由于 CD 杆只有一根,故应减去由于乘以 2 多计算了的该杆数值,Δ_D 的计算式如下:

$$\Delta_D=\sum\frac{\overline{N}N_Pl}{EA}=\frac{2\times940.3-200}{2.1\times10^2}=8.0mm(\downarrow)$$

计算结果为正,说明 Δ_D 的实际方向与虚设单位力的方向一致。

屋架位移计算 表 4.1

杆件		l (mm)	A (mm^2)	l/A (mm^{-1})	$\overline{N}$	N_P (kN)	$\overline{N}N_Pl/A$ (kN/mm^2)
上弦	AE	2240	2000	1.12	−1.12	−67.1	84.2
	EC	2240	2000	1.12	−1.12	−44.7	56.1

续上表

杆件		l (mm)	A (mm^2)	l/A (mm^{-1})	$\overline{N}$	N_P (kN)	$\overline{N}N_Pl/A$ (kN/mm^2)
下弦	AD	4000	400	10.0	1	60	600
斜杆	ED	2240	1000	2.24	0	−22.4	0
竖杆	EF	1000	100	10.0	0	0	0
	CD	2000	200	10.0	1	20	200
						Σ	940.3

第三节 静定梁与静定刚架位移计算的图乘法

在求解梁与刚架的位移时，首先要列出 M_P 和$\overline{M}$的表达式，然后利用式(4.10)分段积分。此运算过程在荷载比较复杂或者杆件数目较多时，是很麻烦且易出错的。但是，当组成结构的各杆段符合下述条件时，则可用图乘法简化计算。

$$\Delta=\sum\int\frac{M_P\overline{M}}{EI}\mathrm{d}s$$

(1)杆轴为直线。

(2)各杆段的 EI 分别等于常数。

(3)$\overline{M}$、M_P 两图中，至少有一个是直线图形。

若结构上 AB 段为等截面直杆，EI 为常数，其 $\overline{M}$ 、M_P 图如图 4.12a)、图 4.12b)所示，则符合上述三个条件。取 $\overline{M}$ 的基线为 x 轴，以 $\overline{M}$ 图的延长线与 x 的交点 O 为坐标原点建立 xOy 坐标系，如图 4.12b)所示。则式(4.10)中的 $\mathrm{d}s$ 可用 $\mathrm{d}x$ 代替，EI 可提出积分号外，并且因 $\overline{M}$ 为一直线图，其上的任一纵坐标 $\overline{M}=x\cdot\tan\alpha$，且 $\tan\alpha$ 为常数。则积分式可演变为：

$$\int_A^B\frac{\overline{M}M_P}{EI}\mathrm{d}s=\int_A^B\frac{\tan\alpha}{EI}xM_P\mathrm{d}x=\frac{\tan\alpha}{EI}\int_A^Bx\mathrm{d}\omega \tag{4.13}$$

其中，$\mathrm{d}\omega=M_P\mathrm{d}x$ 是 M_P 图中阴影部分的微面积；$x\mathrm{d}\omega$ 是该微面积对 y 轴的静矩；$\int_A^Bx\mathrm{d}\omega$ 是整个 M_P 图形的面积对 y 轴的静矩，根据合力矩定理，它应等于 M_P 图的面积 ω 乘以其形心到 y 轴的距离 x_C，即

$$\int_A^Bx\mathrm{d}\omega=\omega x_C$$

代入式(4.13)，则有：

$$\int_A^B\frac{\overline{M}M_P}{EI}\mathrm{d}s=\frac{\tan\alpha}{EI}\omega x_C=\frac{\omega y_C}{EI}$$

式中：y_C——M_P 图的形心 C 处所对应的$\overline{M}$图的纵坐标。

于是：

$$\Delta_{KP}=\sum\int\frac{\overline{M}M_P}{EI}\mathrm{d}s=\sum\frac{\omega y_C}{EI} \tag{4.14}$$

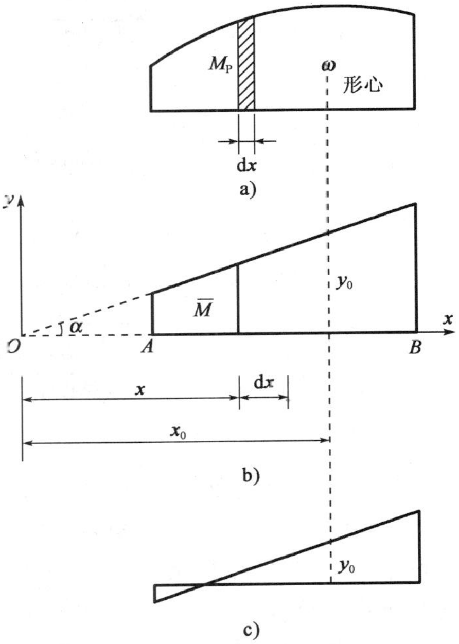

图 4.12

其中，Σ 表示各 EI 相同的杆段分别图乘然后

相加。

这种用 M_P 和$\overline{M}$两个图形相乘求结构位移的方法叫图乘法。它将积分运算简化为图形面积、形心纵坐标的代数计算。

应用图乘法时应注意以下几点：

(1)图乘法的应用条件是积分段为同材料等截面（EI 为常数）的直杆段，且 M_P 和$\overline{M}$两个弯矩图中至少有一个是直线图形。

(2)取纵坐标 y_C 的图形必须是直线图形(α 为常数)，而不是折线或曲线图形。

(3)$\overline{M}$图纵坐标 y_C 与 M_P 图在杆轴同一侧时，其乘积 ωy_C 取正号，反之取负号。

(4)若两个图形(M_P 图与$\overline{M}$图)都是直线图形，则纵坐标取自哪个图形都可以。

(5)若 M_P 图是曲线图形，$\overline{M}$图是折线图形，则应将$\overline{M}$分成若干直线段图乘。

(6)若为阶梯形杆(各段截面不同，而在每段范围内截面不变)，则各段分别图乘。

(7)若 EI 沿杆长连续变化或是曲杆，则不能利用图乘法，必须积分计算。

计算中经常遇到三角形、二次和三次抛物线图形面积及其形心位置的计算，为应用方便。将其列入图 4.13 中。需要指出的是，图 4.13 中所示抛物线均为标准抛物线，即含有顶点且顶点处的切线与基线平行的抛物线。

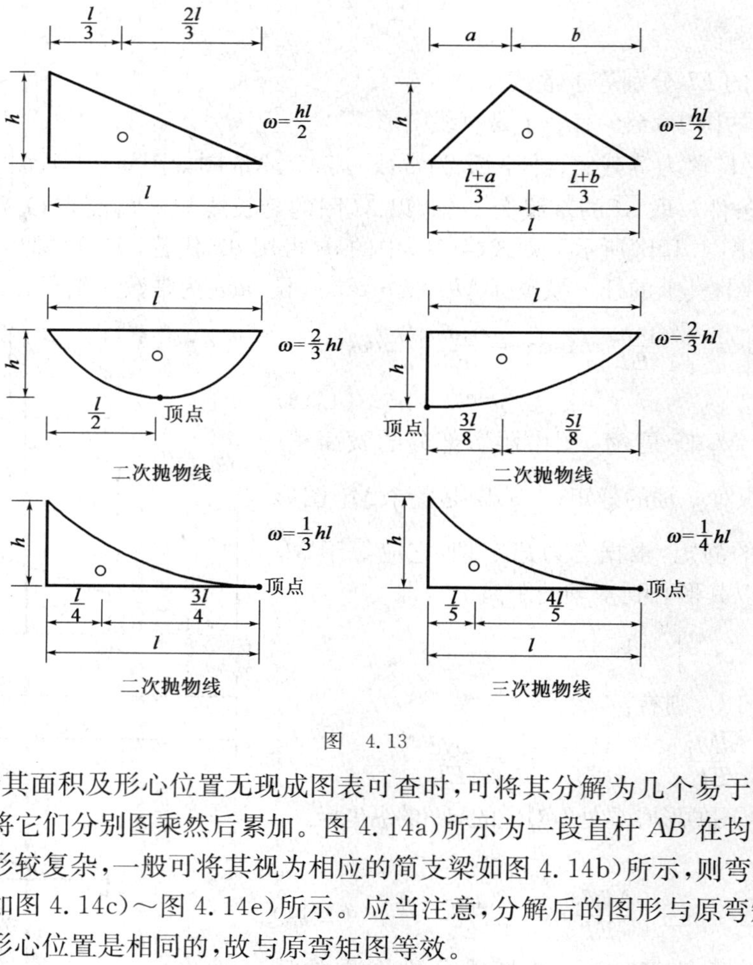

图 4.13

当图形复杂其面积及形心位置无现成图表可查时，可将其分解为几个易于确定面积和形心的简单图形，将它们分别图乘然后累加。图 4.14a)所示为一段直杆 AB 在均布荷载 q 作用下的弯矩图，图形较复杂，一般可将其视为相应的简支梁如图 4.14b)所示，则弯矩图可分解为三个部分，分别如图 4.14c)～图 4.14e)所示。应当注意，分解后的图形与原弯矩图图形虽然不同，但面积与形心位置是相同的，故与原弯矩图等效。

根据上述图形分解原则，图 4.15a)所示梯形可分解为两个三角形(也可以分解为一个矩形和一个三角形)。

同样,图 4.15b)所示反梯形也可分解为两个三角形,但一个(三角形 ADB)在杆轴线上面,一个(三角形 ABC)在杆轴线下面。

计算直线图形纵坐标时,有时也需要作图形分解。求图 4.16a)所示梯形的纵坐标(曲线图形形心所对应的纵坐标)y 时,可分别求出三角形的纵坐标 y_1 及矩形的纵坐标 y_2 后相加得 $y=y_1+y_2$。求图 4.16b)所示反梯形的纵坐标时与此类似,但 $y=y_1-y_2$。

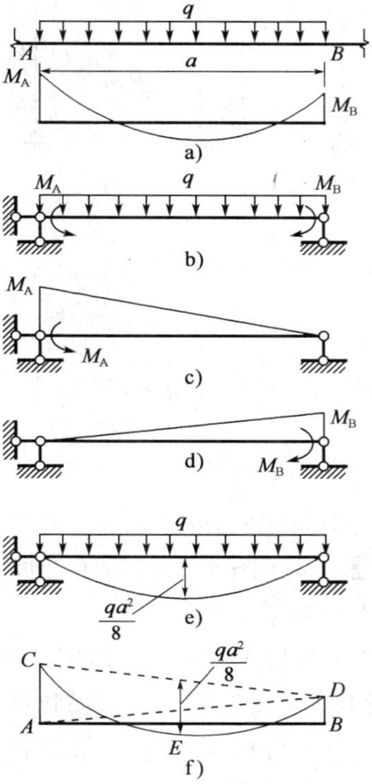

图 4.14

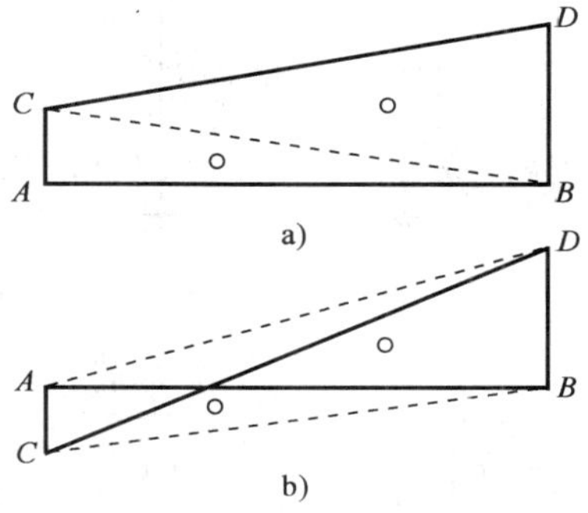

图 4.15

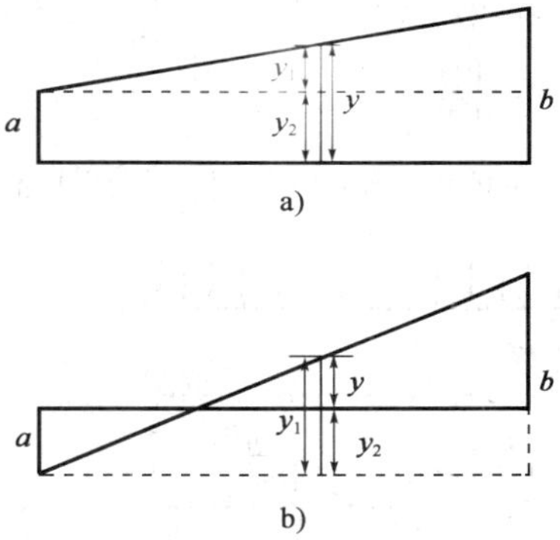

图 4.16

【例 4.5】 试求图 4.17a)所示简支梁中点 C 的竖向位移 Δ_C^V。EI=常数。

【解】 M_P 图与 $\overline{M}$ 图分别如图 4.17b)、图 4.17c)所示。

由于对称,只在左半跨图乘,再乘以 2 即可。M_P 图的左半部分为标准二次抛物线,可应用如图 4.17b)所示面积和形心坐标。其形心所对应 $\overline{M}$ 图的纵坐标,按比例为跨中纵坐标 $\frac{l}{4}$ 的 $\frac{5}{8}$。两图在杆轴线同侧,乘积取正号,由此得:

$$\Delta_C^V=\frac{1}{EI}\left[\left(\frac{2}{3}\times\frac{l}{2}\times\frac{ql^2}{8}\right)\times\frac{5l}{32}\right]\times 2=\frac{5ql^4}{384EI}(\downarrow)$$

结果为正值,表明实际位移方向与所设单位力指向相一致,即向下。

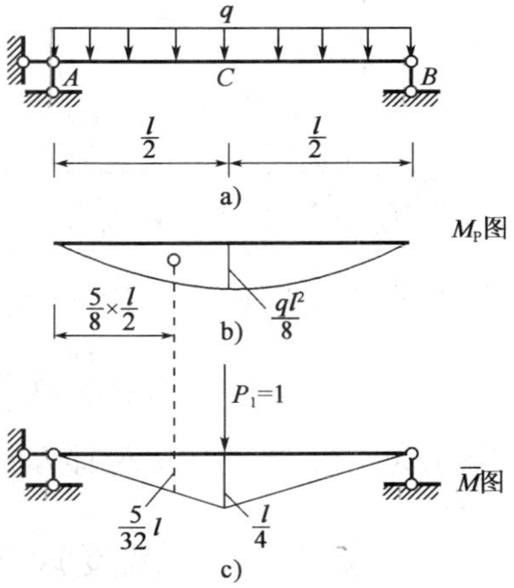

图 4.17

【例 4.6】 试求图 4.18a)所示刚架支座 D 处的水平位移。EI =常数。

【解】 作出 M_P 图与$\overline{M}$图，分别如图 4.18b)、图 4.18c)所示，逐杆进行图乘然后相加。在 M_P 图中 CD 杆无弯矩，图乘得零。BC 杆上 M_P 图及$\overline{M}$图都是直线图形，故可任取一图形作为面积，现取 M_P 图为面积。AB 杆的 M_P 图不是标准二次抛物线，可将其分解为一个三角形和一个标准二次抛物线图形，分别与$\overline{M}$图相乘，于是得：

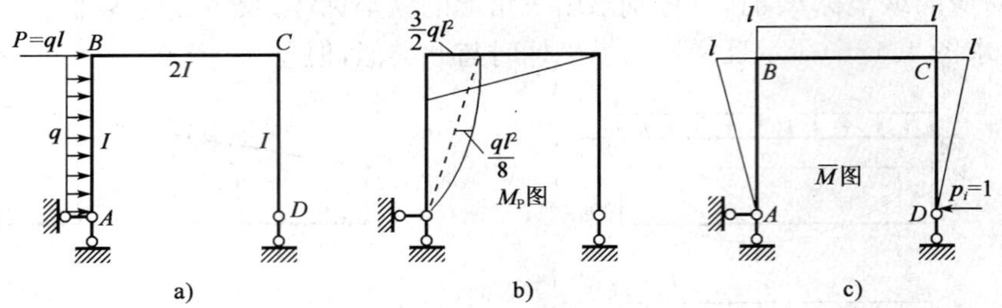

图 4.18

$$\Delta_D^H = \sum\frac{\omega y_C}{EI}$$

$$= -\frac{1}{2EI}\left(\frac{1}{2}\times l\times\frac{3ql^2}{2}\right)\times l - \frac{1}{EI}\left[\left(\frac{1}{2}\times l\times\frac{3ql^2}{2}\right)\times\frac{2}{3}l + \left(\frac{2}{3}\times l\times\frac{ql^2}{8}\right)\times\frac{l}{2}\right]$$

$$= -\frac{11ql^4}{12EI}(\rightarrow)$$

结果为负值，表明实际位移方向与所设单位力的指向相反，即向右。

【例 4.7】 试求图 4.19a)所示外伸梁 C 点的竖向位移 Δ_C^V 。EI =常数。

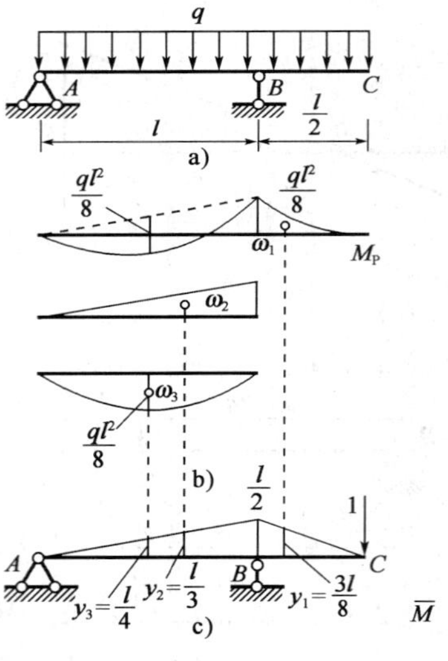

图 4.19

【解】 M_P 图与 $\overline{M}$ 图分别如图 4.19b)、图 4.19c)所示。BC 段的 M_P 图是标准二次抛物线；AB 段的 M_P 图较为复杂，将其分解为一个三角形和一个标准二次抛物线图形。由图乘法得：

$$\Delta_C^V = \frac{1}{EI}(\omega_1 y_1 + \omega_2 y_2 - \omega_3 y_3)$$

$$\omega_1 = \frac{1}{3}\times\frac{l}{2}\times\frac{ql^2}{8} \qquad y_1 = \frac{3}{4}\times\frac{l}{2}$$

$$\omega_2 = \frac{l}{2}\times\frac{ql^2}{8} \qquad y_2 = \frac{2}{3}\times\frac{l}{2}$$

$$\omega_3 = \frac{2l}{3}\times\frac{ql^2}{8} \qquad y_3 = \frac{1}{2}\times\frac{l}{2}$$

故：

$$\Delta_C^V = \frac{1}{EI}\left(\frac{ql^3}{48}\times\frac{3}{8}l + \frac{ql^3}{16}\times\frac{l}{3} - \frac{ql^3}{12}\times\frac{l}{4}\right) = \frac{ql^4}{128EI}(\downarrow)$$

结果为正值，表明实际位移方向与所设单位力指向相同，即向下。

第四节　温度改变和支座移动引起的结构位移计算

结构除了在荷载作用下会产生位移外，温度改变、支座移动等也会引起位移。本节讨论在这两种外因作用下结构的位移计算问题。

一 温度改变引起的位移计算

当温度改变时，静定结构虽然不产生附加内力，但由于材料产生热胀冷缩，结构会有变形和位移产生。若温度变化均匀，则结构的各杆件只有轴向变形，若各杆的温度非均匀改变，则除了轴向变形外，还有弯曲变形。

由温度改变引起的结构位移，仍可用虚功原理进行计算。

图 4.20a)所示结构，当外侧温度升高 t_1℃，内侧温度升高 t_2℃时，计算由此引起的结构任意一点沿任一方向位移，如 K 点沿竖向的位移 Δ_K。图 4.20a)为实际状态，在 K 点沿竖向虚设一单位力，建立虚拟力状态如图 4.20b)所示。由于没有支座位移的影响，则 $C_i=0$ 。同时，对于杆件结构，温度变化并不引起剪切变形，即剪应变 $\gamma=0$ 。若将温度变化所引起的结构位移用 Δ_{Ki}表示，则位移计算式(4.4)可简化为：

$$\Delta_{Ki}=\sum\int_0^l \overline{N}\mathrm{d}u+\sum\int_0^l \overline{M}\mathrm{d}\varphi \tag{4.15}$$

取实际状态中长度为 ds 的一微段进行分析。设材料的线膨胀系数为 α，则微段上、下边缘纤维伸长分别为 $\alpha t_1\mathrm{d}s$ 和 $\alpha t_2\mathrm{d}s$。为简化计算，假设温度沿横截面高度 h 呈直线规律变化。这样横截面在变形后仍保持为平面。由几何关系可求得微段在杆件形心处的伸长量为：

$$\begin{aligned}\mathrm{d}u&=\alpha t_1\mathrm{d}s+(\alpha t_2\mathrm{d}s-\alpha t_1\mathrm{d}s)\frac{h_1}{h}\\&=\alpha\left(\frac{h_2}{h}t_1+\frac{h_1}{h}t_2\right)\mathrm{d}s=\alpha t_0\mathrm{d}s\end{aligned} \tag{4.16}$$

其中，$t_0=\left(\frac{h_2}{h}t_1+\frac{h_1}{h}t_2\right)$为形心处的温度变化(对矩形等截面：$h_1=h_2=\frac{h}{2}$，则 $t_0=\frac{t_1+t_2}{2}$)。

微段两端横截面的相对转角为：

$$\mathrm{d}\varphi=\frac{\alpha t_2\mathrm{d}s-\alpha t_1\mathrm{d}s}{h}=\frac{\alpha(t_2-t_1)\mathrm{d}s}{h}=\alpha\frac{\Delta t}{h}\mathrm{d}s \tag{4.17}$$

其中，$\Delta t=t_2-t_1$ 为两侧温度变化之差。

于是由式(4.15)可得：

$$\Delta_{Ki}=\sum(\pm)\int\overline{N}\alpha t_0\mathrm{d}s+\sum(\pm)\int\overline{M}\frac{\alpha\Delta t}{h}\mathrm{d}s \tag{4.18}$$

其中，t_0、Δt 均取绝对值计算；“±”则按如下规定直接选取：若虚拟状态中的伸缩或弯曲变形与实际状态中温度改变引起的相应变形方向一致，则取“+”号，相反则取“-”号。

如各杆均为等截面直杆，沿其全长的温度变化相同，且截面高度不变，则有：

$$\Delta_{Ki}=\sum\alpha t\int\overline{N}\mathrm{d}s+\sum\alpha\frac{\Delta t}{h}\int\overline{M}\mathrm{d}s=\sum(\pm)\alpha t_0\omega_{\overline{N}}+\sum(\pm)\frac{\alpha\Delta t}{h}\omega_{\overline{M}} \tag{4.19}$$

其中，$\omega_{\overline{N}}=\int\overline{N}\mathrm{d}s=\overline{N}l$ 为$\overline{N}$图的面积；$\omega_{\overline{M}}=\int\overline{M}\mathrm{d}s$ 为$\overline{M}$图的面积。

注意：与只承受荷载情况不同的是，在计算由温度改变引起的位移时不能忽略轴向变形影响。

【例 4.8】 图 4.21a)所示结构，内部温度上升 t℃，外部下降 $2t$℃，求 K 点的竖向位移 Δ_{Ki}^{V}。各杆截面相同，均为矩形截面。

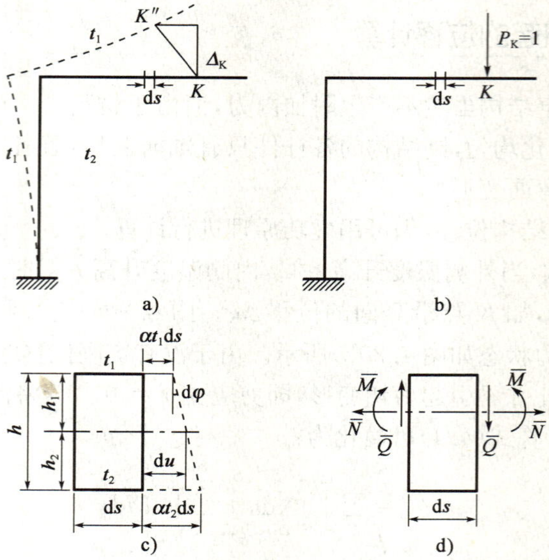

图 4.20

【解】 在 K 点沿竖向虚设一单位力建立虚拟状态，如图 4.21b)、图 4.21c)所示，作 $\overline{M}$ 图、$\overline{N}$ 图。

$|\Delta t| = |t_2 - t_1| = |t-(-t)| = 3t$（**注意**：温度变化弯曲时各杆均为里侧伸长外侧缩短）

$|t_0| = \left|\dfrac{t_1+t_2}{2}\right| = \left|\dfrac{(-2t)+t}{2}\right| = \dfrac{t}{2}$（**注意**：温度变化时各杆轴处均降温产生轴向缩短）

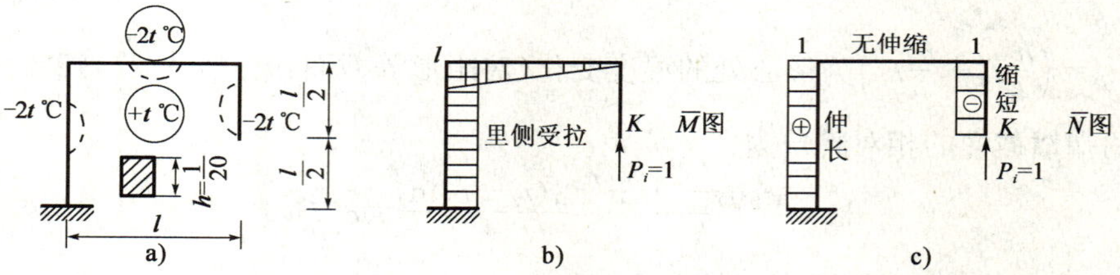

图 4.21

$$\Delta_{Ki} = \sum(\pm)\frac{\alpha\Delta t}{h}\omega_{\overline{M}} + \sum(\pm)\alpha t_0\omega_{\overline{N}}$$

$$= \frac{\alpha\times 3t}{\dfrac{l}{20}}\times\left(l^2+\frac{l^2}{2}\right)+\alpha\frac{t}{2}\left(-l+\frac{l}{2}\right)$$

$$= 90\alpha tl - \frac{1}{4}\alpha tl = \frac{359}{4}\alpha tl(\uparrow)$$

结果为正，故温度变化引起的 K 点沿竖向的位移与虚设单位力方向相同，即竖直向上。

二 支座移动引起的位移计算

对于静定结构，支座移动并不引起任何内力和变形，而只产生刚体位移。图 4.22a)所示结构，其支座发生水平位移 C_1、竖向位移 C_2 和转角位移 C_3，现在要计算其上任意一点沿任一方向的位移，如 K 点的竖向位移 Δ_K。对于这种由支座移动引起的结构位移仍可用虚功原理来进行计算。

在 K 点沿竖向虚设一单位力建立虚拟状态，如图 4.22b)所示。因静定结构微段 ds 上的变形 $du=d\varphi=\gamma ds=0$，若支座移动引起的 K 点位移用 Δ_{KC} 表示，则位移计算公式为：

$$\Delta_{KC}=-\sum\overline{R}_iC_i \tag{4.20}$$

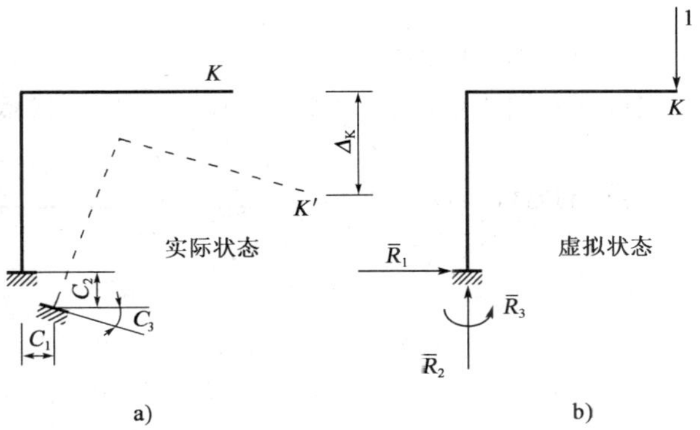

图 4.22

这就是静定结构因支座移动引起的位移计算公式。

当支座反力 $\overline{R}_i$ 与实际支座位移 C_i 方向一致时，其乘积 $\overline{R}_iC_i$ 取正，反之取负。

【例 4.9】 图 4.23a)所示静定结构，若支座 A 发生如图虚线所示位移：$a=1.0\text{cm}$，$b=1.5\text{cm}$。求 C 点的水平位移 Δ_C^H 和竖向位移 Δ_C^V。

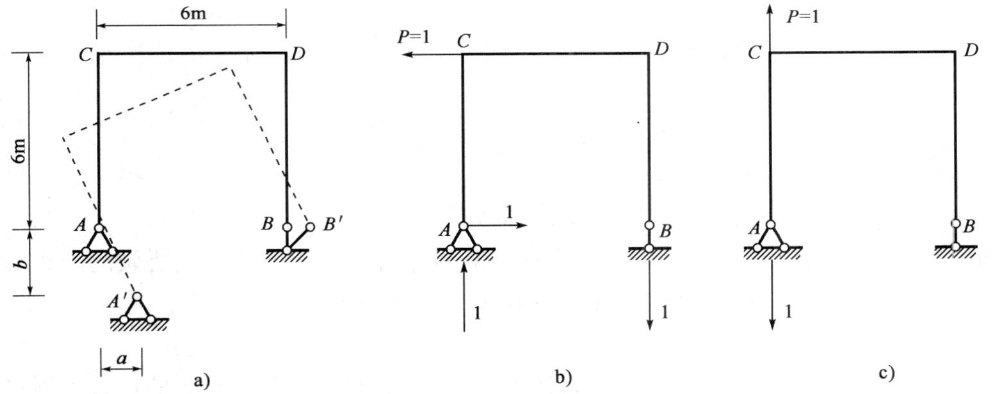

图 4.23

【解】 在 C 点处分别加一水平和竖向单位力，求出其支座反力如图 4.23b)、图 4.23c)所示。由式(4.20)得：

$$\Delta_C^H=-(1\times a-1\times b)=-(1\times 1.0-1\times 1.5)=0.5\text{cm}(\leftarrow)$$

结果为正，说明支座移动引起的 C 点水平位移与虚拟单位力方向相同，即水平向左。

$$\Delta_C^V=-(1\times b)=-1.5\times 1=-1.5\text{cm}(\downarrow)$$

结果为负，说明支座移动引起的 C 点竖向位移与虚拟单位力方向相反，即竖直向下。

第五节　互 等 定 理

本节讨论弹性结构的三个互等定理，即功的互等定理、位移互等定理和反力互等定理。其中最基本的是功的互等定理，其他两个互等定理都可由此定理推导得到。这些定理在计算结构位移、求解超静定结构等问题中经常用到。

一 功的互等定理

功的互等定理可直接由变形体虚功原理推导出来。

设有两组外力分别作用在同一结构上，如图 4.24 所示，分别称为状态 1 和状态 2。

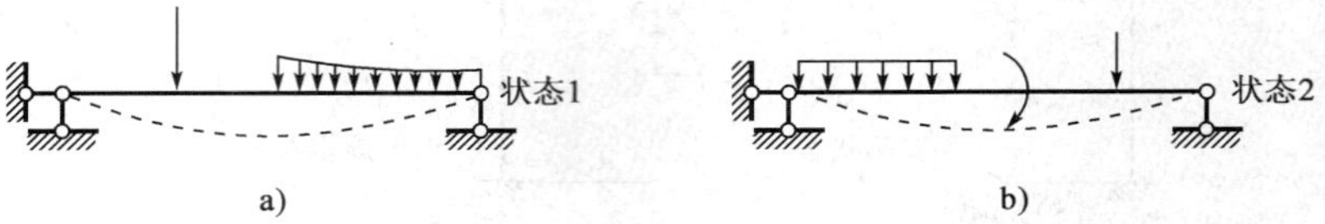

图 4.24

取状态 1 的力系作为做功的力系，取状态 2 的位移作为做功的位移，则状态 1 的内力在状态 2 的变形上所做的变形虚功为：

$$W_{12}^{变}=\sum\int N_1 du_2+\sum\int M_1 d\varphi_2+\sum\int Q_1 d\eta_2$$
$$=\sum\int \frac{N_1N_2}{EA}ds+\sum\int \frac{M_1M_2}{EI}ds+\sum\int k\frac{Q_1Q_2}{GA}ds \quad (4.21)$$

再取状态 2 的力系作为做功的力系，取状态 1 的位移作为做功的位移，则状态 2 的内力在状态 1 的变形上所做的变形虚功为：

$$W_{21}^{变}=\sum\int N_2 du_1+\sum\int M_2 d\varphi_1+\sum\int Q_2 d\eta_1$$
$$=\sum\int \frac{N_1N_2}{EA}ds+\sum\int \frac{M_1M_2}{EI}ds+\sum\int k\frac{Q_1Q_2}{GA}ds \quad (4.22)$$

对比式(4.21)、式(4.22)可得：

$$W_{12}^{变}=W_{21}^{变}$$

由变形体虚功方程 $W_{外}=W_{变}$，并设状态 1 上的外力在状态 2 位移上所做的外力虚功用 W_{12}表示，状态 2 上的外力在状态 1 位移上所做的外力虚功用 W_{21}表示，则：

$$W_{12}=W_{21} \quad (4.23)$$

式(4.23)即称为功的互等定理。可表述为：状态 1 上的外力在状态 2 的位移上所做的虚功，等于状态 2 上的外力在状态 1 的位移上所做的虚功。

二 位移互等定理

位移互等定理是功的互等定理的一种特殊情况。

如图 4.25 所示的两个状态中，设作用的荷载都是单位力，即 $P_1=P_2=1$，与其相应的位移用 δ_{12}和 δ_{21}表示，则由功的互等定理式(4.23)得：

$$1\times\delta_{12}=1\times\delta_{21}$$

故：

$$\delta_{12}=\delta_{21} \quad (4.24)$$

式(4.24)即称为位移互等定理。它可表述为：单位力 P_2 引起的单位力 P_1 的作用点沿 P_1 作用方向的位移 δ_{12}，等于单位力 P_1 引起的单位力 P_2 的作用点沿 P_2 作用方向的位移 δ_{21}。这里，P_2 和 P_1 可以是任何广义单位力，与此相应，δ_{12} 和 δ_{21} 也可以是任何对应的广义位移。

图 4.25

图 4.26、图 4.27 所示为应用位移互等定理的两个例子。图 4.26 表示两个角位移互等的情况，即 $\varphi_{12}=\varphi_{21}$；图 4.27 表示线位移与角位移的互等情况，即 $\delta_{12}=\varphi_{21}$。后者只是数值上相等，量纲则不同。

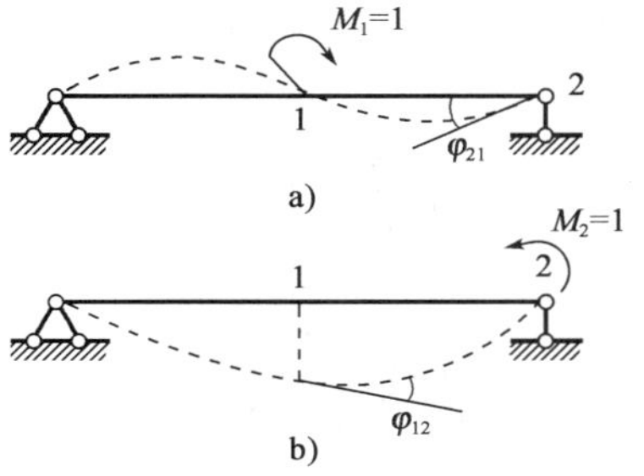

图 4.26

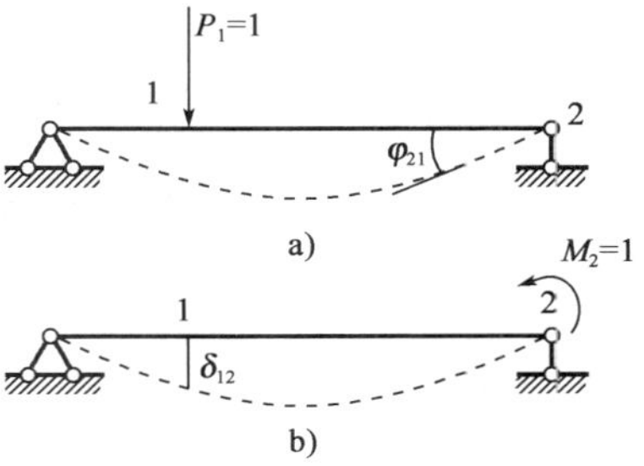

图 4.27

三 反力互等定理

反力互等定理也是功的互等定理的一种特殊情况。

在一个结构的诸多约束中任取两个约束——约束 1 及约束 2，分别令约束 1 产生的单位位移 $\Delta_1=1$ 作为状态 1，约束 2 产生的单位位移 $\Delta_2=1$ 作为状态 2。并设状态 1 中支座 2 上产生的沿 Δ_2 方向的支座反力为 r_{21}；状态 2 中支座 1 上产生的沿 Δ_1 方向的支座反力为 r_{12}。这里，第一个角标表示反力的地点和方向，第二个下标表示引起反力的原因。根据功的互等定理有：

$$r_{21}\times\Delta_2=r_{12}\times\Delta_1$$

$$r_{21}=r_{12} \tag{4.25}$$

式(4.25)即为反力互等定理。可表述为：约束 1 的单位位移所引起的约束 2 上的反力 r_{21}，等于约束 2 的单位位移所引起的约束 1 上的反力 r_{12}。

小　结

1. 结构位移的概念

结构位置的变化称为结构的位移，它有线位移、角位移、绝对位移和相对位移等。线位移指杆件横截面形心所移动的距离，常用水平位移和竖向位移两个分量来表示。角位移指截面所转动的角度，常称为转角。结构上某两点水平(竖向)线位移的代数和(方向相反时相加)称为该两点的水平(竖向)相对线位移。某两个截面转角的代数和(方向相反时相加)称为该两截面的相对角位移。

2. 变形体虚功原理

处于平衡力系作用下的弹性变形体,发生任何约束所允许的微小的、连续的变形位移时,作用于体系上的所有外力(包括荷载和支座反力)在相应位移上所做虚功之和(称为外力虚功)$W_{外}$,等于全部内力在相应变形上所做虚功之和(称为内力虚功或变形虚功)$W_{变}$,即$W_{外}=W_{变}$。

3. 位移计算的一般公式

结构由荷载作用引起的位移公式为:

$$\Delta_{K}=\sum\int_{0}^{l}\overline{N}\mathrm{d}u+\sum\int_{0}^{l}\overline{M}\mathrm{d}\varphi+\sum\int_{0}^{l}\overline{Q}\gamma\mathrm{d}s-\sum\overline{R}_{i}C_{i}$$

$$\Delta_{KP}=\sum\int_{0}^{l}\frac{\overline{N}N_{P}}{EA}\mathrm{d}s+\sum\int_{0}^{l}\frac{\overline{M}M_{P}}{EI}\mathrm{d}s+\sum\int_{0}^{l}k\frac{\overline{Q}Q_{P}}{GA}\mathrm{d}s$$

对梁和刚架:
$$\Delta_{KP}=\sum\int_{B}^{A}\frac{\overline{M}M_{P}}{EI}\mathrm{d}s$$

对桁架:
$$\Delta_{KP}=\sum\frac{\overline{N}N_{P}}{EA}l$$

对组合结构:
$$\Delta_{KP}=\sum^{全部受弯杆}\int_{0}^{l}\frac{\overline{M}M_{P}}{EI}\mathrm{d}s+\sum^{全部链杆}\frac{\overline{N}N_{P}}{EA}l$$

上式等号右边第一项只对梁式杆求和,第二项只对链式杆求和。

对曲梁和拱:
$$\Delta_{KP}=\sum\int\frac{\overline{M}M_{P}}{EI}\mathrm{d}s+\sum\int\frac{\overline{N}N_{P}}{EA}\mathrm{d}s$$

近似计算时仅取等号右侧第一项。

结构由温度变化引起的位移公式为:

$$\Delta_{Kt}=\sum(\pm)\int\overline{N}\alpha t_{0}\mathrm{d}s+\sum(\pm)\int M\frac{\alpha\Delta t}{h}\mathrm{d}s$$

若各杆均为等截面杆,且温度改变沿杆长方向不变,则上式可简化为:

$$\Delta_{Ki}=\sum(\pm)\alpha t_{0}\omega_{\overline{N}}+\sum(\pm)\frac{\alpha\Delta t}{h}\omega_{\overline{M}}$$

结构由支座移动时引起的位移计算公式为:

$$\Delta_{KC}=-\sum\overline{R}_{i}C_{i}$$

4. 互等定理

功的互等定理$W_{12}=W_{21}$;位移互等定理$\delta_{12}=\delta_{21}$;反力互等定理$r_{12}=r_{21}$。

应用互等定理的条件是弹性结构和小变形。在上述诸公式中,功的互等定理是最基本的,其他两项定理均可由它导出。

思考题

1.什么是线位移？什么是角位移？什么是相对位移？

2.试说明结构在荷载作用下或支座移动时位移计算公式及其各项的物理意义。

3.计算位移时为什么要虚设单位力？应根据什么原则虚设单位力？试举例说明。

4.应用单位荷载法求位移时，如何确定所求位移方向？

5.图乘法的应用条件是什么？

6.应用图乘法计算位移时，正负号如何确定？

7.判断图4.28所示各图乘正误。

(a) $\int \frac{M_P \overline{M}}{EI} dx = \frac{1}{EI}(\omega_1 y_1 + \omega_2 y_2)$

(b) $\int \frac{M_P \overline{M}}{EI} dx = \frac{1}{EI}\omega_1 y_C$

(c) $\int \frac{M_P \overline{M}}{EI} dx = \frac{1}{EI}\left(\frac{2}{3} \times \frac{ql^2}{8} \cdot l \times \frac{1}{4}\right)\omega_1 y_C$

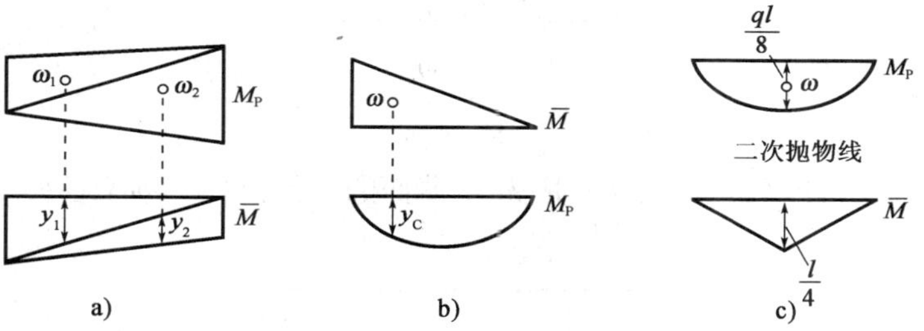

图 4.28

习题

4-1 试用积分法计算图4.29所示悬臂梁 B 端的竖向位移 Δ 。梁的 EI 为常数。

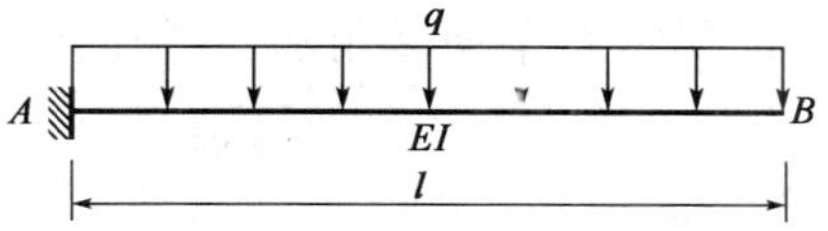

图 4.29

4-2 试用积分法计算图4.30所示悬臂刚架 C 的竖向位移 Δ_C。梁的 EI 为常数。

4-3 试用积分法求图4.31所示 C 截面竖向位移 Δ_C 和 A 截面转角 φ_A。梁的 EI 为常数。

4-4 试用图乘法计算图4.32a)～图4.32c)所示结构内力。

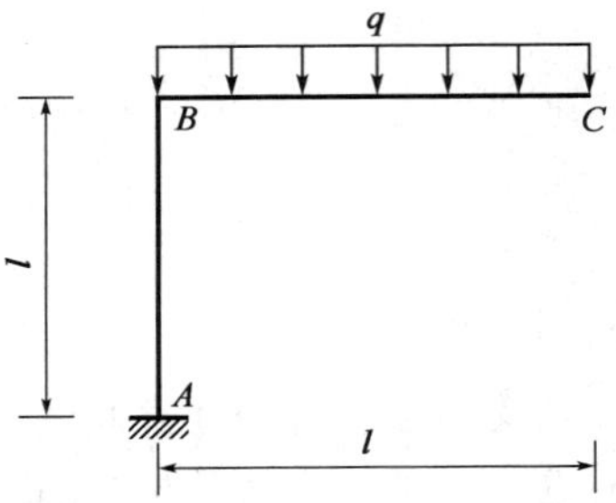

图 4.30

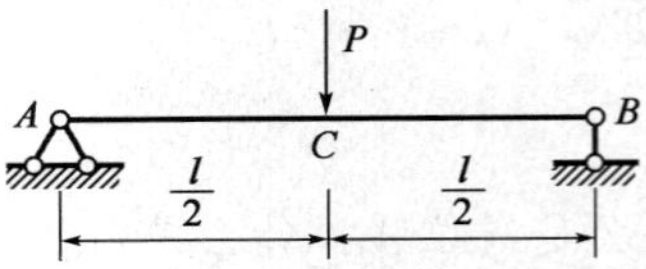

图 4.31

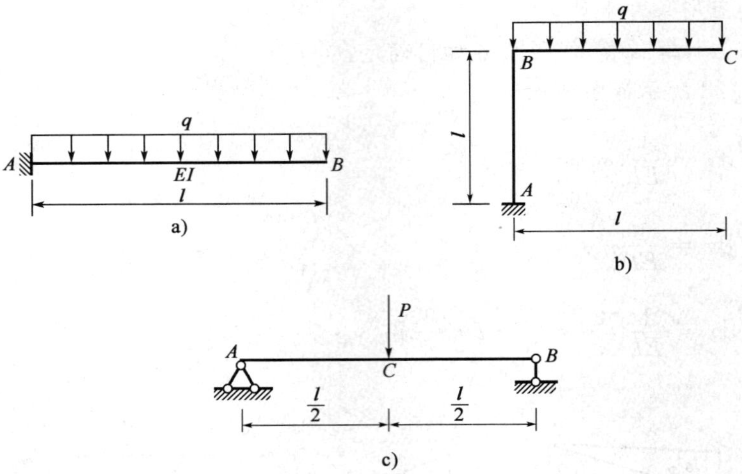

图 4.32

4-5 试用图乘法计算图 4.33 所示刚架 C 截面的竖向位移。刚架各杆 EI 为常数。

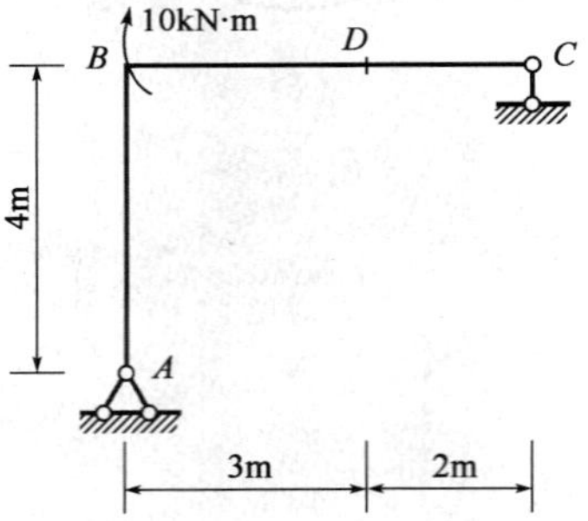

图 4.33

4-6 试用图乘法计算图 4.34 所示 C 截面转角 φ_C 及竖向位移 Δ_C。刚架各杆 EI 为常数。

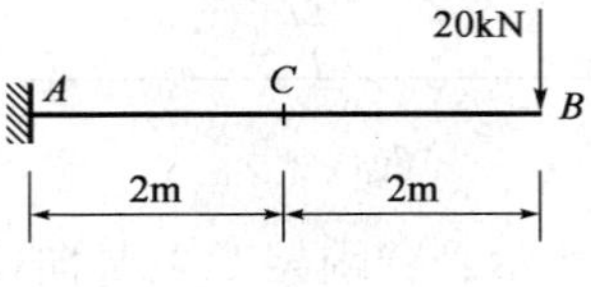

图 4.34

第五章　力　　法

第一节　超静定结构

一　概述

前面两章中，我们讨论了静定结构的计算。在工程实际中，还存在着另一种类型的结构，即超静定结构。超静定结构的反力和内力只凭静力平衡条件是无法确定的，或者是不能全部确定的。图 5.1 所示的连续梁，其竖向反力只凭静力平衡条件无法确定，因此也就不能进一步求出内力，这种结构就是超静定结构。

超静定结构是指只靠平衡条件不能求出全部反力和内力的结构，包括超静定梁、拱、刚架、桁架、组合结构等类型。

超静定结构的几何构造特征是几何不变、有多余联系，其中多余联系对于保持结构的几何不变性来说是不必要的，但会改变结构的受力；多余未知力是指多余联系产生的力，如图 5.1 中的 X_1。

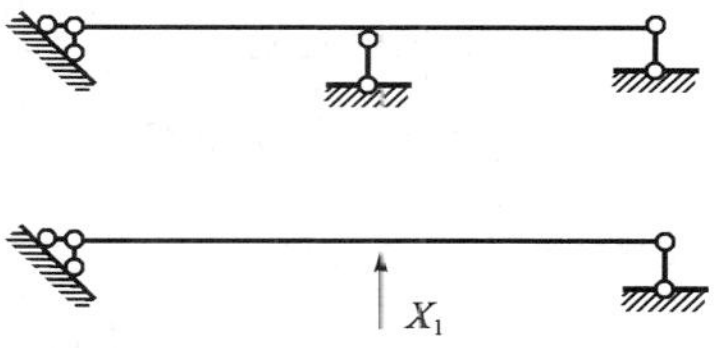

图　5.1

求解超静定问题，必须综合考虑以下三个条件。

(1)平衡条件：结构整体或局部都应满足平衡条件。

(2)几何条件：(变形条件、协调条件、相容条件)结构的变形和位移必须符合支承约束条件和变形连续条件。

(3)物理条件：变形或位移与力之间的物理关系。

求解超静定结构的基本方法有以下两种。

(1)力法(柔度法)：基本未知量是多余未知力。

(2)位移法(刚度法)：基本未知量是节点位移。

二　超静定结构的特性

与静定结构相比，超静定结构有表 5.1 所示的特性。

表 5.1

	静 定 结 构	超静定结构
几何特性	无多余联系的几何不变体系	有多余联系的几何不变体系
静力特性	满足平衡条件，内力解答唯一，即仅由平衡条件就可求出全部内力和反力	超静定结构仅由平衡条件求不出全部内力和反力，必须考虑变形条件
非荷载外因的影响	不产生内力	产生内力
内力与刚度的关系	无关	荷载引起的内力与各杆刚度的比值有关，非荷载外因引起的内力与各杆刚度的绝对值有关

结构的超静定次数=结构的多余联系数=多余未知力数目。确定超静定次数的思路是，将超静定结构看做是在静定结构上增加了若干个多余联系而成。

三 确定超静定次数最直接的方法

确定超静定次数最直接的方法是去掉多余联系法，即去掉多余联系使原结构变成静定结构，则所去掉的多余联系数目就是结构的超静定次数。

去掉多余联系法具体方法如下。

(1)去掉或切断一根链杆，相当于去掉一个联系，如图 5.2、图 5.3 所示。

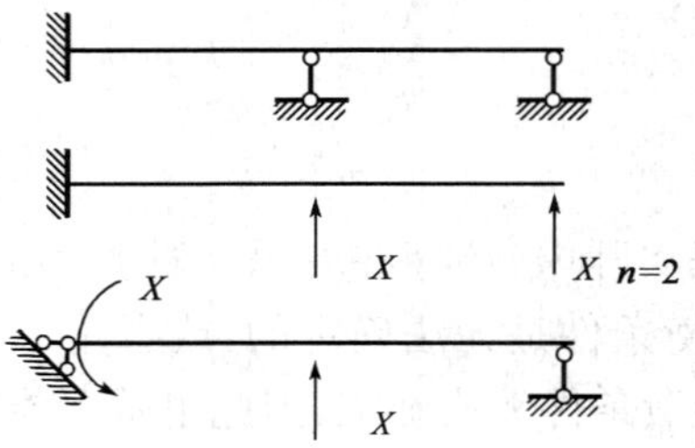

图 5.2

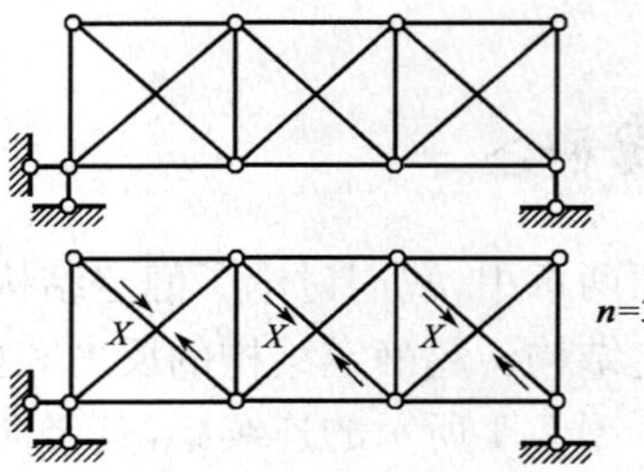

图 5.3

(2)拆开一个单铰或去掉一个固定铰支座，相当于去掉两个联系，如图 5.4 所示。

(3)切断一根受弯杆件或去掉一个固定端支座，相当于去掉三个联系，如图 5.5 所示。

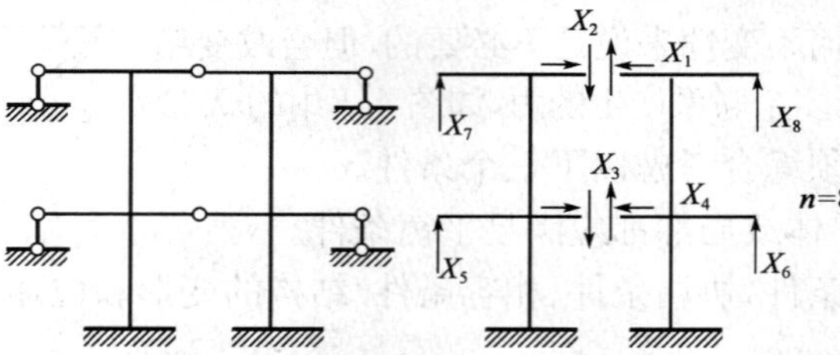

图 5.4

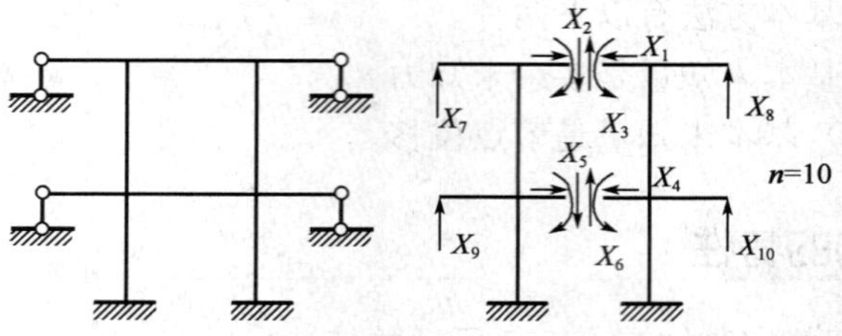

图 5.5

(4)将受弯杆件的刚性联结改为铰结，或将固定支座改为固定铰支座，相当于去掉一个联系，如图 5.6 所示。

(5)确定超静定次数的特例情况：

一个封闭无铰框格 $n=3$，如图 5.7 所示；

f 个封闭无铰框格 $n=3f$，如图 5.8 所示；

f 个封闭无铰框格有 h 个单铰 $n=3f-h$，如图 5.9 所示。

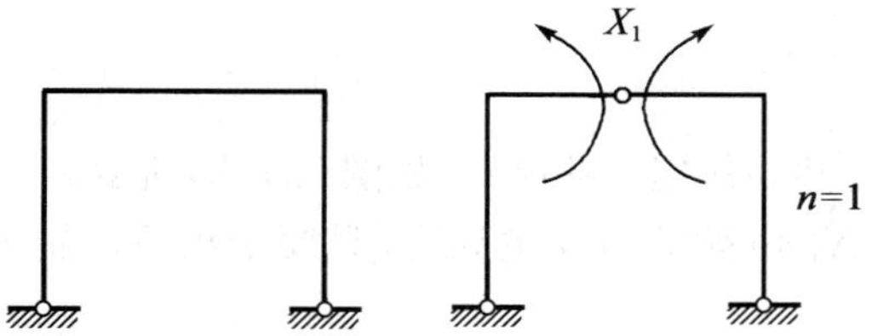

图 5.6

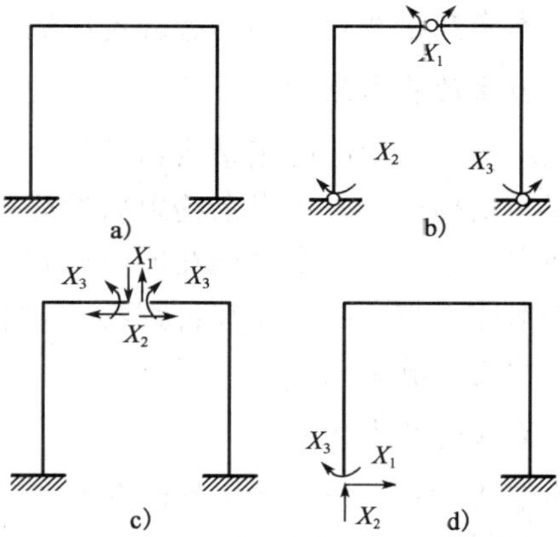

图 5.7

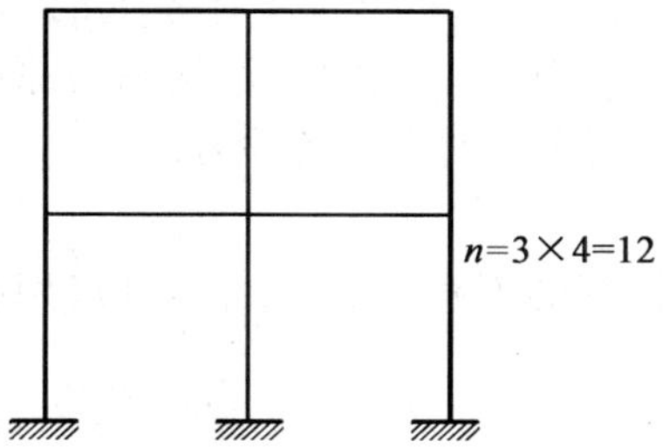

图 5.8

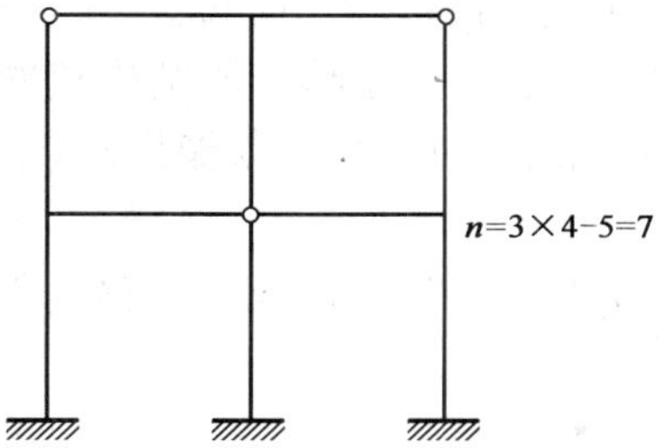

图 5.9

第二节 力法的基本原理和典型方程

一 力法的基本概念

假定:结构是线、弹性体,位移和荷载成正比,可直接用叠加原理。

超静定结构与静定结构的根本区别:超静定结构的未知力数超出了静力平衡方程的数目,有多余未知力,如图 5.10a)所示。

图 5.10b)所示为带有多余未知力的静定结构。设法求出 X_1,剩下的反力和内力即可用平衡条件求出。简单地说,力法的基本思路就是将超静定结构的计算转化为静定结构的计算。

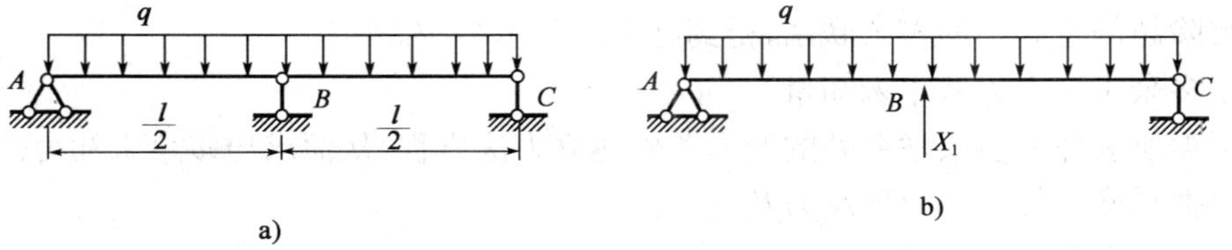

图 5.10

二 力法的基本原理

1. 力法的基本未知量——多余未知力

突出多余未知力,作为重点解决的对象。

基本未知量数目＝结构超静定次数

2. 力法的基本结构

原结构——原超静定结构，如图 5.10a)所示。

基本结构——去掉多余约束后的静定结构。

基本体系——基本结构在原荷载和多余未知力共同作用下的体系，如图 5.10b)所示。

基本体系与原结构比较：荷载完全相同，只是 X_1 由被动力变主动力，只要求出 X_1，剩下的问题就是解静定结构。

3. 力法的基本方程

确定 X_1 的思路是考虑变形条件，建立补充方程。比较原结构和基本体系的变形情况，如图 5.10 所示。对于原结构，B 支座有约束，不可能有竖向位移。对于基本体系，B 支座无约束，会产生竖向位移，若 X_1 过大，B 点上弯；X_1 过小，B 点下弯。只有基本体系上的 X_1 的大小恰到好处时，B 点位移与原结构相同(位移为 0)。此时，基本体系的变形状态与原结构相同，受力也相同，基本体系就能代替原结构，所以求 X_1 需要考虑的变形条件为：

$$\Delta_1 = 0 \tag{5.1}$$

式(5.1)是变形条件也是位移条件；是计算 X_1 所补充的方程。展开式(5.1)(用叠加原理)得：

$$\Delta_1 = \Delta_{11} + \Delta_{1P} = 0 \tag{5.2}$$

式中：Δ_1——总位移；

Δ_{11}——X_1 引起的位移；

Δ_{1P}——荷载引起的位移，$\Delta_{1P} = \sum\int \frac{\overline{M}_1 M_P}{EI}\mathrm{d}s = \sum\frac{\omega y_C}{EI}$。

Δ_{11}的计算：设 $X_1 = 1$ 时，去掉多余约束处沿 X_1 方向的位移为 δ_{11}，即 $\Delta_{11} = \delta_{11} x_1$。

式(5.2)可写成：

$$\delta_{11} x_1 + \Delta_{1P} = 0 \tag{5.3}$$

$$x_1 = -\frac{\Delta_{1P}}{\delta_{11}}$$

式(5.3)就是力法的基本方程。它的物理意义：基本结构在荷载与未知力共同作用下，沿未知力方向的位移应与原结构在荷载作用下的相应位移相等。

4. 力法的基本特点

(1)解除超静定结构的多余联系，得到静定的基本结构。

(2)以多余未知力为基本未知量。

(3)根据所去掉的多余联系处的变形条件建立力法方程，从而求出多余未知力。

(4)根据平衡条件求出全部反力及内力。

(5)一切计算均在基本结构上进行。

三 力法的典型方程

用力法解超静定结构的关键是，根据位移条件建立补充方程，以求解多余未知力。下面以二次超静定结构为例，讨论力法的典型方程，如图 5.11 所示。

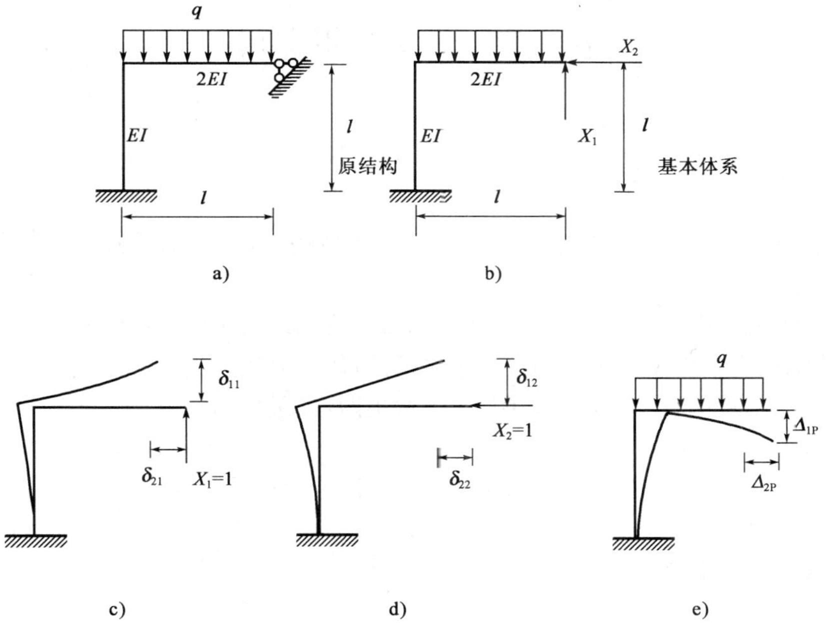

图 5.11

变形条件：$\Delta_1=0$，$\Delta_2=0$

根据叠加原理展开：

$$\delta_{11}X_1+\delta_{12}X_2+\Delta_{1P}=0,\delta_{21}X_1+\delta_{22}X_2+\Delta_{2P}=0$$

n 次超静定结构有 n 个多余未知力和 n 个已知位移条件，可建立 n 个力法典型方程：

$$\delta_{11}X_1+\delta_{12}X_2+\cdots+\delta_{1n}X_n+\Delta_{1P}=0$$
$$\delta_{21}X_1+\delta_{22}X_2+\cdots+\delta_{2n}X_n+\Delta_{2P}=0$$
$$\cdots\cdots$$
$$\delta_{n1}X_1+\delta_{n2}X_2+\cdots-\delta_{nn}X_n+\Delta_{nP}=0$$

四 力法典型方程的注意事项

（1）力法方程的物理含义：基本结构在荷载和全部多余未知力共同作用下，去掉各多余联系，沿各多余未知力方向的位移应等于原结构相应的位移。

（2）主系数 δ_{ii} 表示基本结构在 $X_i=1$ 单独作用下所产生的 X_i 方向的位移，$\delta_{ii}=\int\frac{\overline{M}_i^2}{EI}\mathrm{d}s$；副系数 δ_{ij} 表示基本结构在 $X_j=1$ 单独作用下所产生的 X_i 方向的位移，$\delta_{ij}=\int\frac{\overline{M}_i\overline{M}_j}{EI}\mathrm{d}s=\delta_{ji}$。主系数恒大于零，副系数可为正、负或零。力法典型方程的系数只与结构本身和基本未知力的选择有关，与结构的外因无关。

（3）自由项：

$$\Delta_{iP}=\int\frac{\overline{M}_iM_P}{EI}\mathrm{d}s$$

表示基本结构仅由荷载作用时所产生的 X_i 方向的位移，可为正、负或零。

第三节　力法应用举例

一　力法的计算步骤

(1)选取基本结构。确定超静定次数,去掉结构的多余约束而以多余未知力代之,从而得到基本结构。

(2)列力法方程。根据基本结构在多余未知力和荷载共同作用下,利用所去掉多余约束处的位移应与原结构中相应位移相等的位移协调条件,建立力法方程。

(3)作出基本结构的各个单位弯矩图、荷载弯矩图,求系数和自由项。

(4)解方程,求多余未知力。

(5)按分析静定结构的方法,由平衡条件或叠加法绘出最后的内力图。

二　超静定梁计算

【例 5.1】 试用力法计算图 5.12 所示超静定梁,作弯矩图。

【解】 (1)确定超静定次数 $n=1$。

(2)选基本体系,如图 5.12b)所示。

(3)列力法方程:$\delta_{11}x_1+\Delta_{1P}=0$

(4)求 δ_{11},Δ_{1P}。

$$\delta_{11}=\sum\int\frac{\overline{M}_1^2}{EI}\mathrm{d}s=\frac{1}{EI}\left(\frac{1}{3}\times l\times l\times l\right)=\frac{L^3}{3EI}$$

$$\Delta_{1P}=\sum\int\frac{\overline{M}_1M_P}{EI}\mathrm{d}s=\frac{1}{EI}\left(-\frac{1}{3}\times l\times\frac{ql^2}{2}\times\frac{3}{4}l\right)=-\frac{ql^4}{8EI}$$

(5)求 X_1。

$$x_1=-\frac{\Delta_{1P}}{\delta_{11}}=\frac{ql^4}{8EI}\times\frac{3EI}{L^3}=\frac{3}{8}ql(\uparrow)$$

(6)作 M 图。

$$M=\overline{M}_1x_1+M_P$$

$$M_A=l\times\frac{3}{8}ql-\frac{ql^2}{8}(\text{上侧受拉})$$

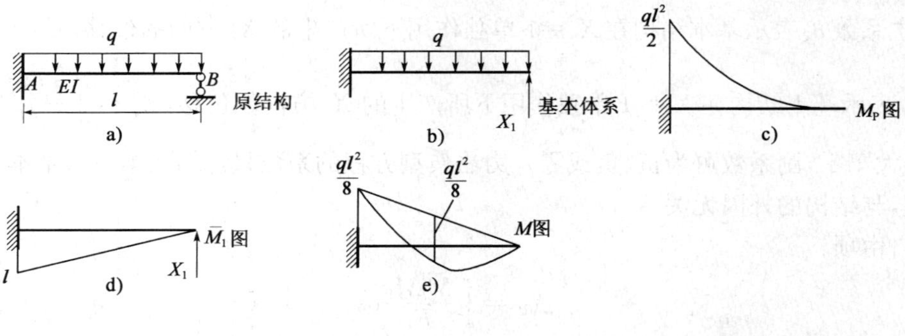

图　5.12

计算刚架位移时，通常忽略轴力和剪力的影响，而只考虑弯矩的影响，从而使计算得到简化。在高层刚架的柱中轴力的影响比较大，当杆件短而粗时剪力的影响比较大，遇到这种情况时要作特殊处理。

图 5.13 所示为装配式单层厂房的排架计算简图。其中的柱是阶梯形变截面杆件，柱底为固定端，柱顶与横梁（屋架）为铰结。计算时常忽略横梁的变形，认为其刚度为无穷大。

图 5.13

【例 5.2】 图 5.14a）所示为一超静定刚架，梁和柱的截面惯性矩分别为 I_1 和 I_2，且 $I_1:I_2=2:1$。当横梁承受均布荷载 $q=20\text{kN/m}$ 作用时，作刚架的内力图。

【解】 这是一个一次超静定刚架。可以取 B 处的水平反力为多余未知力。撤去 B 处水平支杆后，得到如图 5.14b）所示的力法基本结构。

基本结构应满 B 点无水平位移的变形条件，故其力法方程为：

$$\delta_{11}X_1+\Delta_{1F}=0$$

系数 δ_{11} 和自由项 Δ_{1F} 都是基本结构的位移。计算刚架位移时只考虑弯矩的影响。为此，我们绘制基本结构在荷载作用下的弯据图，即 M_P 图（荷载弯矩图），以及在单位力 $X_1=1$ 作用下的弯矩图，即 $\overline{M}_1$ 图（单位弯矩图），分别如图 5.14c）和图 5.14d）所示。

计算位移时可采用图乘法：

$$\delta_{11}=\sum\int_l\frac{\overline{M}_1\overline{M}_1\mathrm{d}s}{EI}=\sum\frac{\omega y}{EI}$$
$$=\frac{1}{EI_1}\times(6\times8)\times6+\frac{2}{EI_2}\times\left(\frac{1}{2}\times6\times6\right)\times\left(\frac{2}{3}\times6\right)$$
$$=\frac{288}{EI_1}+\frac{144}{EI_2}$$

因 $I_1=I_2$，故：

$$\delta_{11}=\frac{576}{EI_1}$$

$$\Delta_{1F}=\sum\int_l\frac{\overline{M}_1M_F\mathrm{d}s}{EI}=\sum\frac{\omega y}{EI}=-\frac{1}{EI_1}\left(\frac{2}{3}\times8\times160\right)\times6=-\frac{5120}{EI_1}$$

将 $\delta_{11}\Delta_{1F}$ 代入力法方程得：

$$X_1=\frac{-\Delta_{1F}}{\delta_{11}}=-\frac{-\dfrac{5120}{EI_1}}{\dfrac{576}{EI_1}}=8.89\text{kN}$$

多余未知力求出以后，作内力图的问题即属于静定问题。通常作内力图的次序为：首先利用已经做好的 $\overline{M}_1$ 和 M_F 图作为最后弯矩图；然后利用弯矩图作剪力图；最后利用剪力图作轴力图。现分述如下。

(1)作弯矩图

利用弯矩叠加公式：

$$M=M_F+\overline{M}_1X_1$$

任一截面的弯矩均可据此计算。将 $\overline{M}_1$ 弯矩图数据乘以 8.89 后，再与 M_F 图相加，即得到图 5.14e)所示的原结构的弯矩图。

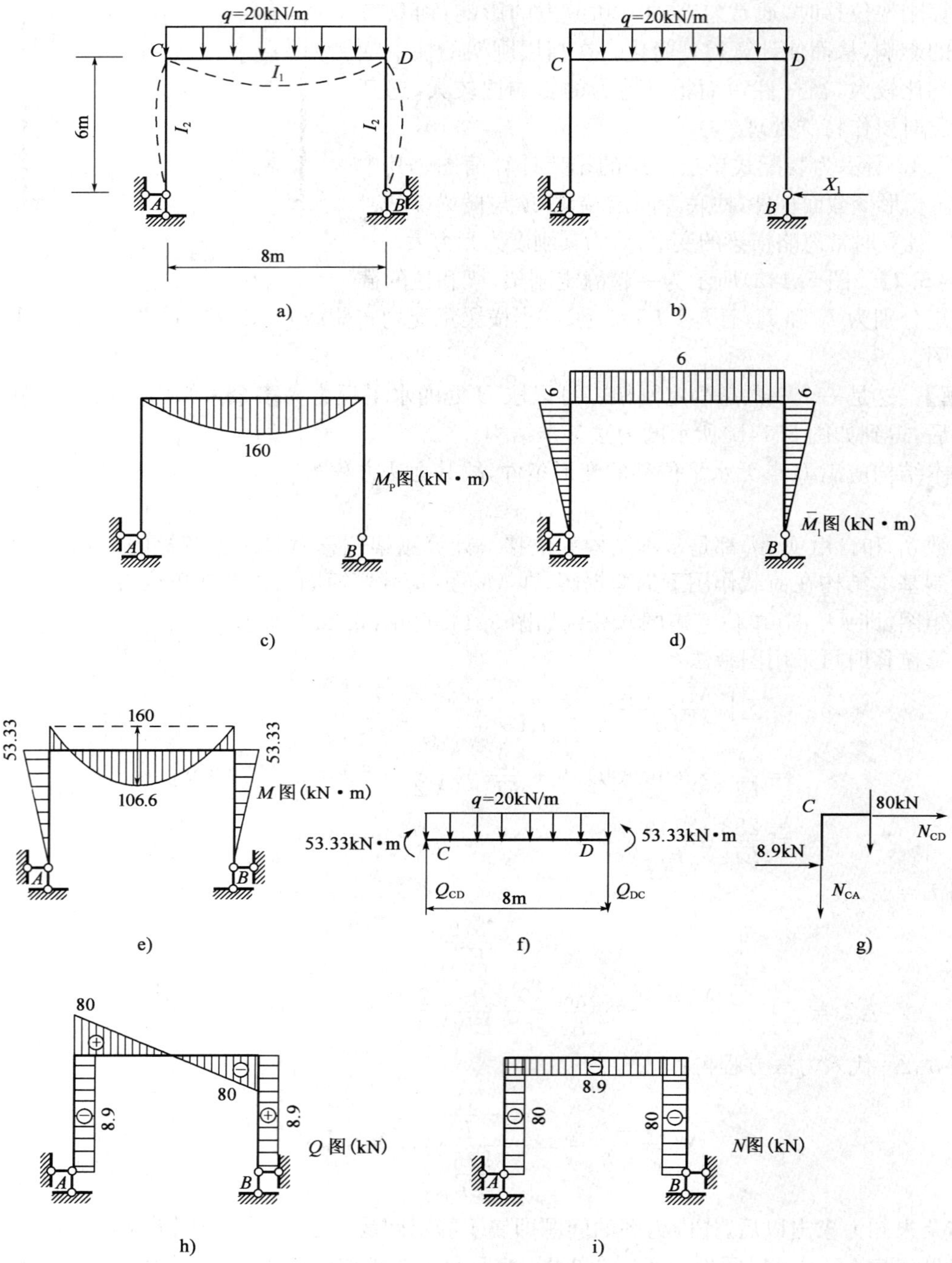

图 5.14

(2)作剪力图

作任一杆的剪力图时，可取此杆为隔离体，利用已知的杆端弯矩及荷载情况，由平衡条件求出杆端剪力，然后根据剪力图分布规律作出杆的剪力图。

以杆 CD 为例，其隔离体图如图 5.14f)所示（确定剪力时，不需考虑杆端轴力，故在隔离体图中未标出轴力）。杆端作用有已知的弯矩(其值可由 M 图查得)：

$$M_{CD}=53.33\text{kN}\cdot\text{m}(\text{上边受拉})$$
$$M_{DC}=53.33\text{kN}\cdot\text{m}(\text{上边受拉})$$

待定的杆端剪力 Q_{CD} 和 Q_{DC} 可由平衡方程求出：

$$\sum M_D=0,53.33-8Q_{CD}+20\times8\times4-53.33=0$$
$$Q_{CD}=80\text{kN}$$
$$\sum M_C=0,53.33-20\times8\times4-8Q_{DC}-53.33=0$$
$$Q_{DC}=-80\text{kN}$$

杆端剪力求出来后，根据杆 CD 上承受均布荷载，故其剪力图为一斜直线，即可在图 5.14h)中作杆 CD 的剪力图。剪力图必须注明正负号。

(3)作轴力图

作杆件的轴力图时，可取其结点为隔离体，利用已知的杆端剪力，由结点平衡条件可求出杆端轴力，然后作此杆的轴力图。当杆件无沿杆轴方向的荷载时，杆件的轴力为常数，轴力图为杆轴平行线。

以结点 C 为例，其隔离体图如图 5.14g)所示(确定轴力时，不需考虑杆端弯矩，故在隔离体图中未标出弯矩)。在隔离体上作用有已知的剪力(其值可由 Q 图查得)：

$$Q_{CD}=80\text{kN}(\text{使隔离体有顺时针方向转动的趋势})$$
$$Q_{CA}=-8.9\text{kN}(\text{使隔离体有逆时针方向转动的趋势})$$

待定的杆端轴力 N_{CD} 和 N_{CA}(隔离体图中均假设为拉力)，可由投影平衡方程求出：

$$\sum F_x=0,N_{CD}=-8.9\text{kN}$$
$$\sum F_y=0,N_{CA}=-80\text{kN}$$

每个结点有两个投影平衡方程。按照适当的次序截取结点，就可以求出所有杆端轴力。轴力图如图 5.14i)所示。轴力图也必须注明正、负号。

【例 5.3】 图 5.15a)所示为一单层单跨的铰结排架计算简图，作其弯矩图。

【解】 杆 CD 是由屋架或大梁简化而来的，抗拉强度可视为无限大(即 $EA\to\infty$)，故 C、D 两点间的距离不变。因此，对排架的计算实际是对柱子进行内力分析，外荷载 24.5kN 为吊车水平制动力。

此铰结排架内部有一个多余联系，是一个超静定的结构。现将横杆 CD 切断，代之以多余未知力 X_1，其基本结构如图 5.15b)所示。根据基本结构在原有荷载和多余未知力共同作用下，横杆切口处两侧截面相对水平位移等于零的条件，写出力法方程：

$$\delta_{11}X_1+\Delta_{1F}=0$$

为了求得系数 δ_{11} 和自由项 Δ_{1F}，分别作相应的单位弯矩图 M_1 和荷载弯矩图 M_F，如图 5.15c)、图 5.15d)所示。应用图乘法得：

$$\delta_{11}=\sum\int_l\frac{\overline{M}_1\overline{M}_1\mathrm{d}s}{EI}=\sum\frac{\omega y}{EI}=\frac{2}{EI_1}\times\left(\frac{1}{2}\times4.2\times\frac{2}{3}\times4.2\right)+$$
$$\frac{2}{EI_2}\times\begin{bmatrix}\frac{1}{2}\times9.4\times4.2\times\left(\frac{2}{3}\times4.2+\frac{1}{3}\times13.6\right)+\\ \frac{1}{2}\times9.4\times13.6\times\left(\frac{1}{3}\times4.2+\frac{2}{3}\times13.6\right)\end{bmatrix}=\frac{49.4}{EI_1}+\frac{1625}{EI_2}$$

$$= \frac{1}{EI_2} \times \left(49.4 \times \frac{I_2}{I_1} + 1625\right)$$

$$= \frac{1992}{EI_2}$$

$$\Delta_{1F} = \sum \int_l \frac{\overline{M}_1 M_F \mathrm{d}s}{EI} = \sum \frac{\omega y}{EI}$$

$$= -\frac{1}{EI_1} \times \left[\frac{1}{2} \times 1.2 \times 29.4 \times \frac{4.2 - \frac{1}{3} \times 1.2}{4.2}\right] - \frac{1}{EI_2} \times$$

$$\left[\frac{1}{2} \times 9.4 \times 29.4\left(\frac{2}{3} \times 4.2 + \frac{1}{3} \times 13.6\right) + \frac{1}{2} \times 9.4 \times 260 \times \left(\frac{1}{3} \times 4.2 + \frac{2}{3} \times 13.6\right)\right]$$

$$= -\frac{67}{EI_1} - \frac{13770}{EI_2}$$

$$= -\frac{1}{EI_2}(67 \times 7.42 + 13770)$$

$$= -\frac{14267}{EI_2}$$

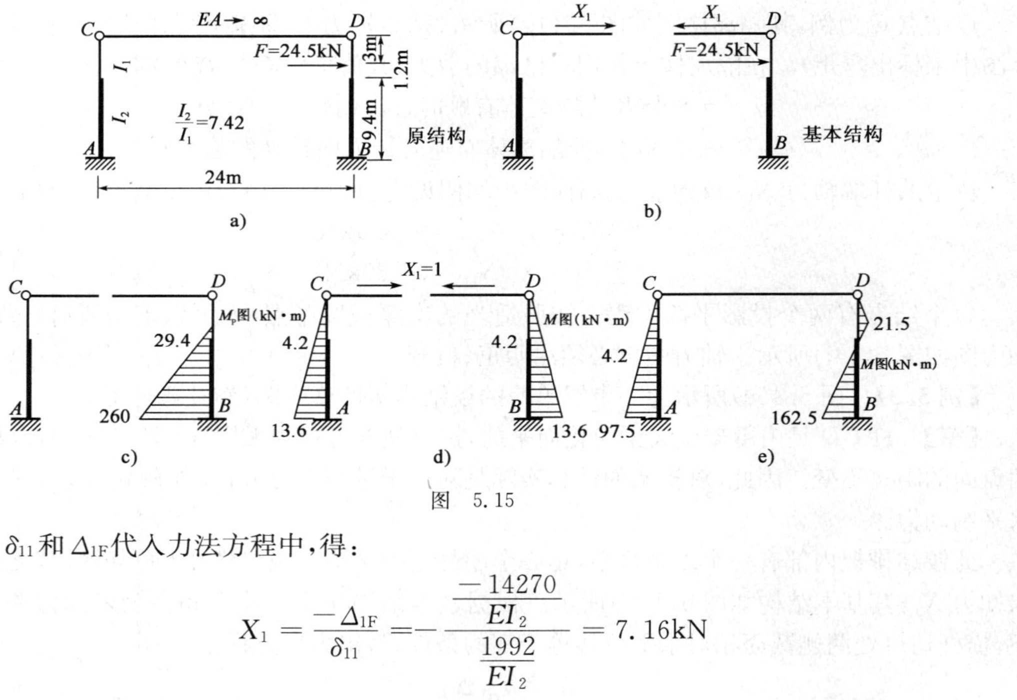

图 5.15

将 δ_{11} 和 Δ_{1F} 代入力法方程中，得：

$$X_1 = \frac{-\Delta_{1F}}{\delta_{11}} = -\frac{\frac{-14270}{EI_2}}{\frac{1992}{EI_2}} = 7.16\text{kN}$$

根据 $M = M_F + \overline{M}_1 X_1$，得出原结构的弯矩图，如图 5.15e)所示。

注意：计算 δ_{11} 时，由于横梁 $EA \to \infty$，所以横梁虽然有 $N=1$，但其轴向变形 $NL/EA = 1 \times L/\infty = 0$，故只需计算 $X_1 = 1$ 作用下两边柱顶沿 X_1 方向的位移。

四 超静定桁架的计算

桁架是全部由链杆组成的承重结构，其外力都作用在结点上。因此，桁架各杆内力只有轴力，故计算力法方程中的系数和自由项时只考虑轴力的影响，其计算表达式为：

$$\delta_{ii}=\sum\frac{\overline{N}_i^2 l}{EA}$$

$$\delta_{ij}=\sum\frac{\overline{N}_i\overline{N}_j l}{EA}$$

$$\Delta_{iF}=\sum\frac{\overline{N}_i N_F l}{EA}$$

原结构中各杆轴力的叠加公式为：

$$\overline{N}=\overline{N}_1X_1+\overline{N}_2X_2+\cdots+N_F$$

【例 5.4】 试求图 5.16a)所示超静定桁架中各杆的内力。设各杆 l/EA 相同。

【解】

$$\Delta_1=\delta_{11}X_1+\Delta_{1P}=0$$

$$\delta_{11}=\sum\frac{\overline{N}_1^2 l}{EA}=\frac{l}{EA}(1\times1\times4)+\frac{\sqrt{2}}{EA}l\times(-\sqrt{2})^2\times2=\frac{4l}{EA}(1+\sqrt{2})$$

$$\Delta_{1P}=\sum\frac{\overline{N}_1N_P l}{EA}=\frac{l}{EA}(1\times P)+\frac{\sqrt{2}l}{EA}[(-\sqrt{2})(-\sqrt{2}P)]=(1+2\sqrt{2})\frac{Pl}{EA}$$

$$X_1=-\frac{\Delta_1}{\delta_{11}}=-\frac{(1+2\sqrt{2})P}{4+4\sqrt{2}}=-0.396P$$

$$N=\overline{N}_1X_1+N_P$$

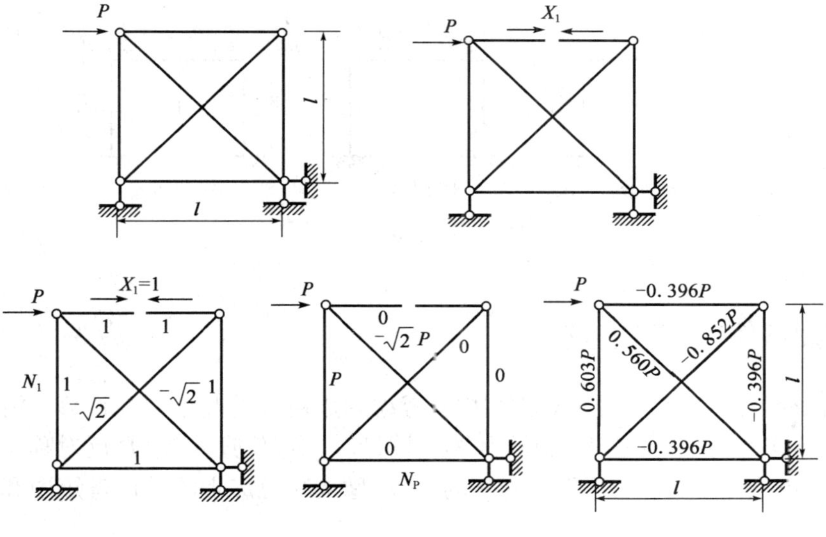

图 5.16

第四节 利用结构对称性简化计算

一 对称性

1. 结构的对称性

对称结构是指几何形状、支座情况、刚度都关于某轴对称，如图 5.17a)所示。

2. 荷载的对称性

对称荷载：绕对称轴对折后，对称轴两边的荷载等值且作用点重合、同向。在大小相等、作用点对称的前提下，与对称轴垂直反向布置的荷载、与对称轴平行同向布置的荷载、与对称轴重合的集中力是对称荷载。如图 5.17b)所示。

反对称荷载：绕对称轴对折后，对称轴两边的荷载等值且作用点重合、反向。在大小相等、作用点对称的前提下，与对称轴垂直同向布置的荷载、与对称轴平行反向布置的荷载是反对称荷载。如图 5.17c)所示。

任何荷载都可以分解成对称荷载与反对称荷载两部分的叠加，如图 5.18 所示。

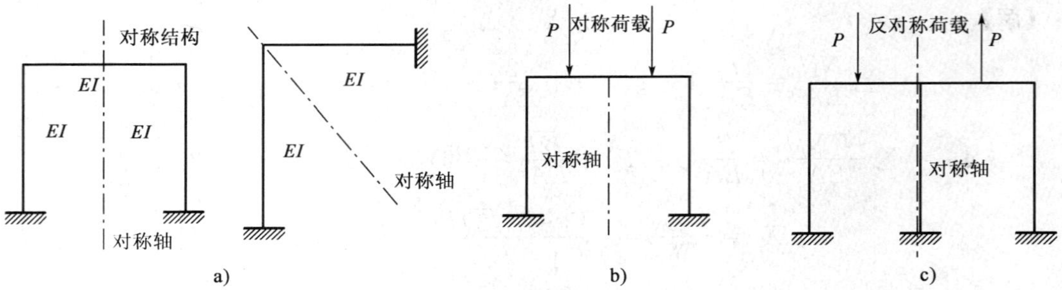

图 5.17

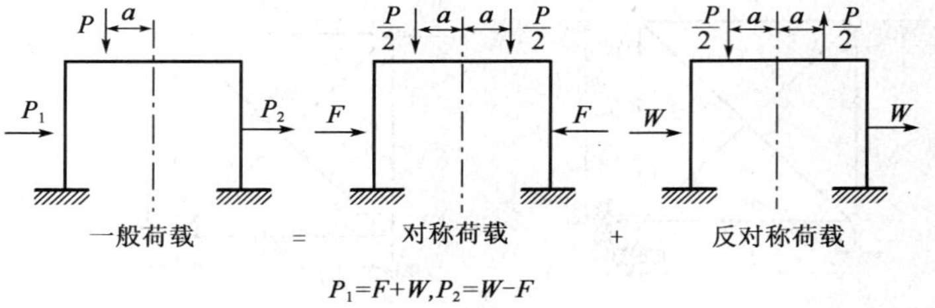

图 5.18

二 选取对称的基本结构

不论在何种外因作用下，对于对称结构应考虑利用对称的基本特性计算。沿对称轴将梁切开，三对多余未知力中，弯矩 X_1 和轴力 X_2 是对称未知力，剪力 X_3 是反对称未知力。对称未知力产生的单位弯矩图和变形图是对称的；反对称未知力产生的单位弯矩图和变形图是反对称的，如图 5.19 所示。

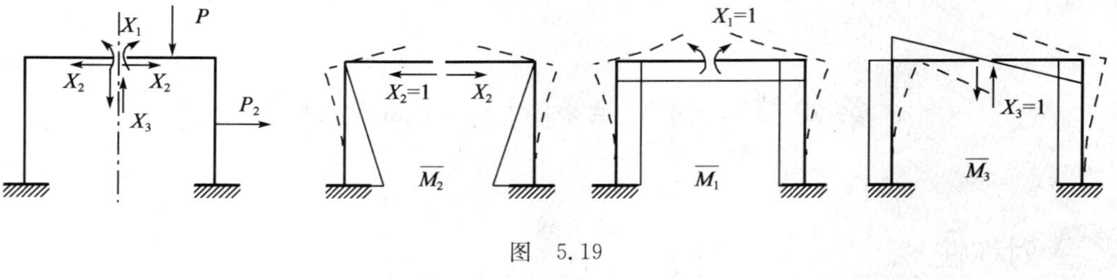

图 5.19

因此，力法方程中的系数：

$$\delta_{13}=\delta_{11}=\sum\int\frac{\overline{M}_1\overline{M}_3}{EI}\mathrm{d}s=0,\delta_{23}=\delta_{32}=\sum\int\frac{\overline{M}_2\overline{M}_3}{EI}\mathrm{d}s=0$$

于是，力法方程可简化为：

$$\delta_{11}X_1+\delta_{12}X_2+\Delta_{1P}=0$$
$$\delta_{21}X_1+\delta_{22}X_2+\Delta_{2P}=0$$
$$\delta_{33}X_3+\Delta_{3P}=0$$

力法方程分解为独立的两组，一组只包含对称未知力，一组只包含反对称未知力。如果荷载对称，M_P 对称，$\Delta_{3P}=0$，$X_3=0$，对称未知力不为零；如果荷载反对称，M_P 反对称，$\Delta_{1P}=0$，$\Delta_{2P}=0$，$X_1=X_2=0$，反对称未知力不为零。

一般地说，对称结构在对称荷载作用下，内力、反力和变形及位移是对称的。对称结构在反对称荷载作用下，内力、反力和变形及位移是反对称的。

三 选取半边结构进行计算

当对称结构承受正对称或反对称荷载时，也可以只取结构的一半来进行计算。下面就奇数跨和偶数跨两种对称结构（刚架、连续梁等）加以说明。

1. 奇数跨对称刚架

图 5.20a）所示刚架，在对称荷载作用下，由于只产生正对称的内力和位移（变形曲线如图中虚线所示），故可知在对称轴上的截面 C 处不发生转角和水平线位移，但有竖向的位移；同时该截面上将有弯矩和轴力，而无剪力。因此，取一半来计算时，在对称轴截面 C 处，可以用一定向支座（滑动支座）代替原有联系，得图 5.20b）所示计算简图。

在反对称截荷的作用下，如图 5.20c）所示，由于只产生反对称的内力和位移，故可知在对称轴上的截面 C 处无竖向的位移，但有水平的位移和转角，同时该截面上弯矩和轴力均为 0，而只有剪力存在，故在对称轴截面 C 处可用一竖向链杆代替原有联系，得图 5.20d）所示计算简图。

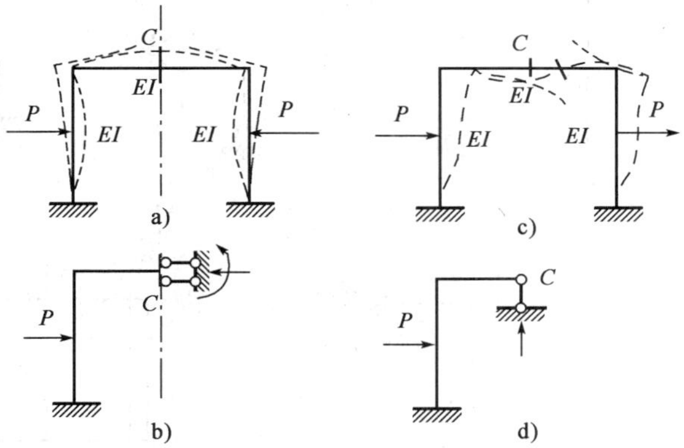

图 5.20

2. 偶数跨对称刚架

图 5.21a）所示双跨对称刚架，在对称荷载作用下，对称轴上的结点 C 处将不产生任何的位移（也没有竖向位移，因略去杆件的轴向变形）．故在 C 处横梁杆端有弯矩、剪力和轴力。因此，当取一半结构时，可将 C 处用固定端支座代替原来约束，其计算简图如图 5.21b）所示。

在反对称荷载作用下，如图 5.21c）所示。可设想刚架中柱是由两根各具 $I/2$ 的竖柱所组成，它们分别在对称轴的两侧与横梁刚性联结，如图 5.21e）所示。显然，这与原结构是等效的。再设想将此两柱中间的横梁切开，由于荷载是反对称的，故该截面上只有剪力 Q_C 存在，如图 5.21f）所示。这对剪力只对中间两根竖柱产生大小相等而性质相反的轴力，并不

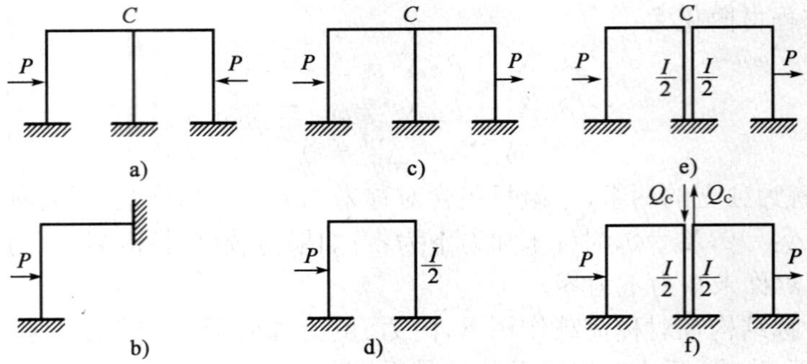

图 5.21

影响其他杆件的弯矩。由于原来中间柱的内力是这两根柱的内力之和，故叠加后 Q_C 对原结构的内力和变形均无影响，因此可以不考虑 Q_C 的影响而选取图 5.21d）所示一半刚架的计算简图。

【例 5.5】 试用选取半个结构的方法求作图 5.22a）所示刚架的弯矩图，设各杆 EI＝常数。

【解】 这是一个三次超静定刚架，结构及荷载均具有两个共同的对称轴，无论对水平轴 x 还是竖轴 y，均是对称变形，故可选取图 5.22b）所示的 1/4 刚架计算简图来分析，显然其仅为一次超静定问题，取基本结构如图 5.22c）所示，多余未知力为弯矩 X_1，利用截面 A 转角为 0 的变形条件，建立相应的力法典型方程为：

$$\delta_{11}X_1+\Delta_{1F}=0$$

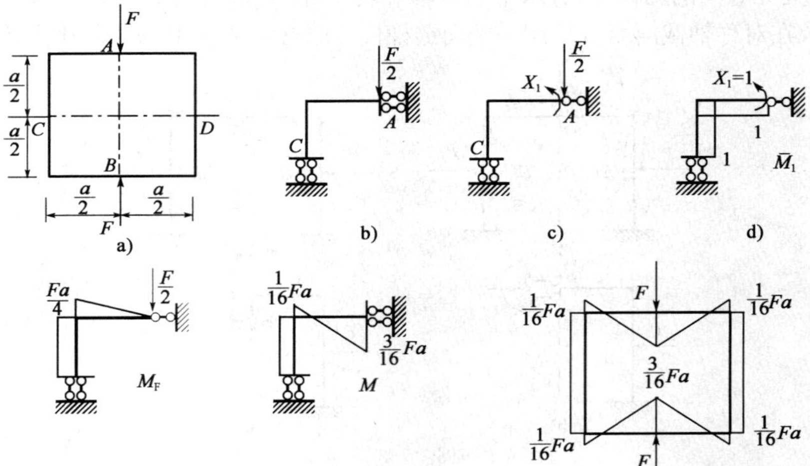

图 5.22

画出$\overline{M}_1$ 图和 M_F 图，分别如图 5.22d）、图 5.22e）所示。由图乘法求得：

$$\delta_{11}=\frac{1}{EI}\times\left(1\times\frac{a}{2}\times1\times2\right)=\frac{a}{EI}$$

$$\Delta_{1F}=-\frac{1}{EI}\times\left(\frac{1}{2}\times\frac{Fa}{4}\times\frac{a}{2}\times1+\frac{Fa}{4}\times\frac{a}{2}\times1\right)=-\frac{3Fa^2}{16EI}$$

代入方程解得：

$$X_1 = -\frac{\Delta_{1F}}{\delta_{11}} = \frac{3Fa}{16}$$

由叠加法画出 1/4 刚架弯矩图，如图 5.22f）所示。根据对称性可得原刚架最后弯矩图，如图 5.22g）所示。

四 无弯矩状态判定

在不考虑轴向变形的前提下，超静定结构在结点集中力作用下有时不产生弯矩、剪力，只产生轴力。常见的无弯矩状态有以下三种（图 5.23）：

（1）一对等值反向的集中力沿一直杆轴线作用，只有该杆有轴力。

（2）一集中力沿一柱子轴线作用，只有该柱有轴力。

（3）无结点线位移的结构，受结点集中力作用，只产生轴力。

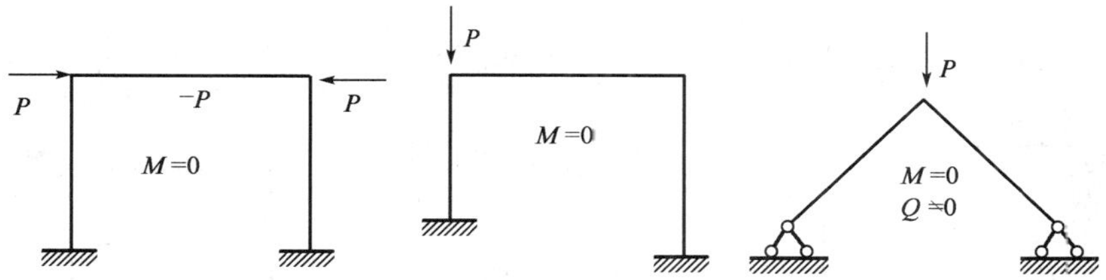

图 5.23

五 对称结构简化计算总结

1. 对称结构在对称（或反对称）荷载作用时的计算要点

（1）选取等代结构。

（2）对等代结构进行计算，绘制弯矩图。

（3）利用对称或反对称性作原结构的弯矩图。

2. 对称结构在任意荷载作用时的处理方法

（1）在对称轴上解除多余约束，取对称和反对称未知力直接计算。

（2）将荷载分为对称和反对称两组，选等代结构计算，再叠加。集中结点力作用时常这样处理。

第五节　超静定结构的位移计算与最后内力图的校核

一 超静定结构的位移计算

用力法计算超静定结构，是根据基本结构在荷载和全部多余未知力共同作用下，其内力和位移与原结构完全一致这个条件来进行的。也就是说，在荷载及多余未知力共同作用下的基本结构，与在荷载作用下的原结构是完全等价的，它们之间并不存在任何差别。因此，计算超静定结构的位移，就是求基本结构的位移。具体步骤如下：

(1)用力法求解超静定结构,作出其最后内力图,也就是基本结构的实际状态内力图。

(2)将单位力 $F=1$ 加在基本结构上,建立虚拟状态,求出其相应内力或作出其内力图。因为基本结构是静定的,故此时的内力仅由平衡条件便可求得。

(3)对基本结构的实际状态和虚拟状态,用虚功原理的位移计算公式或图乘法即可计算出所求位移。

由于超静定结构的最后内力图并不因所选取基本结构的不同而异,所以其实际内力可以看做是选取任一形式的基本结构求得的。因此,在求位移的时候,可以选择较简单的基本结构作为虚拟状态,以简化计算。

【例 5.6】 图 5.24a)所示的超静定刚架,其最终弯矩图已经求出,如图 5.24b)所示。设 $EI=$常数,试求刚架 D 点的水平位移 Δ_{DH} 和横梁中点 F 的竖向位移 Δ_{FV}。

【解】 求 D 点水平位移 Δ_{DH} 时,可选取图 5.24c)所示基本结构,在 D 点加水平单位荷载 $F=1$,得虚拟力状态 $\overline{M}_1$ 图。将图 5.24b)与图 5.24c)互乘得:

$$\Delta_{DH}=\frac{1}{2EI}\left[\frac{1}{2}\times6\times6\times\left(\frac{2}{3}\times30.6-\frac{1}{3}\times23.4\right)\right]=\frac{113.4}{EI}$$

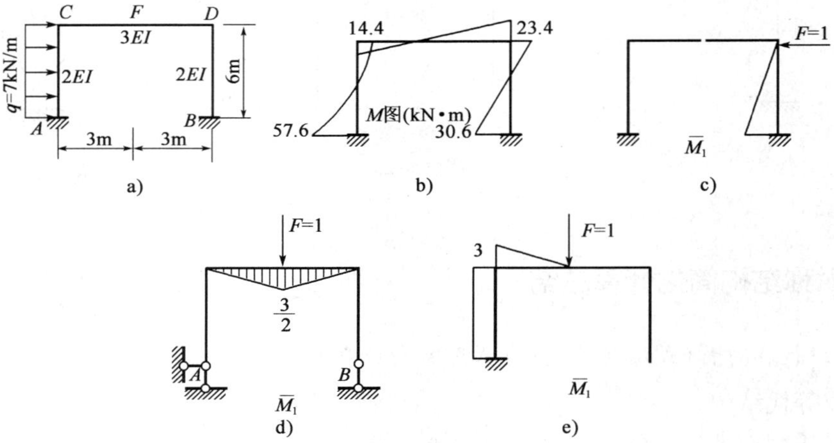

图 5.24

计算结果为正值,表示位移方向与所设单位荷载的方向一致,即水平向左。

求横梁中点 F 的竖向位移 Δ_{FV} 时,为使计算简化,可选取图 5.24d)所示基本结构,在 F 点加竖向单位荷载 $F=1$,得虚拟力状态的 $\overline{M}_1$ 图,如图 5.24d)所示。将图 5.24b)与图 5.24d)互乘得:

$$\Delta_{FV}=\frac{1}{3EI}\left(\frac{1}{2}\times\frac{3}{2}\times6\times\frac{14.4-23.4}{2}\right)=-\frac{6.75}{EI}$$

计算结果为负,表示 F 点的位移方向与所设单位荷载方向相反,即竖直向上。

若选用图 5.24e)所示基本结构,加单位荷载,作相应的 $\overline{M}_1$ 图,再与图 5.24b)互乘得:

$$\Delta_{FV}=\frac{1}{2EI}\left[\frac{1}{2}\times(57.6-14.4)\times6\times3-\frac{2}{3}\times\frac{1}{8}\times7\times6\times6\times6\times3\right]-$$

$$\frac{1}{3EI}\times\frac{1}{2}\times3\times3\times\left[\frac{2}{3}\times14.4-\frac{1}{3}\times\frac{23.8-14.4}{2}\right]$$

$$=-\frac{6.75}{EI}$$

与上述计算结果完全相同。显然,选图 5.24e)所示基本结构计算 F 点的竖向位移,比选

图 5.24d)所示基本结构麻烦。因此,在计算静定结构的位移时,选取什么样的基本结构十分重要。

二 超静定结构最后内力图的校核

最后内力图是结构设计的依据,必须保证其正确性。对内力图的校核一般要包括下面两个方面:

1.静力平衡条件的校核

所谓静力平衡条件的校核,就是看所求得的各种内力,是否能够使结构的任何一个部分都满足静力平衡条件。校核的方法与静定结构相同.即切取结构的一个部分为隔离体,把作用于该部分的荷载以及各切口处的内力(从 M、Q、N 图可以得到这些值)都看成是作用于隔离体上的已知外力,然后通过计算它们是否满足静力平衡条件来进行校核。对于刚架,一般截取它的刚结点为隔离体。

2.位移条件校核

对于超静定结构,只进行静力平衡条件的校核是不够的。因为仅仅满足超静定结构的静力平衡条件的解答可以有无限多个。换句话说,错误的结果也可能会满足静力平衡条件。因此,除了进行平衡条件校核以外,还必须进一步进行位移条件的校核,即校核原超静定结构在各多余未知力方向的位移是否与实际情况相符合。校核时可以用上一节中所介绍的计算超静定结构位移的方法,取任一最简单基本结构来计算。

例如,图 5.25a)所示刚架,已知其弯矩图、剪力图和轴力图如图 5.25b)~图 5.25d)所示。要校核该刚架的内力图,首先应作静力平衡条件的校核。一般分别取刚架的各个刚结点为隔离体。

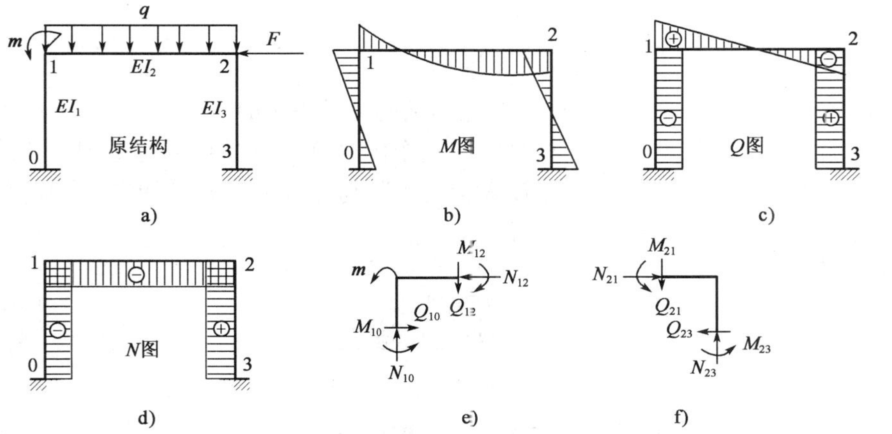

图 5.25

在此取结点 1 为隔离体,如图 5.25e)所示,则有:

$$\sum F_x = Q_{10} - N_{12} = 0$$

$$\sum F_y = N_{10} - Q_{12} = 0$$

$$\sum M = M_{10} - M_{12} + M = 0$$

否则,计算结果就不正确。用同样的方法可以对结点 2 进行校核。

其次进行位移条件的校核。取图 5.26a)所示基本结构,并且只考虑弯矩一项对位移的影响。为此作出各单位弯矩图，分别如图 5.26b)～图 5.26d)所示，以它们作为虚拟状态来研究位移条件。

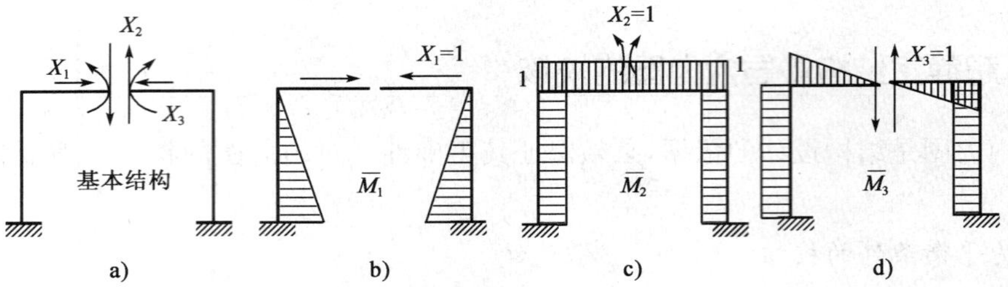

图 5.26

沿 X_1 方向的位移为零，应该有：

$$\sum\int_l \frac{\overline{M}_1 M}{EI}\mathrm{d}x = 0 \tag{5.4}$$

沿 X_2 方向的位移为零，应该有：

$$\sum\int_l \frac{\overline{M}_2 M}{EI}\mathrm{d}x = 0 \tag{5.5}$$

沿 X_3 方向的位移为零，应该有：

$$\sum\int_l \frac{\overline{M}_3 M}{EI}\mathrm{d}x = 0 \tag{5.6}$$

对于式(5.5)，因原结构是一个闭合的多边形，而且没有铰存在，所以把 $\overline{M}_2=1$ 代入可以得到：

$$\sum\int_l \frac{1}{EI}M\mathrm{d}x = \sum\frac{1}{EI}\int_l 1\times M\mathrm{d}x = \sum\frac{\omega_{\mathrm{M}}}{EI} = 0$$

其中，ω_{M} 是原结构闭合周边各杆上弯矩图的面积。如果原结构闭合周边各杆的 EI 都相同，则上式还可以写成：

$$\sum\omega_{\mathrm{M}} = 0$$

上面的论证，对于任何没有铰的闭合多边形结构也是适用的。因此，我们可以得到结论：任何一个没有铰的闭合多边形结构，如果将它在这个闭合部分的各杆的弯矩图面积除以本杆的 EI，其代数和应该等于零；如果各杆的 EI 也都相等，则此部分各杆弯矩图面积的代数和应该等于零。

小　结

掌握力法的基本原理，主要应了解力法的基本思路、力法的基本未知量、力法的基本结构和力法方程。在力法中，把多余未知力的计算作为突破口，求出了多余未知力，超静定问题就转化为静定问题。

计算多余未知力的方法是：首先把多余约束拆除，以暴露多余未知力；然后使用位移协调条件，以解出多余未知力。前者是取基本结构；后者是列力法方程。

为了使力法计算简化，要选取恰当的力法基本结构。对于对称结构，要利用其对称性来简化力法计算。

计算超静定位移时,单位力可以加在任意基本体系上。

此外,我们不仅要掌握力法的计算方法,还要了解超静定结构的特性,以便在设计中利用它的优点、消除它的缺点。

思考题

1. 怎样理解多余约束?多余约束是否为多余或不必要的约束?
2. 在选取力法基本结构时,应遵循什么原则?
3. 什么是力法的基本结构和基本未知量?为什么首先要计算基本未知量?
4. 基本结构与原结构有何异同?将基本结构再转化成原结构的条件是什么?
5. 为什么荷载作用时各杆 EI 只要知道其相对值就行,而在支座移动的情况下必须知道各杆 EI 的实际值?
6. 对称结构在正对称荷载作用下,其内力和变形有何特点?在反对称荷载作用下又有何特点?
7. 为什么计算超静定结构位移时,可以任选一个基本结构建立虚拟力状态?
8. 校核超静定结构的内力时,要利用哪两个条件?

习题

5-1 确定图 5.27 所示各结构的超静定次数。

5-2 用力法计算图 5.28 所示结构,并画出弯矩图和剪力图。

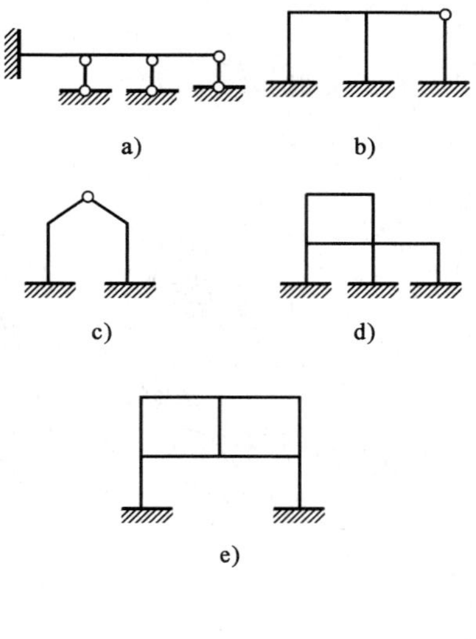

图 5.27

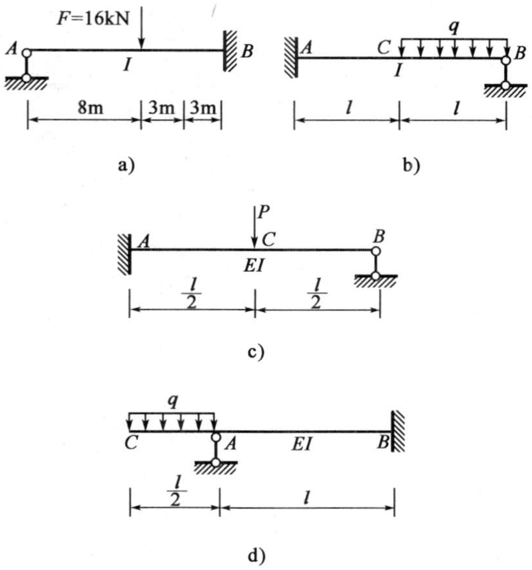

图 5.28

5-3　用力法计算图 5.29 所示各刚架，并画出弯矩图。

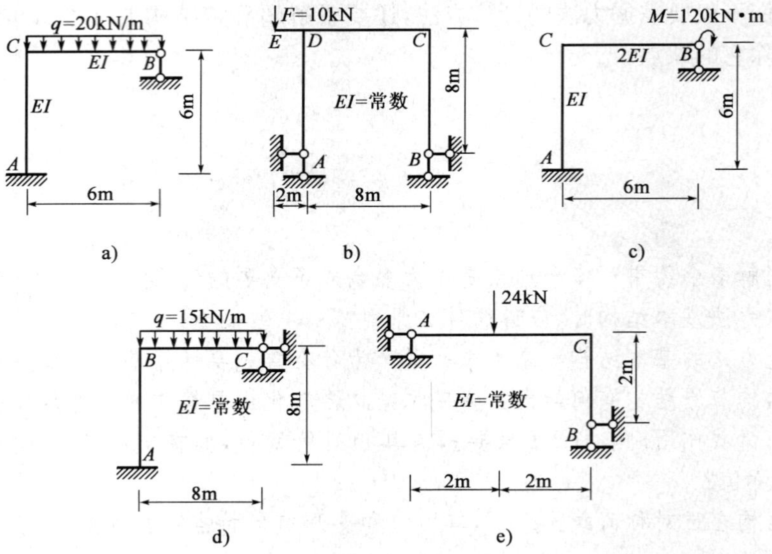

图　5.29

5-4　用力法作图 5.30 所示对称结构的弯矩图，各杆 EI 为常数。

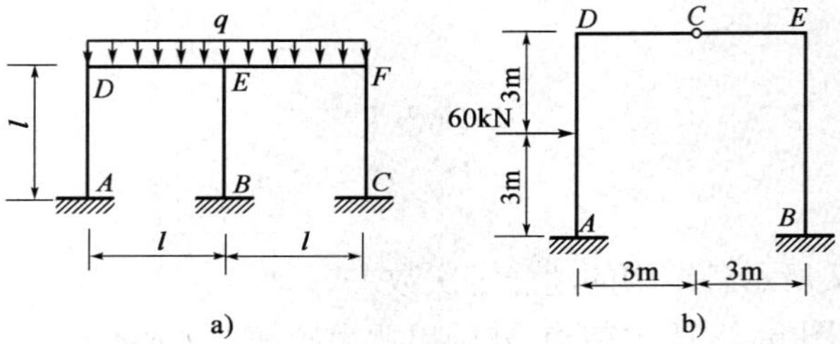

图　5.30

第六章　位　移　法

力法计算超静定结构是以多余未知力为基本未知量，当结构的超静定次数较高时，用力法计算比较麻烦。而位移法则是以独立的结点位移为基本未知量，未知量个数与超静定次数无关，故一些高次超静定结构用位移法计算比较简便。本章介绍位移法的方法和步骤。

第一节　位移法的基本概念

图 6.1a)所示等截面连续梁，在均布荷载作用下产生如图中虚线所示的变形。其中杆 AB 和杆 BC 在 B 点处刚性联结，在 B 端两杆发生了共同的转角位移 θ_B。该连续梁的受力及变形的实际情况如图 6.1b)所示，即杆 AB 相当于两端固定梁在 B 端发生转角位移 θ_B；杆 BC 相当于 B 端固定、C 端铰支的梁，在梁上受均布荷载作用，并在 B 端发生转角位移 θ_B。因此，如把结点 B 的转角 θ_B 作为支座移动的外因看待，则上述连续梁可转化为两个单跨超静定梁来计算。只要知道转角 θ_B 的大小，则可由力法计算出这两个单跨超静定梁的全部反力、内力。下面就研究如何计算转角 θ_B。

为了将图 6.1a)转化为图 6.1b)进行计算，我们假设在连续梁结点 B 处加入一附加刚臂，如图 6.1c)所示，附加刚臂的作用是约束 B 点的转动，而不能约束移动。由于结点处无线位移，所以加入此附加刚臂后，B 点不能产生任何位移，即相当于固定端。于是原结构变成了 AB 和 BC 两个单跨超静定梁组成的组合体，我们称该组合体为原结构按位移法计算的基本结构。在基本结构上受外荷载作用，并使 B 点附加刚臂转过与实际变形相同的转角 $Z_1=\theta_B$，使基本结构的受力和变形与原结构一致，如图 6.1c)所示。

为了方便计算，把基本结构上的外界因素分为两种情况：一种情况是荷载的作用，如图 6.1d)所示；另一种情况是 B 点转角的影响，如图 6.1e)所示。分别单独计算以上各因素的作用，然后由叠加原理将计算结果叠加。在图 6.1d)中，只有荷载 q 的作用，无转角 Z_1 的影响，AB 梁上无荷载也无内力，BC 梁相当于 B 端固定、C 端铰支，在梁上受均布荷载 q 的作用，其弯矩图可由力法计算出，如图 6.1d)所示，在附加刚臂上产生的约束力矩为 R_{1F}。在图 6.1e)中，只有 Z_1 的影响，AB 梁相当于两端固定梁，在 B 端产生一转角 Z_1 的支座移动，BC 梁相当于 B 端固定，C 端铰支，在 B 端产生一转角 Z_1 的支座移动，它们的弯矩图同样可由力法求出，如图 6.1e)所示，在附加约束上产生的约束力矩为 R_{11}。在基本结构上由荷载及转角两种因素引起的约束力矩由叠加原理可得为 $R_{11}+R_{1F}$。由于基本结构的受力和变形与原结构相同，在原结构上没有约束刚臂，所以基本结构附加刚臂上的约束力矩应为零，即

$$R_{11}+R_{1F}=0 \tag{6.1}$$

如在图 6.1e)中令 r_{11} 表示当 $Z_1=1$ 时附加刚臂上的约束力矩，则 $R_{11}=r_{11}Z_1$，故式(6.1)改写为：

$$r_{11}Z_1+R_{1F}=0 \tag{6.2}$$

式中：r_{11}——系数；

R_{1F}——自由项。

它们的方向规定为与 Z_1 方向相同为正，反之为负。

式(6.2)称为位移法方程。

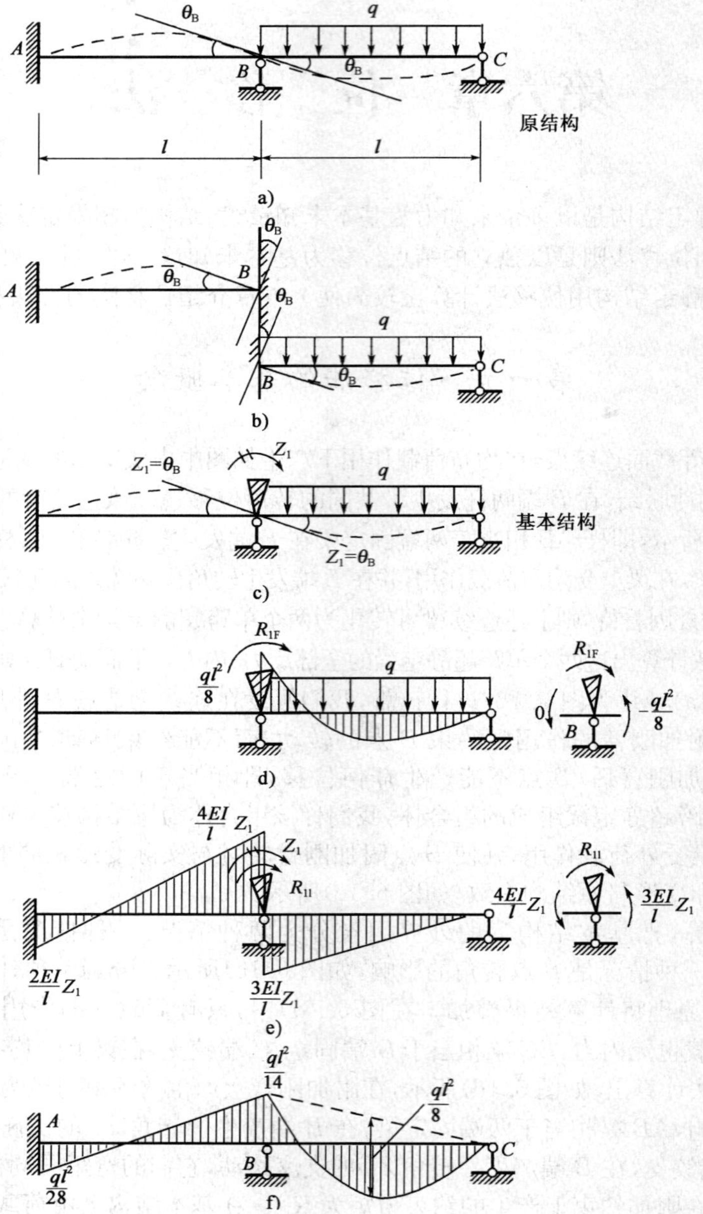

图 6.1

为了由式(6.2)解出 Z_1，可以从图 6.1d)中取结点 B 为隔离体，由力矩平衡条件得出：

$$R_{1F}=-\frac{ql^2}{8}$$

从图 6.1e)中取结点 B 为隔离体，并令 $Z_i=1$，由力矩平衡条件得出 $r_{11}=\dfrac{7EI}{l}$。

代入式(6.2)得：

$$Z_1=\frac{ql^3}{56EI}$$

求出 Z_1 后，将图 6.1d)和图 6.1e)两种情况叠加，即得原结构弯矩图，如图 6.1f)所示。

由以上分析归纳出位移法计算的要点为：

(1)以独立的结点位移(包括结点角位移和结点线位移)为基本未知量。

(2)以一系列单跨超静定梁的组合体为基本结构。

(3)由基本结构在附加约束处的受力与原结构一致的平衡条件，建立位移法方程。先求出结点位移，进一步计算出杆件内力。

在位移法计算中，要用力法对每个单跨超静定梁进行受力变形分析，为了使用方便，对各种约束的单跨超静定梁，由荷载及支座移动引起的杆端弯矩和杆端剪力数值均列于表 6.1 中，以备查用。

等截面直杆的杆端弯矩和剪力 表 6.1

编　号	简　图	杆 端 弯 矩	杆 端 剪 力
1	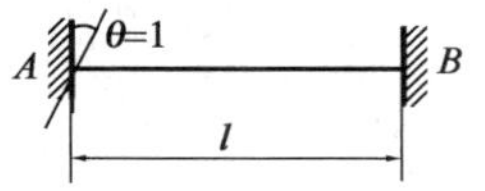	$M_{AB}=\frac{4EI}{l}=4i$ $M_{BA}=\frac{2EI}{l}=2i$	$F_{SAB}=F_{SBA}$ $=-\frac{6EI}{l^2}=-\frac{6i}{l}$
2	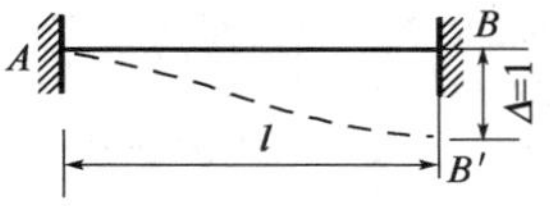	$M_{AB}=M_{BA}$ $=-\frac{6EI}{l^2}=-\frac{6i}{l}$	$F_{SAB}=F_{SBA}$ $=\frac{12EI}{l^3}=\frac{12i}{l^2}$
3	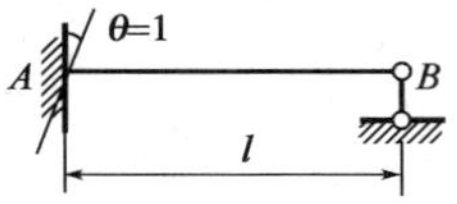	$M_{AB}=\frac{3EI}{l}=3i$ $M_{BA}=0$	$F_{SAB}=F_{SBA}$ $=-\frac{3EI}{l^2}=-\frac{3i}{l}$
4	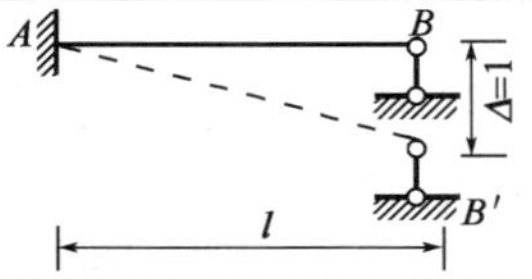	$M_{AB}=-\frac{3EI}{l^2}=-\frac{3i}{l}$ $M_{BA}=0$	$F_{SAB}=F_{SBA}$ $=\frac{3EI}{l^3}=\frac{3i}{l^2}$
5	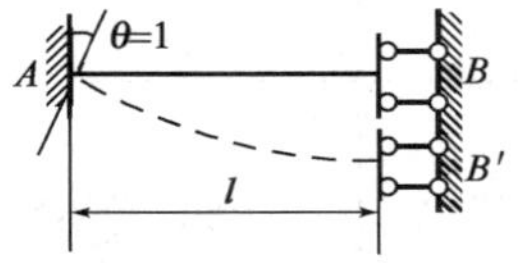	$M_{AB}=i$ $M_{BA}=-i$	$F_{SAB}=F_{SBA}=0$
6	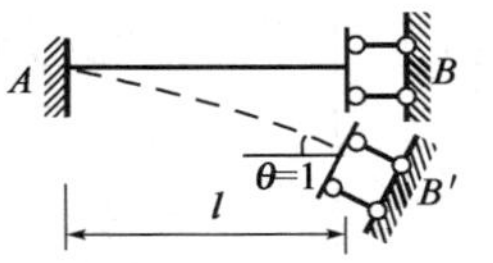	$M_{AB}=-\frac{EI}{l}=-i$ $M_{BA}=\frac{EI}{l}=i$	$F_{SAB}=F_{SBA}=0$
7	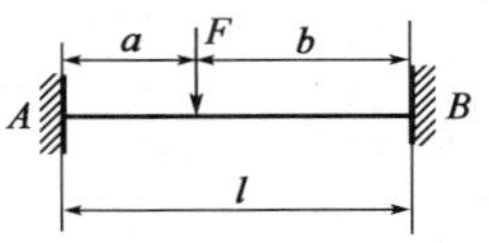	$M^F_{AB}=-\frac{Fab^2}{l^2}$ $M^F_{BA}=\frac{Fa^2b}{l^2}$	$F^F_{SAB}=\frac{Fb^2(l+2a)}{l^2}$ $F^F_{SBA}=-\frac{Fa^2(l+2b)}{l^2}$
8	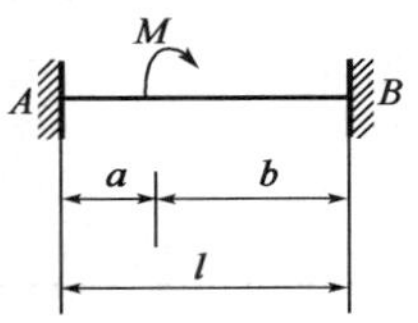	$M^F_{AB}=\frac{b(3a-l)}{l^2}M$ $M^F_{BA}=\frac{a(3b-l)}{l^2}M$	$F^F_{SAB}=F^F_{SBA}=-\frac{6ab}{l^3}M$

续上表

编　号	简　图	杆端弯矩	杆端剪力
9	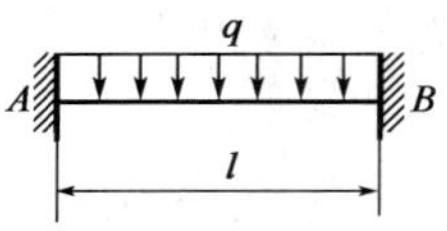	$M^F_{AB}=-\frac{ql^2}{12}$ $M^F_{BA}=\frac{ql^2}{12}$	$F^F_{SAB}=\frac{ql}{2}$ $F^F_{SBA}=-\frac{ql}{2}$
10	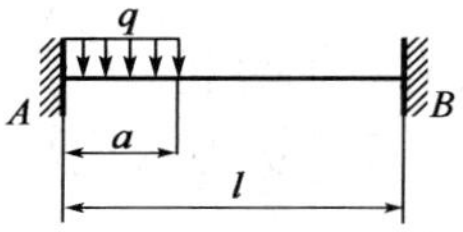	$M^F_{AB}=-\frac{qa^2}{12l^2}(6l^2-8la+3a^2)$ $M^F_{BA}=\frac{qa}{12l^2}(4l-3a)$	$F^F_{SAB}=\frac{qa}{2l^3}(2l^3-2la^2+a^3)$ $F^F_{SBA}=-\frac{qa^3}{2l^3}(2l-a)$
11	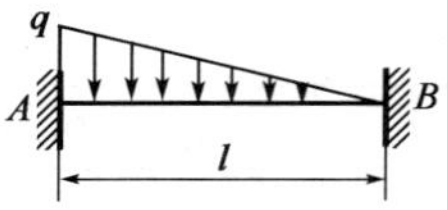	$M^F_{AB}=-\frac{ql^2}{20}$ $M^F_{BA}=\frac{ql^2}{30}$	$F^F_{SAB}=\frac{7}{20}ql$ $F^F_{SBA}=-\frac{3}{20}ql$
12	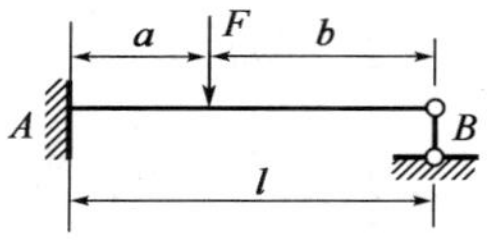	$M^F_{AB}=-\frac{Fab(l+b)}{2l^2}$ $M^F_{BA}=0$	$F^F_{SAB}=\frac{Fb(3l^2-b^2)}{2l^3}$ $F^F_{SBA}=-\frac{Fa^2(2l+b)}{2l^3}$
13	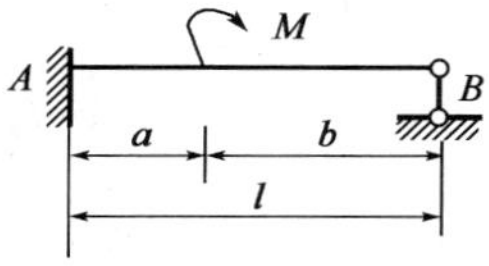	$M^F_{AB}=\frac{l^2-3b^2}{2l^2}M$ $M^F_{BA}=0$	$F^F_{SAB}=F^F_{SBA}$ $=-\frac{3(l^2-b^2)}{2l^3}M$
14	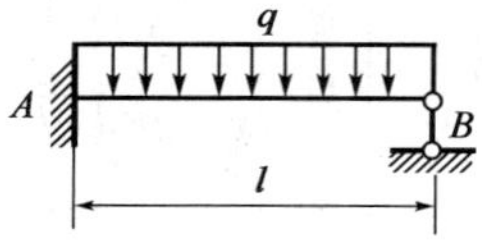	$M^F_{AB}=-\frac{ql^2}{8}$ $M^F_{BA}=0$	$F^F_{SAB}=-\frac{5}{8}ql$ $F^F_{SBA}=-\frac{3}{8}ql$
15	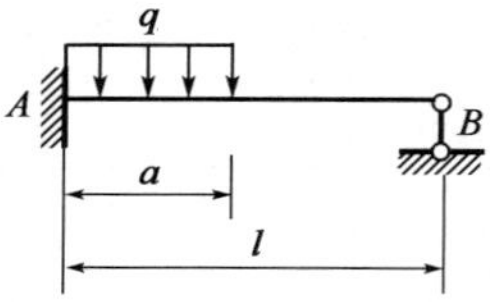	$M^F_{AB}=-\frac{qa^2l}{8l^2}(4l^2-4al+a^2)$ $M^F_{BA}=0$	$F^F_{SAB}=\frac{qa}{8l^3}(8l^3-4a^2l+a^3)$ $F^F_{SBA}=-\frac{qa^3}{8l^3}(4l-a)$
16	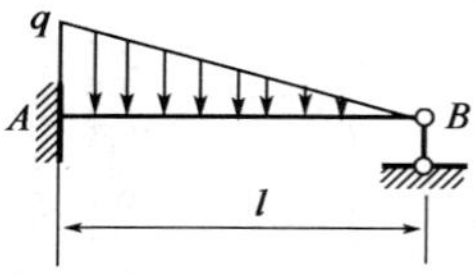	$M^F_{AB}=-\frac{1}{15}ql^2$ $M^F_{BA}=0$	$F^F_{SAB}=\frac{4}{10}ql$ $F^F_{SBA}=-\frac{ql}{10}$
17	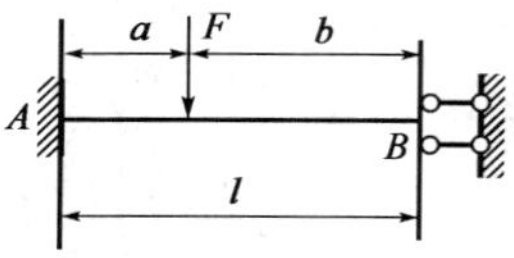	$M^F_{AB}=-\frac{Fa(l+b)}{2l}$ $M^F_{BA}=-\frac{Fa^2}{2l}$	$F^F_{SAB}=F$ $F^F_{SBA}=0$

续上表

编　　号	简　　图	杆端弯矩	杆端剪力
18	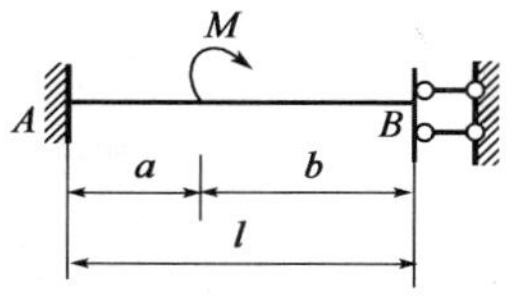	$M^F_{AB}=-\frac{Mb}{l}$ $M^F_{BA}=-\frac{Ma}{l}$	$F^F_{SAB}=F^F_{SBA}=0$
19	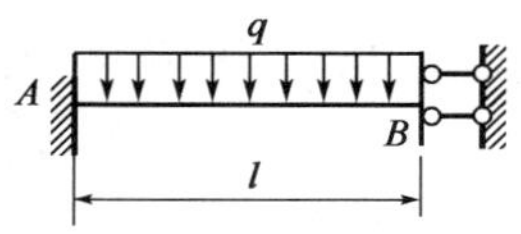	$M^F_{AB}=-\frac{ql^2}{3}$ $M^F_{BA}=-\frac{ql^2}{6}$	$F^F_{SAB}=ql$ $F^F_{SBA}=0$
20	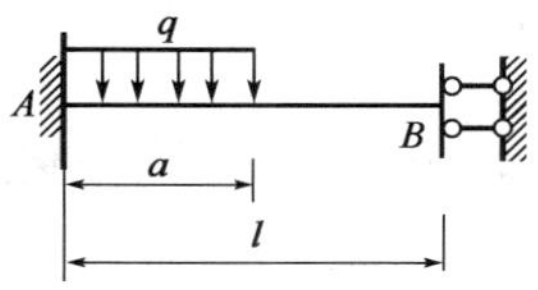	$M^F_{AB}=-\frac{qa^2}{6l}(3l-a)$ $M^F_{BA}=-\frac{qa^3}{6l}$	$F^F_{SAB}=qa$ $F^F_{SBA}=0$
21	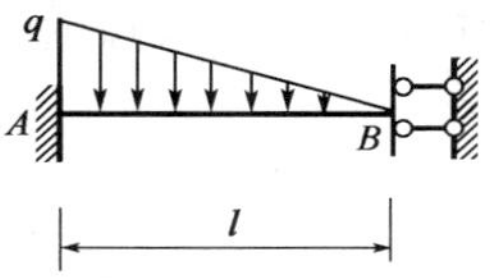	$M^F_{AB}=-\frac{ql^2}{8}$ $M^F_{BA}=-\frac{ql^2}{24}$	$F^F_{SAB}=\frac{ql}{2}$ $F^F_{SBA}=0$
22	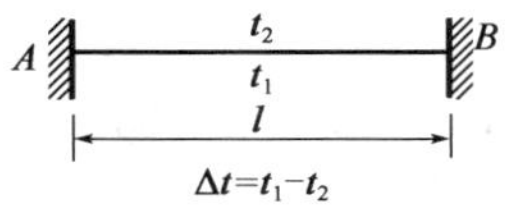	$M_{AB}=-\frac{EI\alpha\Delta t}{h}$ $M_{BA}=\frac{EI\alpha\Delta t}{h}$	$F_{SAB}=F_{SBA}=0$
23	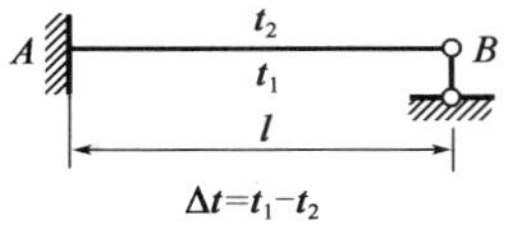	$M_{AB}=-\frac{3EI\alpha\Delta t}{2h}$ $M_{BA}=0$	$F_{SAB}=F_{SBA}$ $=\frac{3EI\alpha\Delta t}{2hl}$
24	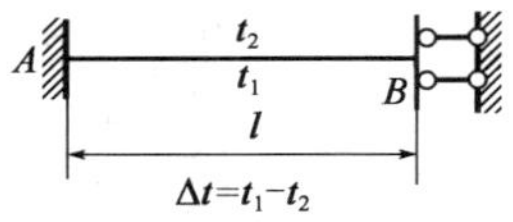	$M_{AB}=-\frac{EI\alpha\Delta t}{h}$ $M_{BA}=\frac{EI\alpha\Delta t}{h}$	$F_{SAB}=F_{SBA}=0$

在表 6.1 中，$i=EI/l$ 称为杆件的线刚度。杆端弯矩的正、负号规定为：对杆端而言弯矩以顺时针转向为正（对支座或结点而言，则以逆时针转向为正），反之为负，如图 6.2 所示。

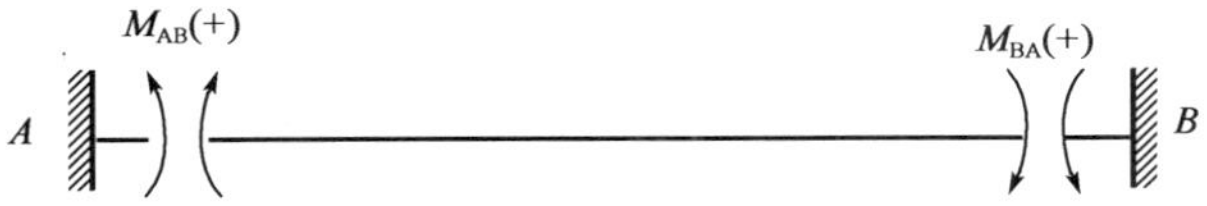

图 6.2

第二节　位移法的基本未知量与基本结构

一　位移法计算的基本未知量

用位移法解题时，通常取刚结点的角位移(铰结点的角位移可由杆件另一端的位移求出，所以不作为基本未知量)和独立的结点线位移作为基本未知量。在结构中，一般情况下刚结点的角位移数目和刚结点的数目相同，但结构独立的结点线位移的数目则需要分析判断后才能确定。下面举例说明如何确定位移法的基本未知量。

图 6.3 所示刚架，有一个刚结点和一个铰结点，现在两个结点都发生了线位移，但在忽略杆件的轴向变形时，这两个线位移相等，即独立的结点线位移只有一个。因此，用位移法求解时，基本未知量是一个角位移 θ_C 和一个线位移 Δ，共 2 个。

图 6.4a)所示刚架有 4 个刚结点和两个铰结点，在忽略轴向变形时，用位移法求解时的基本未知量是 4 个角位移和 2 个线位移，共 6 个。图 6.4b)所示刚架有 2 个结点，但结点 1 为组合结点，它包含了 2 个刚性结合，故结点 1 有 2 个独立的角位移，各结点都没有线位移，所以整个结构基本未知量的数目为 3。由此可见，可以认为位移法中结构基本未知量的数目，为所有刚性结点的数目与独立的结点线位移的数目的总和。

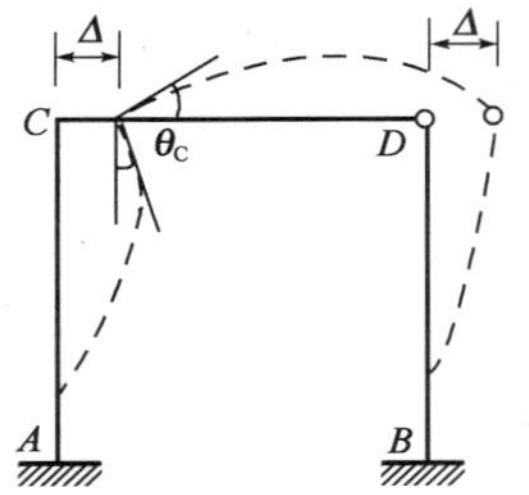

图　6.3

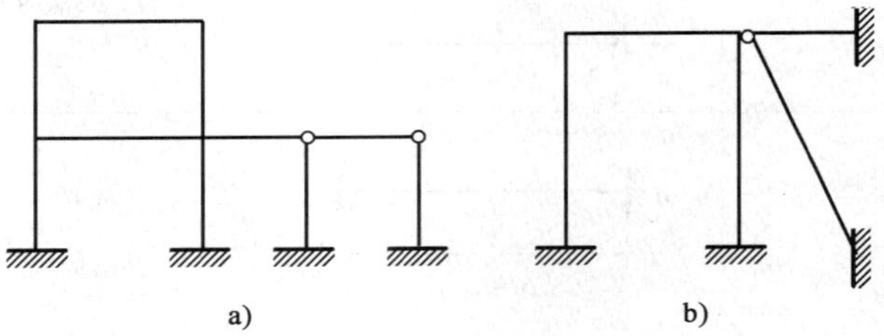

图　6.4

当结构结点独立的线位移的数目由直观的方法不能判断时，可用“铰化结点，增加链杆”的方法判断。由于忽略杆件的轴向变形，即认为杆件两端之间的距离在变形后仍保持不变，所以在结构中，由两个已知不动的结点(或支座)引出两根不在一直线上的杆件形成的结点，是不能发生移动的，这种情况与平面铰结三角形的几何组成相似。因此，为了确定结构独立的结点线位移，可先把所有的结点和支座都换成铰结点和铰支座，然后增加最少的链杆使结构变为几何不变，所增加链杆的数目就是结点独立线位线的数目。图 6.5a)所示结构，铰化结点后增加一根链杆可变为几何不变结构，如图 6.5b)所示，所以结点独立线位移的数目为 1，整个结构基本未知量的数目为 3。此外，需要指出，当考虑杆件的轴向变形时，结点的独立线位移数目要根据具体情况来判断。图 6.6 所示刚架，当要考虑杆 CD 的轴向变形时，点 C 和点 D 的水平位移一般不相等，所以结构的独立结点线位移数目为 2。

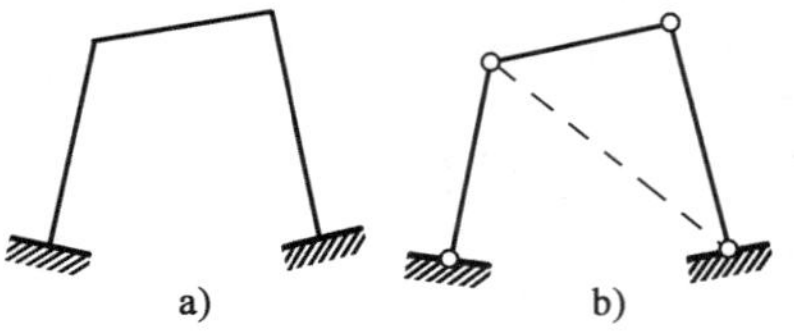

图　6.5

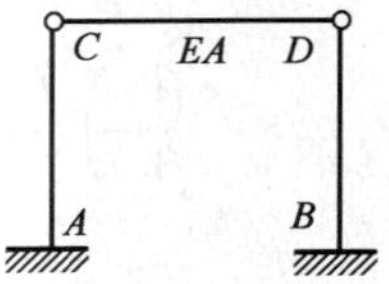

图　6.6

二 位移法基本结构

由前面可知，位移法计算是以一系列单跨超静定梁的组合体为基本结构。因此，在确定了基本未知量后，就要附加约束从而限制所有结点位移，把原结构转化为一系列相互独立的单跨超静定梁的组合体，即在产生转角位移处附加刚臂约束转动，在产生结点线位移处附加支承链杆约束其线位移。图 6.7a)所示刚架有两个刚结点 A 和 B，在忽略各杆件自身轴向变形的情况下，结点 A 和 B 都没有线位移，所以只要在结点 A 和 B 附加两个刚臂，如图 6.7b)所示，以阻止结点 A 和 B 的转动，这样就使得原结构变成为无结点线位移及角位移的一系列单跨超静定梁的组合体。为了使组合体的受力、变形和原结构取得一致，我们还要把荷载作用在其上，并分别令 A、B 两处的附加刚臂产生与原结构相等的转角 Z_1、Z_2，这样得到的体系称为位移法计算的基本结构，如图 6.7b)所示。

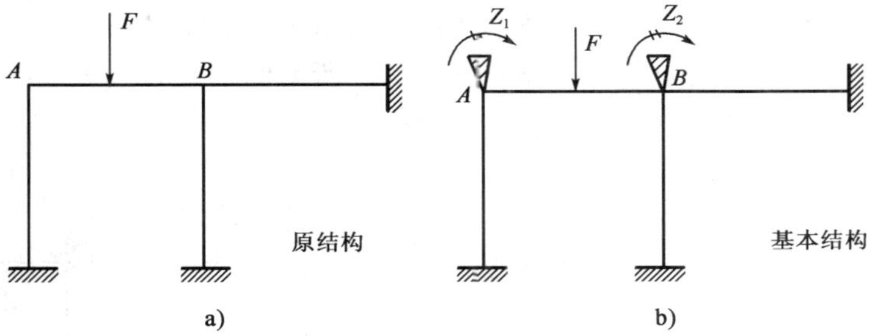

图 6.7

图 6.8a)所示刚架有一个刚结点 A 和一个铰结点 B，在 2 根竖杆弯曲变形的影响下，结点 A 和 B 将发生相同的水平位移，在刚结点 A 处附加刚臂，在结点 A 处或 B 处附加一水平链杆，以阻止结点 A、B 的水平位移。其基本结构如图 6.8b)所示。

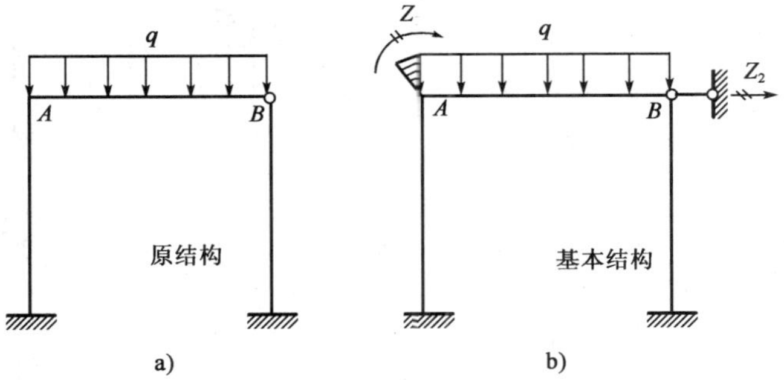

图 6.8

图 6.9a)所示刚架有 4 个刚结点 A、B、D、E 和一个铰结点 C，在 4 根竖杆弯曲变形的影响下，5 个结点将产生相同的水平位移。此外，在水平杆件 BC 和 CD 的弯曲变形影响下，结点 C 将产生竖向位移。因此，要形成基本结构，需要在刚结点 A、B、D、E 处附加刚臂，在结点 E 处附加一水平链杆，以阻止各结点的水平位移，在结点 C 处附加一竖向链杆，以阻止该结点的竖向位移。其基本结构如图 6.9b)所示。

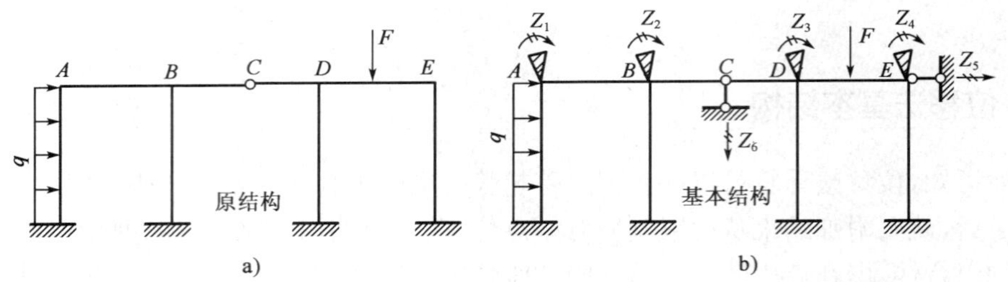

图 6.9

第三节 位移法典型方程与计算步骤

一 位移法典型方程

在前面，我们以只有一个基本未知量的结构介绍了位移法的基本概念，下面进一步讨论如何用位移法求解有多个基本未知量的结构。图 6.10a)所示的刚架有三个基本未知量，即结点 1、2、3 处的三个角位移 Z_1、Z_2、Z_3，而无结点线位移。

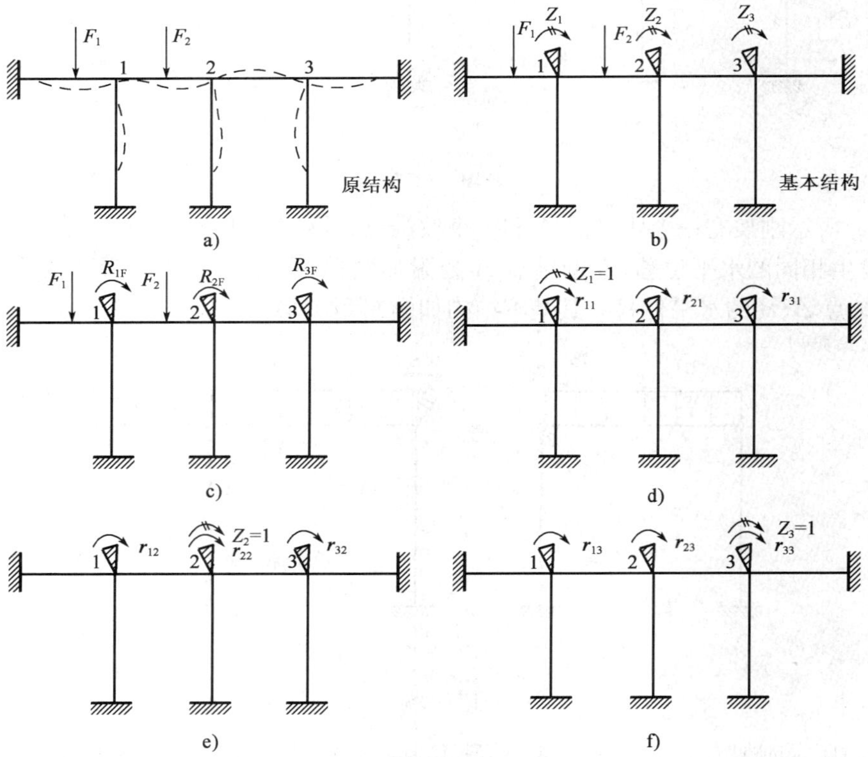

图 6.10

首先在结点 1、2、3 处各附加一刚臂组成基本结构，如图 6.10b)所示。

把荷载加在基本结构上，由于各结点处有附加刚臂阻止结点转动，在结点 1、2、3 处刚臂产生的约束力矩分别为 R_{1F}、R_{2F}、R_{3F}，如图 6.10c)所示。此时各杆的内力以及变形和原结构不一致，为了和原结构取得一致，可令刚臂 1、2、3 产生转角 Z_1、Z_2、Z_3。

由叠加法，先令基本结构的刚臂1、2、3分别产生单位转角，此时各附加刚臂上将分别产生不同的约束力矩，如图6.10d)～图6.10f)所示。由于实际结构上1、2、3点处产生的不是单位转角，而分别产生转角Z_1、Z_2、Z_3，于是我们把图6.10d)～图6.10f)分别扩大Z_1、Z_2、Z_3倍，即分别乘以Z_1、Z_2、Z_3。把以上各种因素引起的附加刚臂上的约束力矩叠加后应与原结构一致，即把图6.10c)～图6.10f)中各附加刚臂上的约束力矩对应叠加应等于0。可列出三个位移法方程为：

$$\left.\begin{aligned} r_{11}Z_1 + r_{12}Z_2 + r_{13}Z_3 + R_{1F} &= 0 \\ r_{21}Z_1 + r_{22}Z_2 + r_{23}Z_3 + R_{2F} &= 0 \\ r_{31}Z_1 + r_{32}Z_2 + r_{33}Z_3 + R_{3F} &= 0 \end{aligned}\right\} \tag{6.3}$$

$$M = \overline{M}_1 Z_1 + \overline{M}_2 Z_2 + \overline{M}_3 Z_3 + M_F \tag{6.4}$$

式中：$\overline{M}_1$、$\overline{M}_2$、$\overline{M}_3$、M_F——$Z_1=1$、$Z_2=1$、$Z_3=1$、荷载单独作用于基本结构上时的弯矩。

其中系数和自由项可由结点隔离体的平衡条件求解，求得各系数及自由项后，代入位移法方程中，即可解出各结点位移Z_1、Z_2、Z_3的值，最后可按式(6.4)叠加绘出最后弯矩图。

对于具有n个基本未知量的结构，其附加约束（附加刚臂或附加链杆）也有n个，由n个附加约束上的受力与原结构一致的平衡条件，可建立n个位移法方程为：

$$\left.\begin{aligned} r_{11}Z_1 + r_{12}Z_2 + r_{1n}Z_3 + R_{1F} &= 0 \\ r_{21}Z_1 + r_{22}Z_2 + r_{2n}Z_3 + R_{2F} &= 0 \\ r_{n1}Z_1 + r_{n2}Z_2 + r_{nn}Z_3 + R_{nF} &= 0 \end{aligned}\right\} \tag{6.5}$$

式(6.5)称为位移法的典型方程。其中，r_{ii}（>0）称为主系数，其物理意义为基本结构上$Z_i=1$时，附加约束i上的反力，主系数恒为正值；r_{ij}称为副系数，其物理意义为基本结构上$Z_i=1$时，附加约束i上的反力，副系数可为正、负或零，并且根据反力互等定理有$r_{ij}=r_{ji}$；R_{iF}为自由项，其物理意义为荷载作用于基本结构上时，附加约束i上的反力，其值可为正、负或零。

二 位移法计算步骤

根据前面所述，用位移法解超静定结构的解题步骤可归纳如下：

(1)确定基本未知量，形成基本结构。

(2)建立位移法方程。

(3)绘出基本结构上的单位弯矩图与荷载弯矩图，利用平衡条件求系数和自由项。

(4)解方程求出基本未知量。

(5)由$M=\sum\overline{M}_iZ_i+M_F$叠加绘出最后弯矩图，从而绘出剪力图和轴力图。

(6)校核。

第四节　位移法应用举例

一 无结点线位移结构的计算

当刚架结点上只有角位移无线位移时，称为无侧移刚架。用位移法求解无侧移刚架最为方便。

【例6.1】 试用位移法计算图6.11a)所示刚架，并绘出M图。各杆的E为常数。

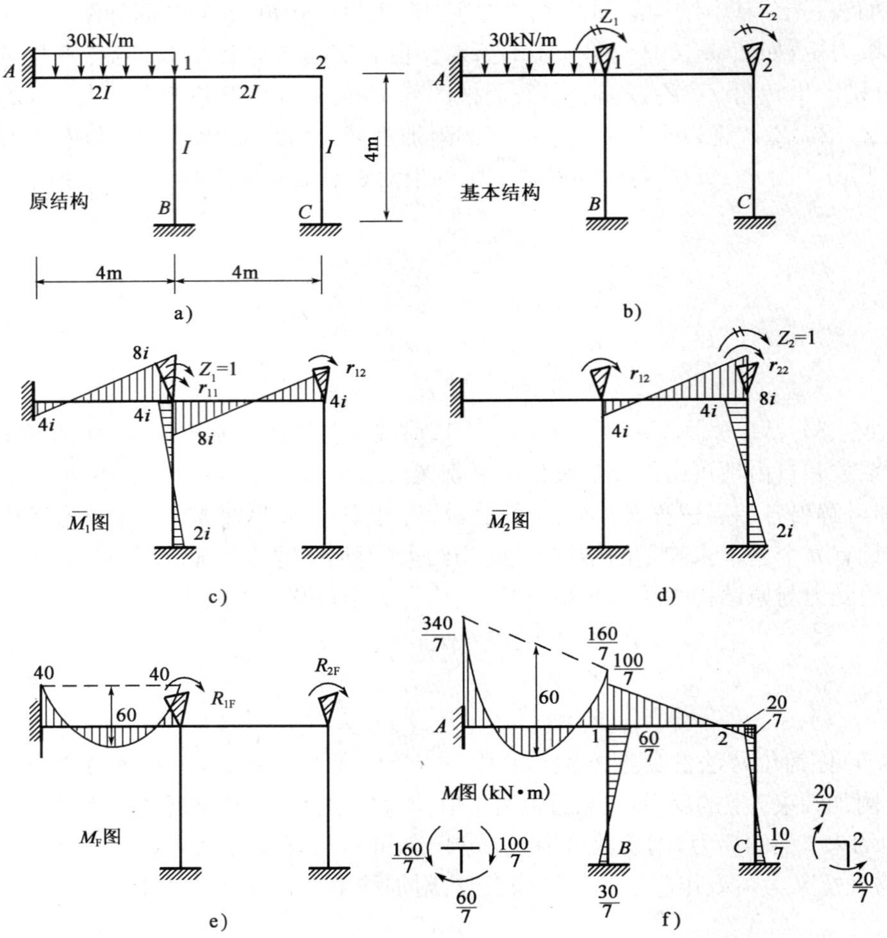

图 6.11

【解】 (1)形成基本结构

此刚架有两个刚性结点 1 和 2,无结点线位移。因此,基本未知量为结点 1 和 2 处的转角 Z_1 和 Z_2,基本结构如图 6.11b)所示。

(2)建立位移方程

根据 1、2 附加刚臂约束力矩总和为零,建立位移方程为:

$$r_{11}Z_1 + r_{12}Z_2 + R_{1F} = 0$$
$$r_{21}Z_1 + r_{12}Z_2 + R_{2F} = 0$$

(3)求系数和自由项

令 $i=\dfrac{EI}{4}$,绘出 $Z_1=1$、$Z_2=1$ 和荷载单独作用于基本结构上时的弯矩图$\overline{M}_1$、$\overline{M}_2$ 和 M_F,如图 6.11c)～图 6.11e)所示。

在图 6.11c)～图 6.11e)中分别利用结点的平衡条件可计算出系数和自由项如下:

$$r_{11} = 20i, r_{12} = 4i = r_{21}, r_{22} = 12i, R_{1F} = 40, R_{2F} = 0$$

(4)解方程求基本未知量

将系数和自由项代入位移法方程,得:

$$20iZ_1 + 4iZ_2 + 40 = 0$$

$$4iZ_1 + 12iZ_2 + 0 = 0$$

解方程得：

$$Z_1 = -\frac{15}{7i}, Z_2 = \frac{5}{7i}$$

(5)绘弯矩图

由 $M = \overline{M}_1 Z_1 + \overline{M}_2 Z_2 + M_F$ 叠加绘出最后 M 图，如图 6.11f)所示。

(6)校核

在位移法计算中，只需作平衡条件校核。由图 6.11f)中分别取结点 1 和结点 2 为隔离体，验算其是否满足平衡条件 $\sum M_1 = 0$ 和 $\sum M_2 = 0$。

由：

$$\sum M_1 = \left(\frac{160}{7} - \frac{100}{7} - \frac{60}{7}\right)\text{kN} \cdot \text{m} = 0$$

$$\sum M_2 = \left(\frac{20}{7} - \frac{20}{7}\right)\text{kN} \cdot \text{m} = 0$$

可知计算无误。

【例 6.2】 试用位移法计算如图 6.12a)所示刚架。各杆的 E 为常数。

【解】 (1)形成基本结构

分析可知基本未知量为刚性结点 1 和 2 处的转角 Z_1 和 Z_2，基本结构如图 6.12b)所示。

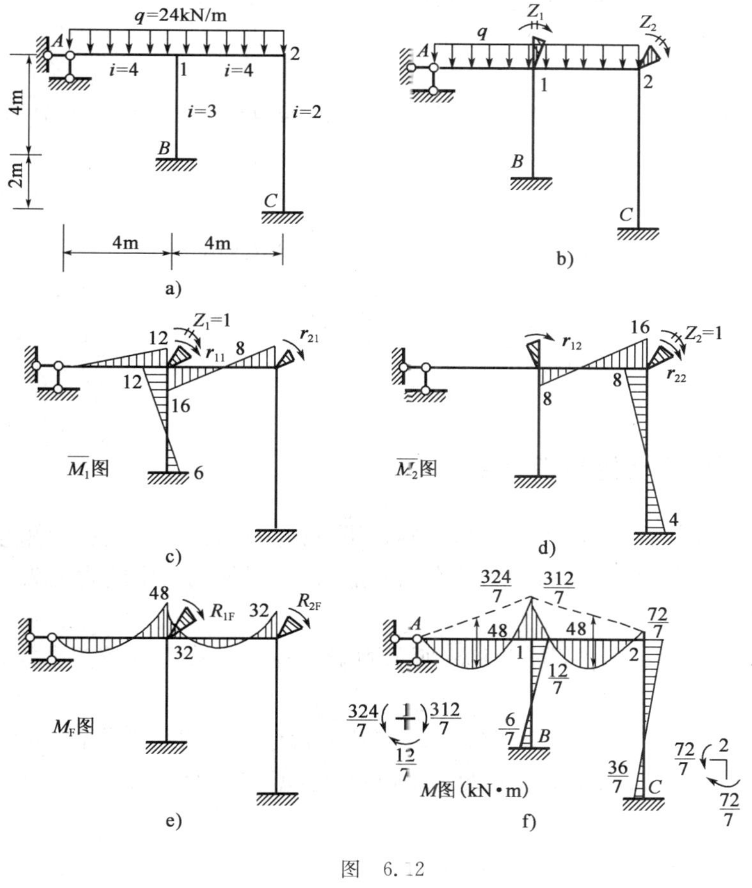

图 6.12

(2)列出位移法方程

$$r_{11}Z_1 + r_{12}Z_2 + R_{1F} = 0$$
$$r_{21}Z_1 + r_{22}Z_2 + R_{2F} = 0$$

(3)求系数和自由项

绘出 $Z_1=1$、$Z_2=1$ 和荷载作用在基本结构上时的弯矩图 $\overline{M}_1$、$\overline{M}_2$ 和 M_F，如图 6.12c)～图 6.12e)所示。

在图 6.12c)～图 6.12e)中分别利用结点的平衡条件可计算出系数和自由项如下：

$$r_{11} = 40, r_{12} = 8 = r_{21}, r_{22} = 24, R_{1F} = 16, R_{2F} = 32$$

(4)解方程求基本未知量

将系数和自由项代入位移法方程，得：

$$40Z_1 + 8Z_2 + 16 = 0$$
$$8Z_1 + 24Z_2 + 32 = 0$$

解方程得：

$$Z_1 = -\frac{1}{7}, Z_2 = -\frac{9}{7}$$

(5)绘弯矩图

由 $M=\overline{M}_1Z_1+\overline{M}_2Z_2+M_F$ 叠加绘出最后 M 图，如图 6.12f)所示。

(6)校核

在图 6.12f)中分别取结点 1 和结点 2 为隔离体，验算其是否满足平衡条件 $\sum M_1=0$ 和 $\sum M_2=0$。

由：

$$\sum M_1 = \left(\frac{324}{7} - \frac{12}{7} - \frac{312}{7}\right)\text{kN} \cdot \text{m} = 0$$

$$\sum M_2 = \left(\frac{72}{7} - \frac{72}{7}\right)\text{kN} \cdot \text{m} = 0$$

可知计算无误。

二 有结点线位移结构的计算

当刚架有结点线位移时，称为有侧移刚架。用位移法求解时，方法和无侧移刚架时基本一样，所不同的是阻止结点线位移的附加约束为附加链杆，附加约束中的内力为约束反力。下面举例说明解题的方法步骤。

【例 6.3】 试用位移法计算图 6.13a)所示刚架。各杆的 E 为常数。

【解】 (1)形成基本结构

此刚架有一个刚结点 1 和一个铰结点 2，结点 1、2 有相同的水平位移。因此，基本未知量为结点 1 处的转角 Z_1 和结点 1、2 共同的水平位移 Z_2，基本结构如图 6.13b)所示。

(2)列出位移法方程

$$r_{11}Z_1 + r_{12}Z_2 + R_{1F} = 0$$
$$r_{21}Z_1 + r_{22}Z_2 + R_{2F} = 0$$

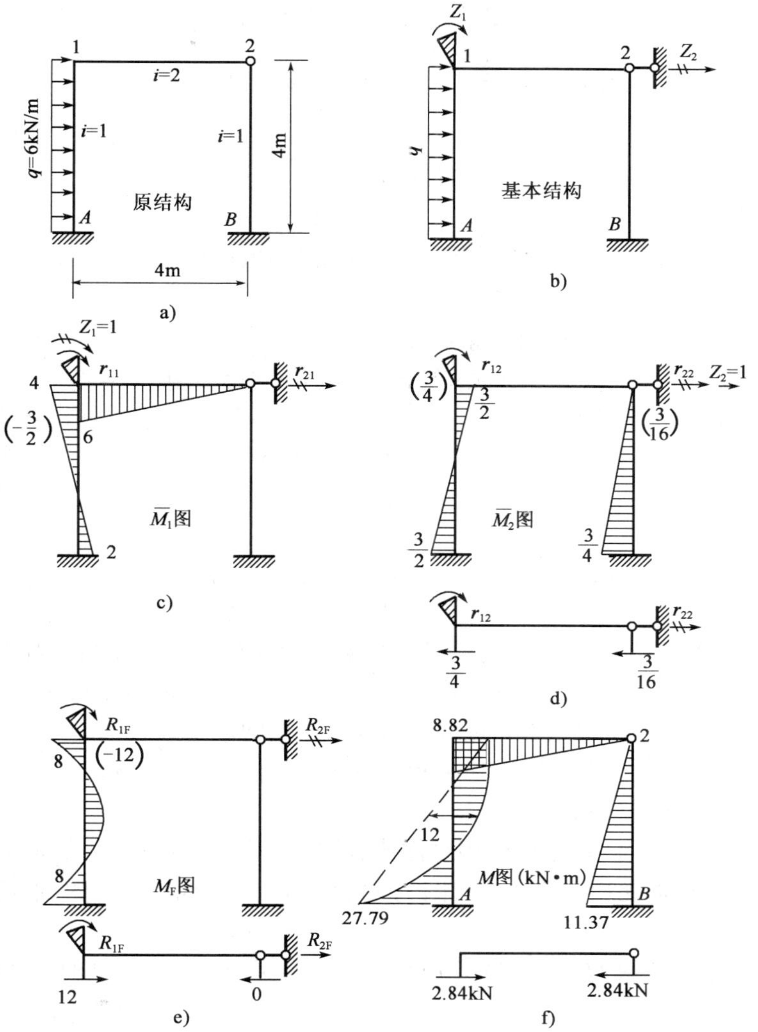

图 6.13

其中第二式是根据原结构结点 2 上没有水平约束力这一条件建立的。

(3)求系数和自由项

先绘出 $\overline{M}_1$、$\overline{M}_2$ 和 M_F 图，如图 6.13c)～图 6.13e)所示，其中 $\overline{M}_2$ 为基本结构的结点 2 产生水平单位位移所引起的弯矩图；再把求系数和自由项时要用到的杆端剪力标在杆端旁边的括号内，计算出各系数及自由项为：

$$r_{11}=10, r_{12}=-\frac{3}{2}=r_{21}, r_{22}=\frac{15}{16}, R_{1F}=8, R_{2F}=-12$$

在求解 r_{22} 和 R_{2F} 时，要取杆件 12 为隔离体，由 $\sum X=0$ 进行计算，如图 6.13d)所示。对于副系数的计算，r_{12} 可由图 6.13d)中结点 1 的力矩平衡条件求得，也可从图 6.13d)中取杆 12 为隔离体，由 $\sum X=0$ 的平衡条件计算。

(4)解方程求基本未知量

将系数和自由项代入位移法方程，得：

$$10Z_1-\frac{3}{2}Z_2+8=0$$

$$-\frac{3}{2}Z_1+\frac{15}{16}Z_2-12=0$$

解方程得：

$$Z_1=1.47, Z_2=15.16$$

(5)绘弯矩图

由 $M=\overline{M}_1Z_1+\overline{M}_2Z_2+M_F$ 叠加绘出 M 图，如图 6.13f)所示。

(6)校核

在图 6.13f)中取结点 1 为研究对象，有：

$$\sum M_1=(8.82-8.82)\text{kN}\cdot\text{m}=0$$

再取杆 12 为研究对象，有：

$$\sum X=(2.84-2.84)\text{kN}=0$$

可知计算无误。

三 对称结构的计算

在前一章力法中，对如何利用结构的对称性来简化计算已作过介绍。对于对称的超静定结构，用位移法求解时，同样可利用其对称性简化计算。具体做法就是根据其受力、变形特点取半个结构进行计算。对于半刚架的选取方法和力法相同。

【例 6.4】 试用位移法计算图 6.14a)所示刚架。各杆 EI 为常数。

【解】 (1)选取半刚架并形成基本结构

图 6.14a)所示刚架为对称结构作用对称荷载情况，根据其受力、变形特点可取图 6.14b)所示半刚架进行计算，即先用位移法绘出图 6.14b)所示半个刚架的 M 图，然后再用对称性得出原结构的 M 图。

分析可知用位移法求解图 6.14b)所示刚架时，基本未知量只有一个，基本结构如图 6.14c)所示。

(2)列出位移法方程

$$r_{11}Z_1+R_{1F}=0$$

(3)求系数自由项

绘出 $Z_1=1$ 和荷载作用在基本结构上时的弯矩图 $\overline{M}_1$ 和 M_F，如图 6.14d)、图 6.14e)所示。

在图 6.14d)、图 6.14e)中分别利用结点的平衡条件可计算出系数和自由项为：

$$R_{1F}=-\frac{ql^2}{3}, r_{11}=8i$$

(4)解方程求未知量

将系数和自由项代入位移法方程，得：

$$8iZ_1-\frac{ql^2}{3}=0$$

解方程得：

$$Z_1=\frac{ql^2}{24i}$$

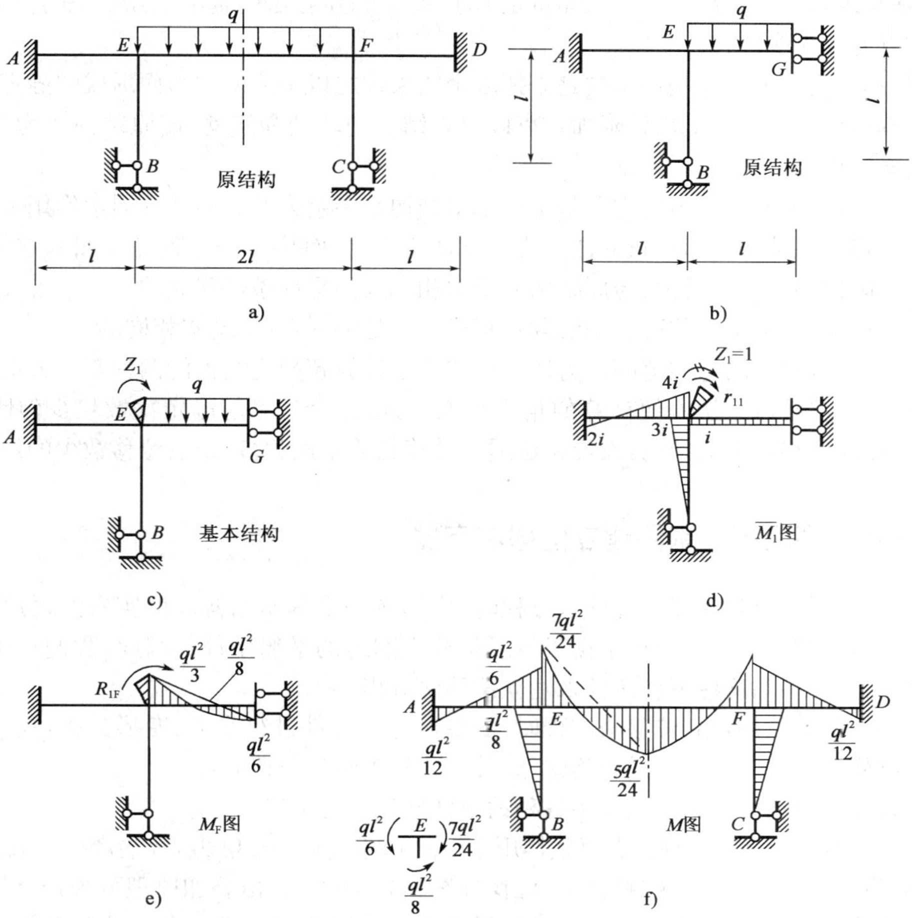

图 6.14

(5)绘弯矩图

由 $M=\overline{M}_1 Z_1+M_F$ 叠加绘出如图 6.14b)所示刚架的 M 图，即原结构左半刚架的 M 图，由对称性可绘出原结构的 M 图如图 6.14f)所示。

(6)校核

在图 6.14f)中取结点 E 为隔离体，验算其是否满足平衡条件 $\sum M_E=0$。

由：

$$\sum M_E=\frac{ql^2}{6}+\frac{ql^2}{8}-\frac{7ql^2}{24}=0$$

可知计算无误。

当对称刚架上作用一般荷载时，可先将荷载分解为对称荷载和反对称荷载两组，分别作用于结构上。然后分别取半刚架用位移法进行计算，最后将两组计算结果叠加绘出原结构的弯矩图。

四 位移法与力法的比较

对于超静定结构，我们介绍了两种常用的计算方法——力法与位移法。为了对这两种方法加深理解，可把力法和位移法作如下比较。

(1)基本未知量。力法的基本未知量是多余未知力;位移法的基本未知量是刚性结点的角位移和结点的独立线位移。

(2)基本结构。力法的基本结构是去掉多余约束代之以多余未知力而形成的静定结构;位移法的基本结构是在结点上增设附加约束以阻止结点的转动和移动,使原结构变为若干个单跨超静定梁的组合体。

(3)建立方程的原则。力法方程是按照基本结构在多余力及其他外界因素作用下,多余力方向上的位移与原结构变形一致的变形协调条件建立的;而位移法方程是按照基本结构由各因素引起的附加约束上的反力,与原结构的受力相一致的平衡条件建立的。

(4)解题步骤。力法和位移法的解题步骤形式上是一一对应、基本相同的。

(5)力法和位移法的适用范围。力法和位移法是计算超静定结构的两种基本方法,都可适用于任何超静定结构,但从方便计算的角度来说,力法适合计算超静定次数较少但刚结点数多、独立结点线位移数多的结构,而位移法适合计算超静定次数多、结点位移数少的结构。

五 直接利用平衡条件建立位移法方程

按前面所述的思路,在建立位移法方程时,要构成一个基本结构。但实质上,位移法典型方程反映的是原结构结点的力矩平衡条件或是截面的力的平衡条件。因此,我们也可不通过基本结构,而直接利用这些平衡条件来建立位移法方程。

直接利用平衡条件建立位移法方程时,需要对每个杆件进行受力、变形分析,找出杆端内力与杆端位移及荷载之间的关系表达式,此关系式称为转角位移方程。

下面就以一两端固定梁为例介绍各种约束杆件的转角位移方程。

图 6.15a)所示两端固定梁,受荷载作用,并在 A 端产生一转角 θ_A,B 端产生一转角 θ_B,同时 A、B 两端还产生一相对线位移 Δ_{AB},变形如图中虚线所示。由叠加原理可知,该梁的受力、变形情况可看成由图 6.15b)～图 6.15e)各因素单独作用叠加而成。在各种因素单独作用下的杆端弯矩值可由表 6.1 查出,分别如图 6.15b)～图 6.15e)所示。其中荷载作用下的 A、B 端的杆端弯矩分别由固端弯矩 M^F 及 M 图表示,对于具体荷载作用下的数值可由表 6.1 查出。因此,图 6.15a)所示两端固定梁的杆端弯矩为:

$$M_{AB}=\frac{4EI}{l}\theta_A+\frac{2EI}{l}\theta_B-\frac{6EI}{l^2}\Delta_{AB}+M_{AB}^F$$

$$M_{BA}=\frac{2EI}{l}\theta_A+\frac{4EI}{l}\theta_B-\frac{6EI}{l^2}\Delta_{AB}+M_{BA}^F$$

注意到 $i=\frac{EI}{l}$,上式简化为:

$$M_{AB}=2i\left(2\theta_A+\theta_B-\frac{3\Delta_{AB}}{l}\right)+M_{AB}^F$$

$$M_{BA}=2i\left(2\theta_B+\theta_A-\frac{3\Delta_{AB}}{l}\right)+M_{BA}^F \tag{6.6}$$

而杆端剪力可由平衡条件得出为:

$$F_{SAB}=-\frac{M_{AB}+M_{BA}}{l}+F_{SAB}^0$$

$$F_{SBA}=-\frac{M_{AB}+M_{BA}}{l}+F_{SBA}^0 \tag{6.7}$$

式中：F_{SAB}、F_{SBA}——相应简支梁 A、B 端的剪力值。

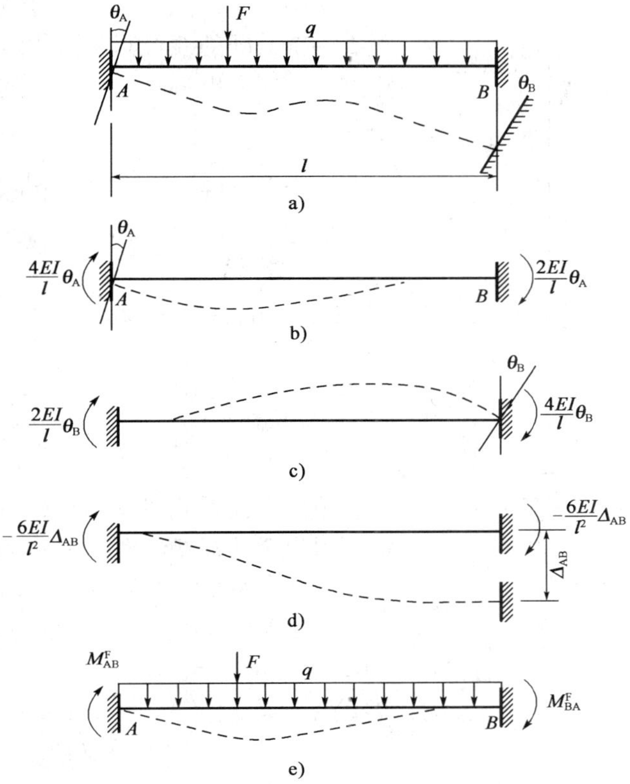

图 6.15

同理可得一端固定、一端铰支梁(图 6.16)的杆端弯矩为：

$$M_{AB} = 3i\left(\theta_A - \frac{\Delta_{AB}}{l}\right) + M_{AB}^F$$

$$M_{BA} = 0$$

一端固定、一端定向支承梁(图 6.17)的杆端弯矩为：

$$M_{AB} = i(\theta_A - \vartheta_B) + M_{AB}^F$$

$$M_{BA} = i(\theta_B - \partial_A) + M_{BA}^F$$

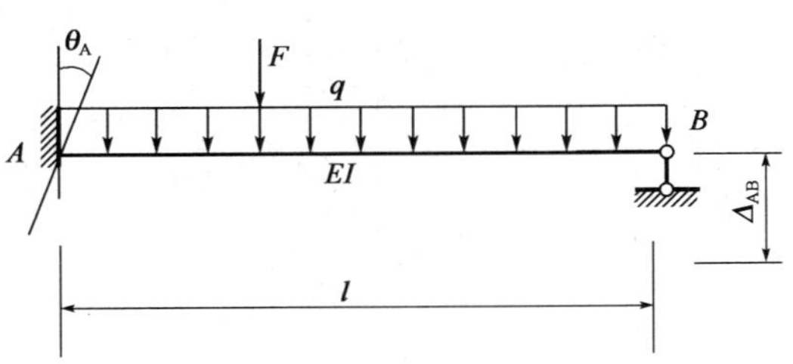

图 6.16

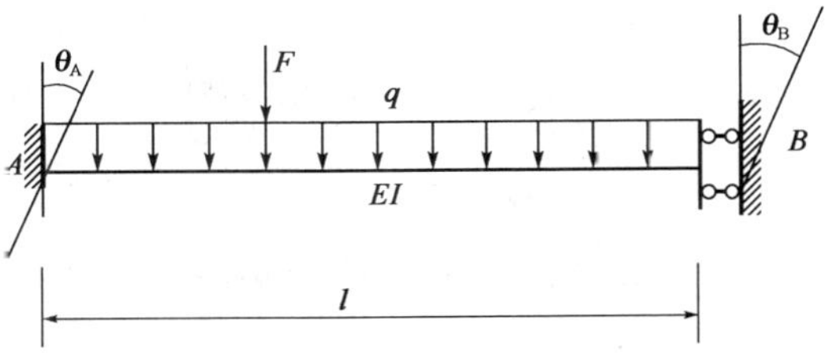

图 6.17

各种单跨超静定梁的杆端剪力都可由式(6.7)算出。

上面我们导出了两端为不同约束的杆件的转角位移方程。下面以**【例 6.3】**中的刚架

(图 6.18)为例,说明如何直接利用平衡条件建立位移法方程。

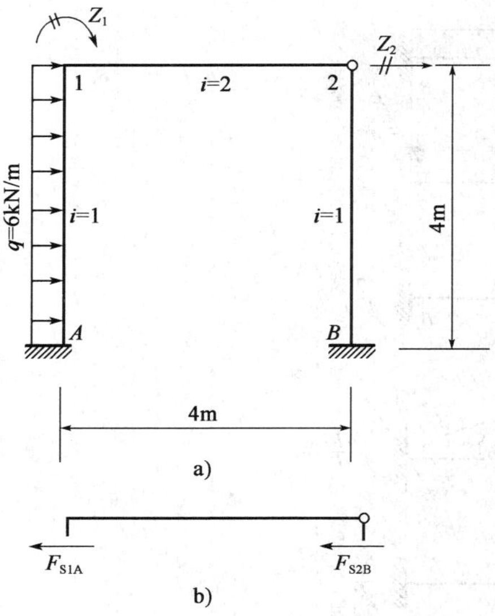

图 6.18

该刚架在结点 1 处有一个角位移 Z_1,结点 1、2 处有一个共同的线位移 Z_2,共两个基本未知量。利用式(6.6)写出各杆端弯矩与基本未知量间的关系为:

$$M_{A1} = 2i_{A1}\left(Z_1 - \frac{3Z_2}{l_{A1}}\right) + M_{A1}^F = Z_1 - \frac{3}{2}Z_2 - 8$$

$$M_{1A} = 2i_{A1}\left(2Z_1 - \frac{3Z_2}{l_{A1}}\right) + M_{1A}^F = 4Z_1 - \frac{3}{2}Z_2 + 8$$

$$M_{12} = 3i_{12} = 3 \times 2Z_1 = 6Z_1$$

$$M_{21} = 0$$

$$M_{2B} = 0$$

$$M_{B2} = 3i_{B2} \times \frac{Z_2}{l_{B2}} = 3 \times 1 \times \frac{Z_2}{4} = \frac{3}{4}Z_2$$

由以上关系式可知,只要求出结点位移 Z_1、Z_2,则可得出全部杆端弯矩。为了求出 Z_1、Z_2,可由结点 1 处的力矩平衡条件 $\sum M_1=0$ 以及横杆柱端剪力平衡条件 $\sum X=0$,建立两个方程为:

$$\sum M_1 = 0, M_{1A} + M_{12} = 0 \tag{6.8}$$

$$\sum X = 0, F_{S1A} + F_{S2B} = 0 \tag{6.9}$$

由式(6.7)得:

$$F_{S1A} = -\frac{M_{1A} + M_{A1}}{l_{1A}} + F_{S1A}^0 = -\frac{M_{1A} + M_{A1}}{4} - 12$$

$$F_{S2B} = -\frac{M_{2B} + M_{B2}}{l_{2B}} + F_{S2B}^0 = -\frac{M_{2B} + M_{B2}}{4} + 0 \tag{6.10}$$

将式(6.10)代入式(6.9),得:

$$-\frac{M_{1A} + M_{A1}}{4} - 12 - \frac{M_{2B} + M_{B2}}{4} = 0 \tag{6.11}$$

将各杆端弯矩表达式代入式(6.8)、式(6.11)并加以整理,则有:

$$10Z_1 - \frac{3}{2}Z_2 + 8 = 0 \tag{6.12}$$

$$-\frac{3}{2}Z_1 + \frac{15}{16}Z_2 - 12 = 0 \tag{6.13}$$

式(6.12)、式(6.13)即为位移法方程。可解出:

$$Z_1 = \frac{84}{57}, Z_2 = \frac{864}{57}$$

将 Z_1、Z_2 数值代回杆端弯矩表达式,得:

$$M_{A1} = -27.79\text{kN} \cdot \text{m}$$

$$M_{1A} = -8.84\text{kN} \cdot \text{m}$$

$$M_{12} = -8.84\text{kN} \cdot \text{m}$$

$$M_{21} = 0$$

$$M_{2B} = 0$$

$$M_{B2}=11.37\text{kN}\cdot\text{m}$$

据此绘出弯矩图，可见与**【例 6.3】**计算结果相同。

【例 6.5】 试直接利用平衡条件建立图 6.19a)所示刚架的位移法方程，计算各杆端弯矩，并绘制弯矩图。

【解】 (1)确定基本未知量

图 6.19a)所示刚架为无侧移刚架，有两个基本未知量。令结点 B 转角 $\theta_B=Z_1$，结点 C 转角 $\theta_C=Z_2$，设顺时针为正。

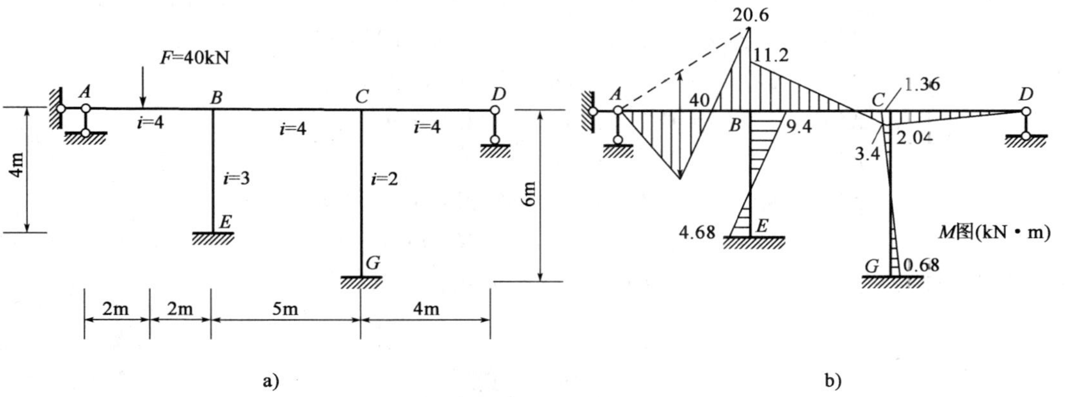

图 6.19

(2)利用转角位移方程写出各杆的杆端弯矩

$$M_{BA}=3i_{BA}Z_1+M_{BA}^F=3\times4Z_1+\frac{3Fl}{16}=12Z_1+\frac{3\times40\times4}{16}=12Z_1+30$$

$$M_{AB}=0$$

$$M_{BC}=2i_{BC}(2Z_1+Z_2)+0=2\times4(2Z_1+Z_2)=16Z_1+8Z_2$$

$$M_{CB}=2i_{CB}(2Z_2+Z_1)+0=2\times4(2Z_2+Z_1)=16Z_2+8Z_1$$

$$M_{BE}=2i_{BE}\times2Z_1+0=2\times3\times2Z_1=12Z_1$$

$$M_{EB}=2i_{BE}Z_1+0=2\times3Z_1=6Z_1$$

$$M_{CD}=3i_{CD}Z_2+0=3\times4Z_2=12Z_2$$

$$M_{DC}=0$$

$$M_{CD}=2i_{CG}\times2Z_2+0=2\times2\times2Z_2=8Z_2$$

$$M_{GC}=2i_{CG}Z_2+0=2\times2Z_2=4Z_2$$

(3)利用结点平衡条件建立位移方程

对结点 B，$\sum M=M_{BA}+M_{BC}+M_{BE}=0$，代入各相应杆端弯矩，有：

$$12Z_1+30+16Z_1+8Z_2+12Z_1=0$$

整理后得：

$$40Z_1+8Z_2-30=0$$

对结点 C，$\sum M_C=M_{CB}+M_{CD}+M_{CG}=0$ 代入各相应杆端弯矩，有：

$$16Z_2+8Z_1+12Z_2+8Z_1=0$$

整理后得：

$$8Z_1+36Z_2=0$$

联立方程求解得：

$$Z_1 = -0.78, Z_2 = 0.17$$

(4)计算各杆端弯矩，绘制弯矩图

把求出的各结点位移代回各杆端弯矩表达式，可求得各杆端弯矩为：

$$M_{BA} = 12Z_1 + 30 = 12 \times (-0.78) + 30 = 20.6\text{kN} \cdot \text{m}$$

$$M_{AB} = 0$$

$$M_{BA} = 16Z_1 + 8Z_2 = 16 \times (-0.78) + 8 \times 0.17 = -11.2\text{kN} \cdot \text{m}$$

$$M_{BA} = 16Z_2 + 8Z_1 = 16 \times 0.17 + 8 \times (-0.78) = -3.4\text{kN} \cdot \text{m}$$

$$M_{BE} = 12Z_1 = 12 \times (-0.78) = -9.4\text{kN} \cdot \text{m}$$

$$M_{EB} = 6Z_1 = 6 \times (-0.78) = -4.68\text{kN} \cdot \text{m}$$

$$M_{CD} = 12Z_2 = 12 \times 0.17 = 2.04\text{kN} \cdot \text{m}$$

$$M_{DC} = 0$$

$$M_{CG} = 8Z_2 = 8 \times 0.17 = 1.36\text{kN} \cdot \text{m}$$

$$M_{GC} = 4Z_2 = 4 \times 0.17 = 0.68\text{kN} \cdot \text{m}$$

根据各杆端弯矩可绘制弯矩图，如图 6.19b)所示。

小　结

掌握位移法的基本原理，主要应了解位移法的基本思路、位移法的基本未知量、位移法的基本结构和位移法方程。

位移法的基本思路是：根据结构的几何条件，确定以某些结点位移为基本未知数，把每根杆件都看做单跨超静定梁并建立其内力与所求结点位移之间的关系，然后根据平衡条件求解结点位移，最后求出结构内力。

位移法和力法的主要区别在于基本未知量的选择不同，前者是以刚性结点的角位移和结点线位移作为基本未知量，后者是以多余未知力作为基本未知量。

思考题

1. 试比较位移法中附加约束法和直接利用平衡条件建立位移法方程这两种方法的相同之处和不同之处。

2. 试比较位移法的两种计算方法各自的优缺点。

3. 用位移法能否计算由非荷载因素引起的超静定结构的内力？此时可否采用刚度的相对值？为什么？

4. 力法和位移法典型方程右端是否恒为零？

5. 力法能否用于求解静定结构？位移法能否用于求解静定结构？

6. 位移法能否求解桁架内力？

习题

6-1 试确定图 6.20 所示结构用位移法计算时的基本未知量数目，并形成基本结构。

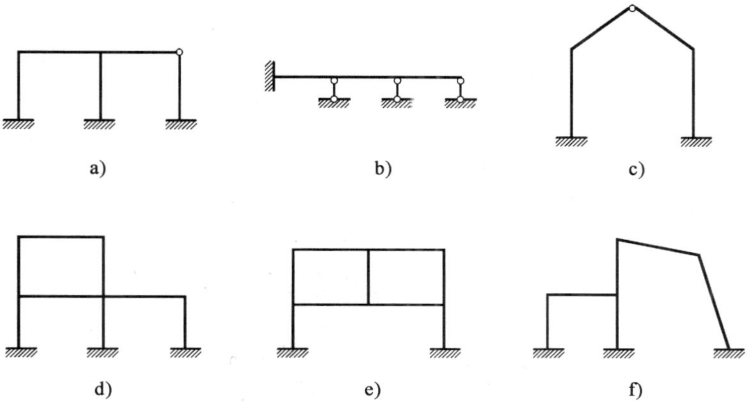

图 6.20

6-2 试用位移法计算图 6.21 所示结构并绘出 M 图，各杆的 E 为常数。

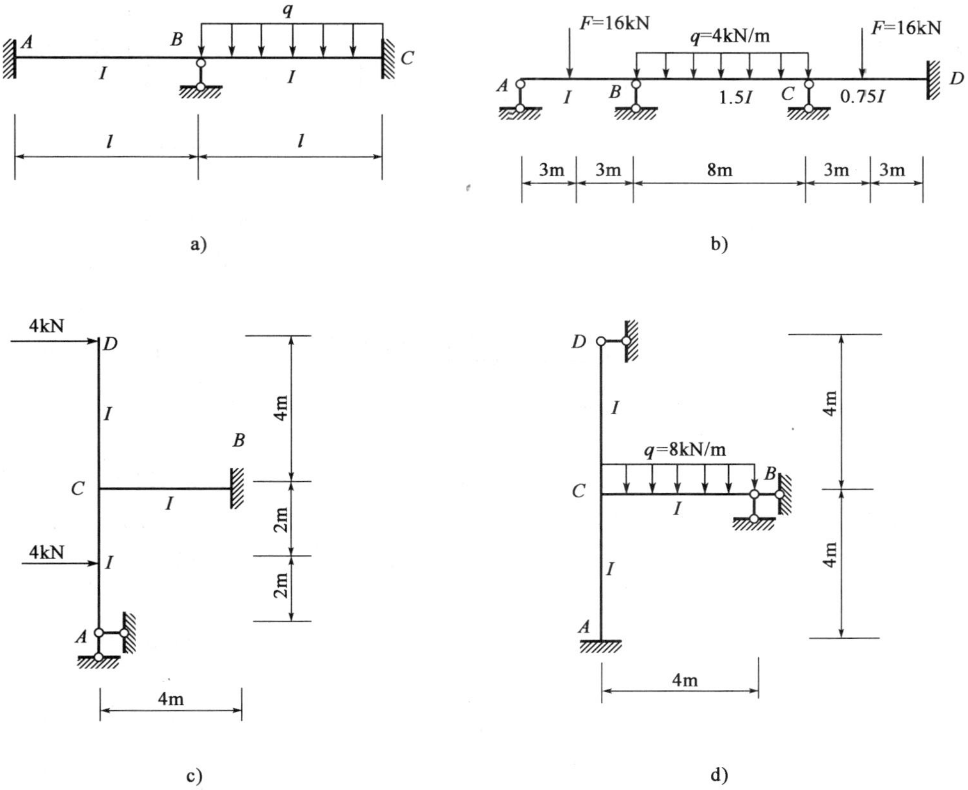

图 6.21

6-3　试用位移法计算图 6.22 所示结构并绘出 M 图，各杆 EI 为常数。

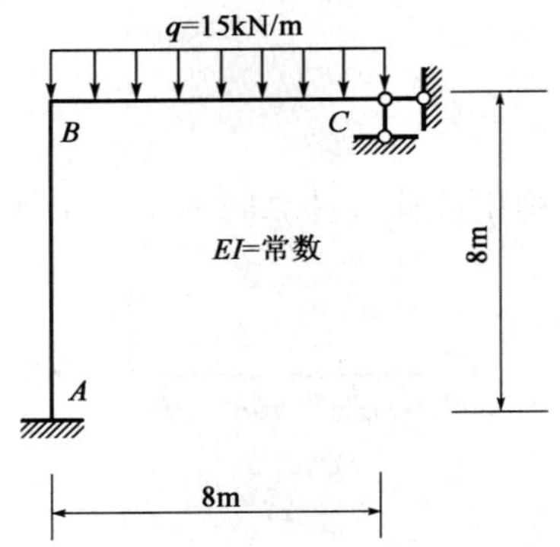

图　6.22

6-4　试用位移法计算图 6.23 所示结构并绘出 M 图，各杆 EI 为常数。

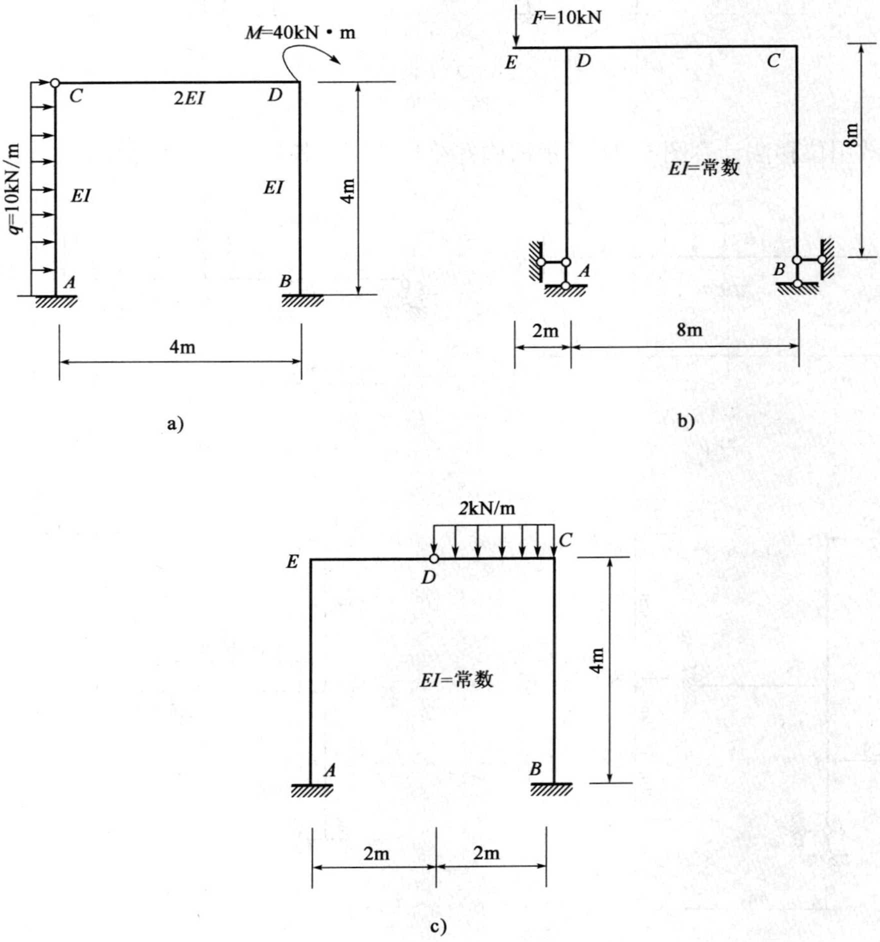

图　6.23

6-5　利用结构的对称性，试用位移法计算图 6.24 所示结构和刚架的 M 图，已知各杆 EI 为常数。

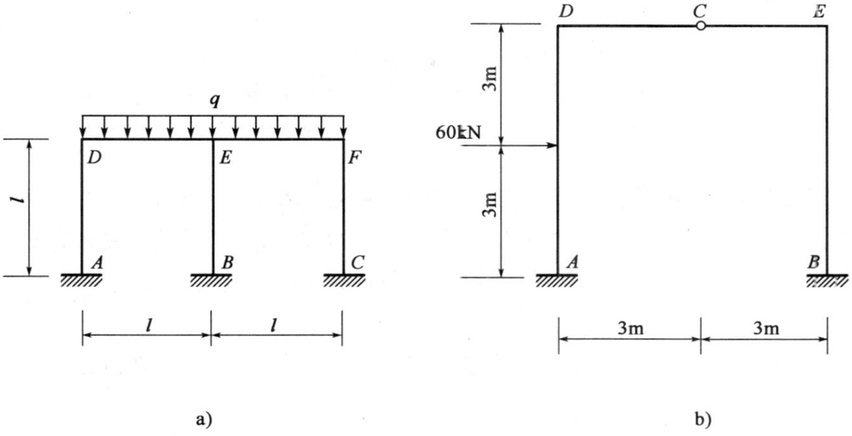

图　6.24

第七章　力矩分配法

本章主要介绍力矩分配法的概念、基本原理和基本思路，以及如何用力矩分配法计算连续梁和无侧移刚架。在学习中要明确两个状态——固定状态和放松状态，掌握力矩分配法的三要素（固端弯矩、分配系数、传递系数）的计算，真正领会力矩分配法的意义。

第一节　力矩分配法的基本概念及基本原理

力法与位移法是解超静定结构的两种基本方法，其共同特点是都需要建立并解算联立方程组。当未知量数目较多时，运算繁重。为了避免建立和解算联立方程组，人们提出了许多实用、简便的计算方法。本章着重介绍工程中应用较广的力矩分配法。

力矩分配法不需要建立和求解基本方程而能直接计算出杆端弯矩，运算简单、便于掌握，非常适合手算。对于连续梁和无侧移刚架，用力矩分配法计算更是十分方便。力矩分配法是以位移法为基础的渐近法，在计算过程中采取逐次修正的步骤，随着计算轮次的增加，其结果的精确度将逐次提高。

正负号规定：在力矩分配法中，杆端转角、杆端弯矩、固端弯矩的正负号规定与位移法相同，即都假定对杆端顺时针转动为正；作用在结点上的外力偶荷载、约束力矩也假定顺时针转动为正，而杆端弯矩在结点上表示时以逆时针转动为正。

一　力矩分配法的基本概念

1. 转动刚度 S

转动刚度表示杆端对转动的抵抗能力，在数值上等于使杆端发生单位转角时需在杆端施加的力矩。

图 7.1 所示等截面直杆 AB，当仅在 A 端（或称近端）产生单位转角时，在 A 端所需施加的力矩称为该杆端的转动刚度，并用 S_{AB}表示。其值与杆件的线刚度 $i=EI/l$ 和杆件另一端（或称远端）的支承情况有关。如果把 A 端看做可转动（但不能移动）的刚结点，这时 S_{AB}就代表当刚结点 A 产生单位转角时在杆端 A 引起的杆端弯矩。

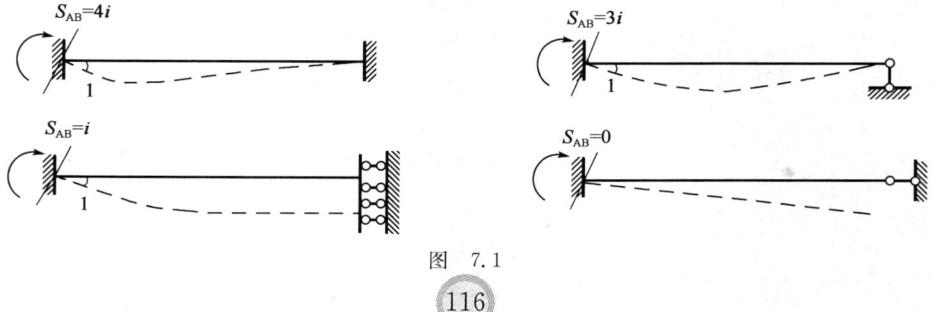

图　7.1

如图 7.1 所示，梁的转动刚度可由位移法中介绍的转角位移方程导出，即

远端固定　　$S_{AB}=4i$

远端铰支　　$S_{AB}=3i$

远端滑动　　$S_{AB}=i$

远端自由　　$S_{AB}=0$

其中，$i=\dfrac{EI}{l}$。

2. 分配系数

如图 7.2a)所示，杆 AB、AC 和 AD 在刚结点 A 处联结于一起。为了便于说明问题，设 B 端为固定端，C 端为滑动支座，D 端为铰支座。设有力偶荷载 M 作用于结点 A，使结点 A 产生转角 θ_A，然后达到平衡。试求杆端弯矩 M_{AB}、M_{AC} 和 M_{AD}。由转动刚度的定义可知：

$$\begin{aligned} M_{AB} &= S_{AB}\cdot\theta_A \\ M_{AC} &= S_{AC}\cdot\theta_A \\ M_{AD} &= S_{AD}\cdot\theta_A \end{aligned} \tag{7.1}$$

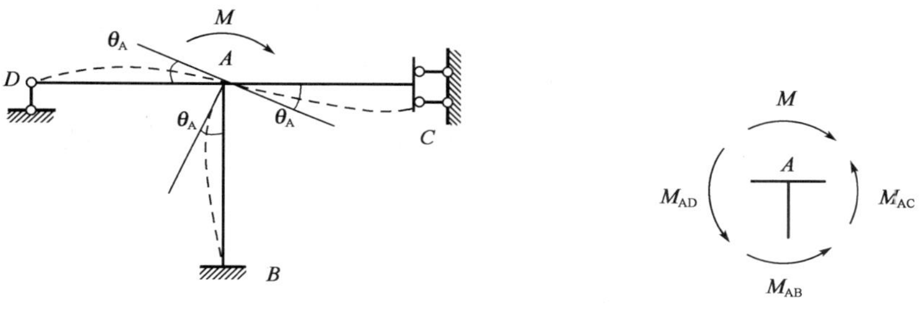

a)　　　　b)

图 7.2

取结点 A 作隔离体，如图 7.2b)所示，由平衡方程 $\sum M=0$，得：

$$M = S_{AB}\theta_A + S_{AC}\theta_A + S_{AD}\theta_A$$

$$\theta_A = \frac{M}{S_{AB}+S_{AC}-S_{AD}} = \frac{M}{\sum\limits_A S} \tag{7.2}$$

其中，$\sum\limits_A S=S_{AB}\theta_A+S_{AC}\theta_A+S_{AD}\theta_A$ 是汇交于 A 结点各杆端转动刚度之和。

将式(7.2)代入式(7.1)，便可求得各杆 A 端的弯矩分别为：

$$\left.\begin{aligned} M_{AB}^{\mu} &= \frac{S_{AB}}{\sum\limits_A S}\cdot M = \mu_{AB}\cdot M \\ M_{AC}^{\mu} &= \frac{S_{AC}}{\sum\limits_A S}\cdot M = \mu_{AC}\cdot M \\ M_{AD}^{\mu} &= \frac{S_{AD}}{\sum\limits_A S}\cdot M = \mu_{AD}\cdot M \end{aligned}\right\} \tag{7.3}$$

其中：

$$\left.\begin{aligned}\mu_{AB} &= \frac{S_{AB}}{\sum_{A} S}\\ \mu_{AC} &= \frac{S_{AC}}{\sum_{A} S}\\ \mu_{AD} &= \frac{S_{AD}}{\sum_{A} S}\end{aligned}\right\}\tag{7.4}$$

称为各杆在 A 端的分配系数。可以统一表示为：

$$\mu_{Aj} = \frac{S_{Aj}}{\sum_{A} S}\tag{7.5}$$

由式(7.5)可见，相交于 A 点的 Aj 杆的分配系数，等于该杆 A 端的转动刚度 S_{Aj} 除以汇交于 A 点的各杆 A 端转动刚度之和。因此，汇交于同一结点各杆的分配系数之和应等于1，即

$$\sum \mu_A = \mu_{AB} + \mu_{AC} + \mu_{AD} = 1\tag{7.6}$$

式(7.6)可以作为校核条件。

此外，式(7.3)中 M^{μ}_{AB}、M^{μ}_{AC}、M^{μ}_{AD} 称为分配弯矩，其右上标表示是分配弯矩，它由分配系数乘以结点外力偶 M 而求得。

3. 传递系数 C

如图7.2所示，当外力矩 M 加于结点 A 使该结点产生转角位移 θ_A。利用位移法的转角位移方程，可以写出各杆端弯矩值：

$$\begin{aligned}M_{AB} &= 3i_{AB}\theta_A, M_{BA} = 0\\ M_{AC} &= 4i_{AC}\theta_A, M_{CA} = 2i_{CA}\theta_A\\ M_{AD} &= i_{AD}\theta_A, M_{DA} = -i_{DA}\theta_A\end{aligned}$$

由上述结果可知：

$$\frac{M_{BA}}{M_{AB}} = C_{AB}$$

这个比值 C_{AB} 称为传递系数。传递系数表示当杆件近端发生转角时，远端弯矩与近端弯矩的比值。对等截面杆件来说，传递系数 C 随远端的支承情况有所不同，数值如下：

远端固定　　$C=\frac{1}{2}$

远端滑动　　$C=-1$

远端铰支　　$C=0$

等截面直杆的转动刚度和传递系数见表7.1。

等截面直杆的转动刚度和传递系数　　表7.1

远端支承情况	转动刚度 S	传递系数 C
固定	$4i$	1/2
铰支	$3i$	0
滑动	i	-1
自由或轴向支杆	0	

二 力矩分配法的基本原理

设有一个图 7.3a)所示刚架，其上各杆件均为等截面直杆。由图可知，它只有一个刚结点，在一般忽略杆件轴向变形的情形下，该结点不发生线位移而只能有角位移。我们称它为力矩分配法的一个计算单元。

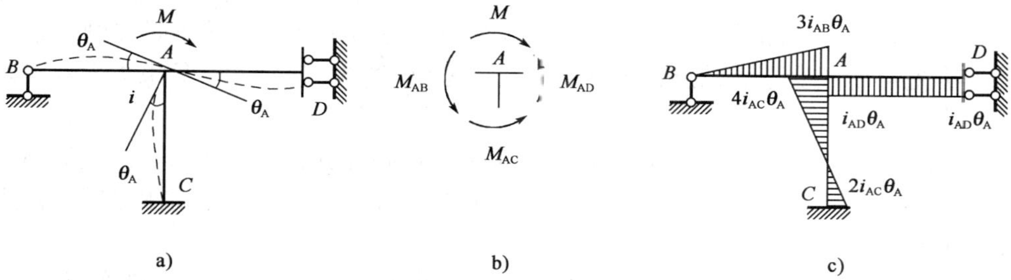

图 7.3

设在该单元的结点 A 处作用一集中力偶 M(结点外力偶以顺时针转向为正)，现要求得出汇交于结点 A 的各杆的杆端弯矩值。对此我们称之为力矩分配法的基本运算。

在 M 作用下，结点 A 产生转角位移 θ_A。利用位移法的转角位移方程，可以写出各杆端弯矩(θ_A 尚为未知)为：

$$
\begin{aligned}
M_{AB} &= 3i_{AB}\theta_A \\
M_{AC} &= 4i_{AC}\theta_A \\
M_{AD} &= i_{AD}\theta_A \\
M_{BA} &= 0 \\
M_{CA} &= 2i_{CA}\theta_A \\
M_{DA} &= -i_{DA}\theta_A
\end{aligned}
\tag{7.7}
$$

取结点 A 为隔离体如图 7.3b)所示。由平衡条件 $\sum M_A=0$，得：

$$M_{AB}+M_{AC}+M_{AD}=M \tag{7.8}$$

将式(7.7)代入式(7.8)，得：

$$\theta_A=\frac{M}{3i_{AB}+4i_{AC}+i_{AD}} \tag{7.9}$$

将式(7.9)代回式(7.7)，即可求出各杆的杆端弯矩值。

$$
\begin{aligned}
M_{AB} &= \frac{3i_{AB}M}{3i_{AB}+4i_{AC}+i_{AD}} \\
M_{AC} &= \frac{4i_{AC}M}{3i_{AB}+4i_{AC}+i_{AD}} \\
M_{AD} &= \frac{i_{AD}M}{3i_{AB}+4i_{AC}+i_{AD}} \\
M_{BA} &= 0 \\
M_{CA} &= \frac{1}{2}\times\frac{4i_{AC}M}{3i_{AB}+4i_{AC}+i_{AD}} \\
M_{DA} &= \frac{-i_{AD}M}{3i_{AB}+4i_{AC}+i_{AD}}
\end{aligned}
$$

由此可绘出结构的弯矩图 M，如图 7.3c)所示。

第二节　力矩分配法计算单结点超静定问题

掌握了上述基本运算，再利用叠加原理，即可由力矩分配法计算荷载作用下具有一个结点转角的结构。其计算步骤如下。

(1)先在本来能发生转角位移的刚结点 i 处假想加入附加刚臂，使其不能转动。由表 6.1 算出汇交于 i 结点各杆端的固端弯矩后，利用该结点的力矩平衡条件求出附加刚臂给予结点的约束力矩，它等于汇交于该结点各杆的固端弯矩之和，并以 M_i^F 表示。约束力矩规定以顺时针转向为正。

(2)结点 i 处并没有附加刚臂，也不存在约束力矩，为了能恢复到实际状态，抵消掉约束力矩 M_i^F 的作用，我们在结点 i 处施加一个与它反向的外力偶 $M_i=-M_i^F$。结构在 M_i 作用下的各杆端弯矩，应用一次基本运算即可求出。

(3)结构的实际受力状态为以上两种情况的叠加。将第 1 步中各杆端的固端弯矩分别和第 2 步中各杆端的分配弯矩或传递弯矩叠加，即得汇交于结点 i 处各杆的近端或远端的最后弯矩。

【例 7.1】 试作图 7.4a)所示连续梁的弯矩图。

【解】 (1)先在结点 B 加一附加刚臂，如图 7.4b)所示，使结点 B 不能转动，此步骤常称为“固定结点”。此时各杆端产生的固端弯矩由表 6.1 可得：

$$M_{BA}^F=\frac{ql^2}{8}=180\text{kN}\cdot\text{m}$$

$$M_{CB}^F=-100\text{kN}\cdot\text{m}$$

$$M_{CB}^F=100\text{kN}\cdot\text{m}$$

由结点 B 的平衡条件 $\sum M_B=0$ 求得约束力矩：

$$\begin{aligned}M_B^F&=M_{BA}^F+M_{BC}^F\\&=(180-100)\text{kN}\cdot\text{m}=80\text{kN}\cdot\text{m}\end{aligned}$$

(2)为了消除约束力矩 M_B^F，应在结点 B 处加入一个与它大小相等方向相反的力矩，$M_B=-M_B^F$，如图 7.4c)所示。在约束力矩被消除的过程中，结点 B 即逐渐转动到无附加约束时的自然位置，故此步骤常简称为“放松结点”。将图 7.4b)和图 7.4c)相叠加，就得到图 7.4a)中的结果。对于图 7.4c)，我们可用上述力矩分配法的基本运算求出各杆端弯矩。

为此，先算出各杆端分配系数：

$$S_{BA}=3i_{BA}=3\times2\frac{EI}{12}=\frac{EI}{2}$$

$$S_{BC}=4i_{BC}=4\times\frac{EI}{8}=\frac{EI}{2}$$

则：

$$\mu_{BA}=\frac{S_{BA}}{S_{BA}+S_{BC}}=0.5$$

$$\mu_{BC}=\frac{S_{BC}}{S_{BA}+S_{BC}}=0.5$$

利用公式 $\sum\mu_{1k}=1$ 进行校核：

$$\sum\mu_{Bk}=\mu_{BA}+\mu_{BC}=0.5+0.5=1$$

可知分配系数计算正确。

根据公式(7.3)计算各杆近端的分配弯矩：

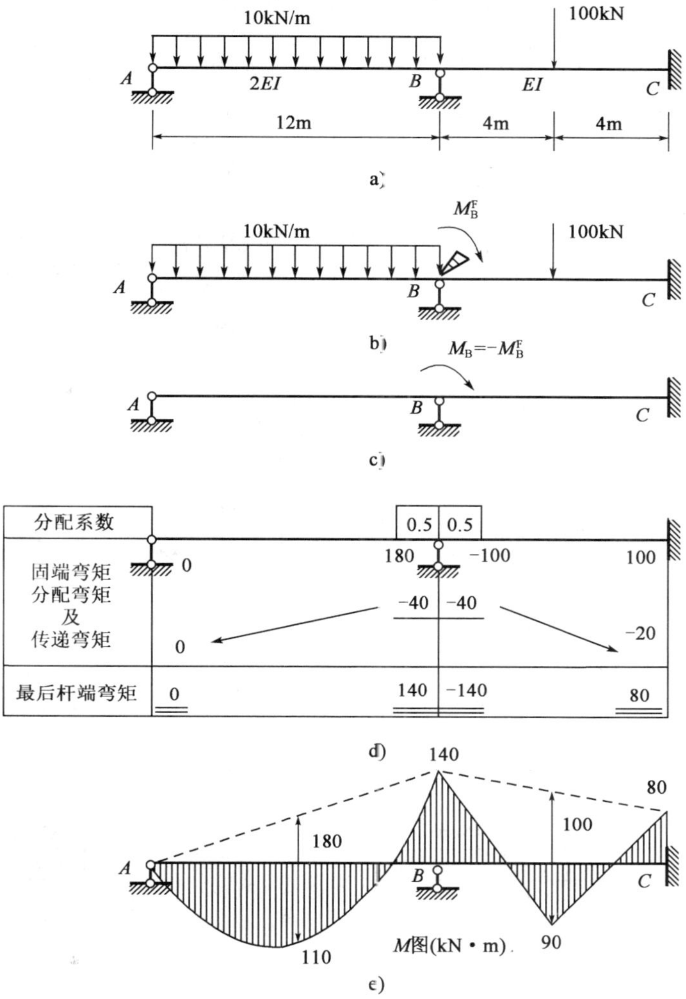

图 7.4

$$M_{BA}^{\mu}=\mu_{BA}\cdot M_B=0.5\times(-80)\text{kN}\cdot\text{m}=-40\text{kN}\cdot\text{m}$$

$$M_{BC}^{\mu}=\mu_{BC}\cdot M_B=0.5\times(-80)\text{kN}\cdot\text{m}=-40\text{kN}\cdot\text{m}$$

然后计算各杆远端的传递弯矩：

$$M_{AB}^{C}=C_{BA}\cdot M_{BA}^{\mu}=0$$

$$M_{CB}^{C}=C_{BC}\cdot M_{BC}^{\mu}=\frac{1}{2}\times(-40)\text{kN}\cdot\text{m}=-20\text{kN}\cdot\text{m}$$

(3)最后将各杆端的固端弯矩[图 7.4b)]与分配弯矩、传递弯矩[图 7.4c)]相加，即得各杆端的最后弯矩值：

$$M_{AB}=M_{AB}^{F}+M_{AB}^{C}=0$$

$$M_{BA}=M_{BA}^{F}+M_{BA}^{\mu}=(180-40)\text{kN}\cdot\text{m}=140\text{kN}\cdot\text{m}$$

$$M_{BC}=M_{BC}^{F}+M_{BC}^{\mu}=(-100-40)\text{kN}\cdot\text{m}=-140\text{kN}\cdot\text{m}$$

$$M_{CB}=M_{CB}^{F}+M_{CB}^{C}=(100-20)\text{kN}\cdot\text{m}=80\text{kN}\cdot\text{m}$$

【例 7.2】 用力矩分配法作图 7.5a)所示封闭框架的弯矩图。各杆 EI 等于常数。

【解】 因该封闭框架的结构和荷载均有 x、y 两个对称轴，故可以只取四分之一结构计算，如图 7.5b)所示。作出该部分弯矩图后，其余部分根据对称结构承受对称荷载作用，弯矩图也应是对称的关系便可得出。

(1)计算固端弯矩

由表 6.1 查得各杆的固端弯矩为：

$$M_{1A}^{F}=-\frac{ql^2}{3}=-7.5\text{kN}\cdot\text{m}$$

$$M_{A1}^{F}=-\frac{ql^2}{6}=-3.75\text{kN}\cdot\text{m}$$

写入图 7.5c)各相应杆端处。

(2)计算分配系数

转动刚度：

$$S_{1A}=i_{1A}=\frac{EI}{1.5}$$

$$S_{1C}=i_{1C}=\frac{EI}{1}=EI$$

分配系数：

$$\mu_{1A}=\frac{S_{1A}}{S_{1A}+S_{1C}}=0.4$$

$$\mu_{1C}=\frac{S_{1C}}{S_{1A}+S_{1C}}=0.6$$

将分配系数写入图 7.5c)结点 1 处。

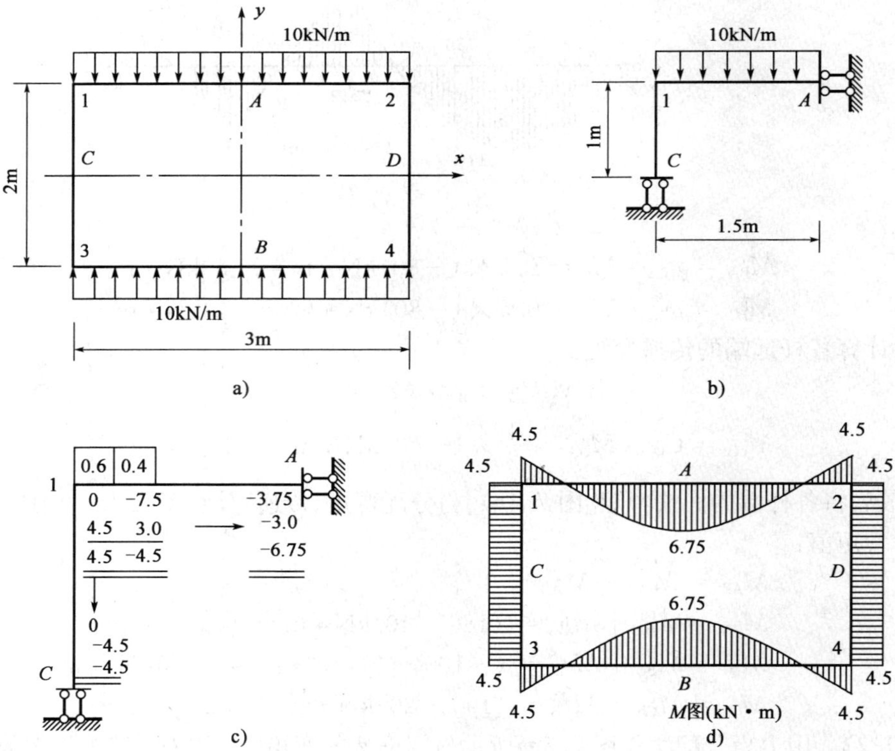

图 7.5

(3)进行力矩的分配和传递，求最后杆端弯矩

①结点 1 的约束力矩 $M_1^F = M_{1A}^F + M_{1C}^F = -7.5\text{kN}\cdot\text{m}$，将其反号并乘以分配系数，便得到各杆近端的分配弯矩。

②将各杆分配弯矩乘以传递系数便得到远端的传递弯矩($C_{1A} = C_{1C} = -1$)。

③最后将各杆端的固端弯矩和分配弯矩(或传递弯矩)相叠加即可得到各杆端的最后杆端弯矩。在最后弯矩下画双横线。

以上工作均在图 7.5c)上进行。

(4)作弯矩图

根据对称关系作出弯矩图，如图 7.5d)所示。

第三节　力矩分配法计算多结点超静定问题

对于具有多个刚结点的连续梁和无侧移的刚架，只要逐次对每一个结点应用上一节的基本运算，就可求出各杆端弯矩。

【例 7.3】 试用力矩分配法作图 7.6a)所示连续梁的弯矩图。

【解】 (1)计算分配系数

①结点 B。

$$S_{BA} = 3i_{BA} = 3 \times 4\frac{EI}{2} = 6EI$$

$$S_{BC} = 4i_{BC} = 4 \times \ni \frac{EI}{3} = 12EI$$

$$\mu_{BA} = \frac{S_{BA}}{S_{BA} + S_{BC}} = \frac{1}{3}$$

$$\mu_{BC} = \frac{S_{BC}}{S_{BA} + S_{BC}} = \frac{2}{3}$$

校核：$\frac{1}{3} + \frac{2}{3} = 1$

②结点 C。

$$S_{CB} = S_{BC} = 12EI$$

$$S_{CD} = 4i_{CD} = 4 \times \frac{4EI}{2} = 8EI$$

$$\mu_{CB} = \frac{S_{CB}}{S_{CB} + S_{CD}} = \frac{3}{5}$$

$$\mu_{CD} = \frac{S_{CD}}{S_{CB} + S_{CD}} = \frac{2}{5}$$

校核：$\frac{3}{5} + \frac{2}{5} = 1$

将分配系数填入图 7.6b)中的相应位置。

(2)计算固端弯矩

固定刚结点 B 和 C，则连续梁变成三根单跨超静定梁，因此可由表 6.1 求得各杆的固端弯矩：

$$M_{BA}^F = \frac{3}{16Pl} = 18.75\text{kN}\cdot\text{m}$$

$$M_{BC}^{F} = -\frac{ql^2}{12} = -15\text{kN}\cdot\text{m}$$

$$M_{CB}^{F} = \frac{ql^2}{12} = 15\text{kN}\cdot\text{m}$$

其余各固端弯矩均为0。

将各固端弯矩填入图7.6b)中所示相应位置。

结点B和结点C的约束力矩分别为：

$$M_{B}^{F} = M_{BA}^{F} + M_{BC}^{F} = (18.75 - 15)\text{kN}\cdot\text{m} = 3.75\text{kN}\cdot\text{m}$$

$$M_{C}^{F} = M_{CB}^{F} + M_{CD}^{F} = 15\text{kN}\cdot\text{m}$$

由图7.6b)中可以很清楚看出各结点的约束力矩。

(3)放松结点C(结点B仍固定)

对于具有多个刚结点的结构，可按任意选定的次序轮流放松结点，但为了使计算收敛得快些，通常先放松约束力矩较大的结点。在结点C进行力矩分配(即将M_{C}^{F}反号乘以分配系数)，求得各相应杆端的分配弯矩为：

$$M_{CB}^{\mu} = \frac{3}{5} \times (-15)\text{kN}\cdot\text{m} = -9\text{kN}\cdot\text{m}$$

$$M_{CD}^{\mu} = \frac{2}{5} \times (-15)\text{kN}\cdot\text{m} = -6\text{kN}\cdot\text{m}$$

同时可求得各杆远端的传递弯矩(即将分配弯矩乘上相应的传递系数)为：

$$M_{BC}^{C} = C_{CB}\cdot M_{CB}^{\mu} = \frac{1}{2} \times (-9)\text{kN}\cdot\text{m} = -4.5\text{kN}\cdot\text{m}$$

$$M_{DC}^{C} = C_{CD}\cdot M_{CD}^{\mu} = \frac{1}{2} \times (-6)\text{kN}\cdot\text{m} = -3\text{kN}\cdot\text{m}$$

(4)重新固定结点C，并放松结点B

在结点B进行力矩分配，注意此时结点B的约束力矩为：

$$M_{B}^{F} + M_{BC}^{C} = (3.75 - 4.5)\text{kN}\cdot\text{m} = -0.75\text{kN}\cdot\text{m}$$

然后将其反号乘以分配系数，即得相应的分配弯矩为：

$$M_{BA}^{\mu} = \frac{1}{3} \times 0.75\text{kN}\cdot\text{m} = 0.25\text{kN}\cdot\text{m}$$

$$M_{BC}^{\mu} = \frac{2}{3} \times 0.75\text{kN}\cdot\text{m} = 0.5\text{kN}\cdot\text{m}$$

传递弯矩为：

$$M_{AB}^{C} = 0$$

$$M_{CB}^{C} = C_{BC}\cdot M_{BC}^{\mu} = \frac{1}{2} \times 0.5\text{kN}\cdot\text{m} = 0.25\text{kN}\cdot\text{m}$$

将计算结果填入图7.6b)中相应位置。

(5)进行第二轮计算

按照上述步骤，对结点C和B轮流进行第二次力矩分配与传递，计算结果填入图7.6b)中相应位置。这样轮流放松、固定各结点，进行力矩分配与传递。由于分配系数和传递系数均小于1，所以收敛是很快的。

由上看出，经过两轮计算后，结点的约束力矩已经很小，附加刚臂的作用基本解除，结构已接近于实际的平衡状态，若认为已经满足计算精度要求时，计算工作便可以停止。

(6)计算最后杆端弯矩

将各杆端的固端弯矩和每次的分配弯矩、传递弯矩相加，即得最后的杆端弯矩。如图 7.6b)所示，最后杆端弯矩下画双横线。

(7)画出弯矩图

已知杆端弯矩后，应用简支梁区段叠加法可画出弯矩 M 图，如图 7.6c)所示。

现将用力矩分配法计算一般连续梁和无结点侧移刚架的步骤归纳如下：

(1)计算汇交于各结点的各杆端的分配系数 μ_{1k}，并确定传递系数 C_{1k}。

(2)根据荷载计算各杆端的固端弯矩 M_{ik}^{F} 及各结点的约束力矩 M_{i}^{F}。

(3)逐次循环放松各结点，并对每个结点按分配系数将约束力矩反号分配给汇交于该结点的各杆，然后将各杆端的分配弯矩乘以传递系数传递至另一端。按此步骤循环计算直至各结点上的传递弯矩小到可以略去时为止。

(4)将各杆端的固端弯矩与历次的分配弯矩和传递弯矩相加，即得各杆端的最后弯矩。

(5)绘弯矩图，进而可作剪力图和轴力图。

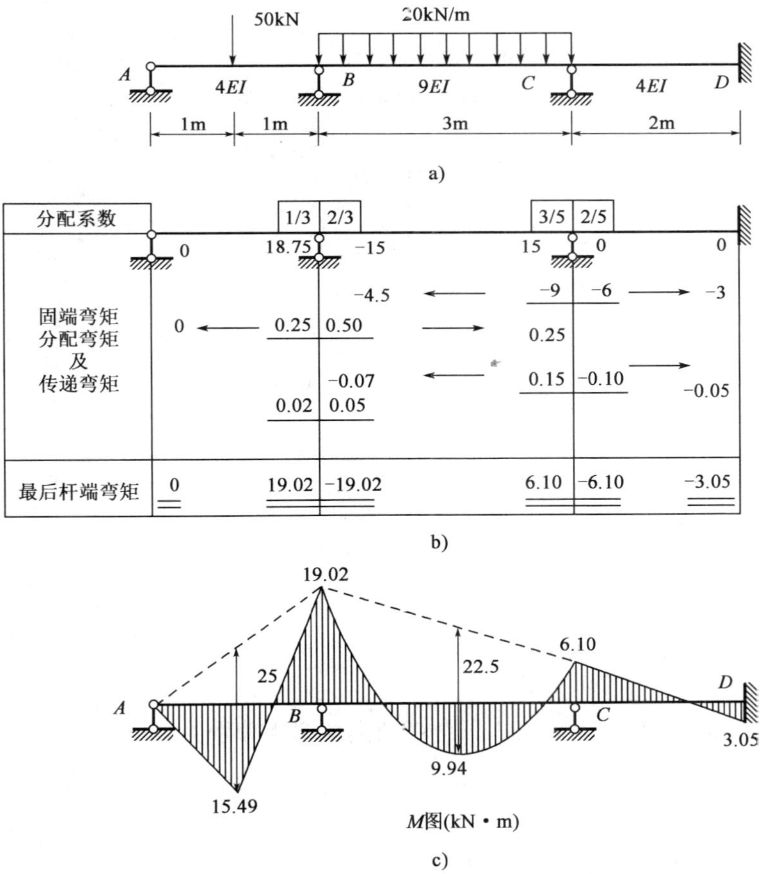

图 7.6

【例 7.4】 试用力矩分配法作图 7.7a)所示连续梁的弯矩图。

【解】 (1)计算分配系数

①结点 B。

$$S_{BA}=4i_{BA}=4\times 6=24$$
$$S_{BC}=4i_{BC}=4\times 4=16$$
$$\mu_{BA}=\frac{S_{BA}}{S_{BA}+S_{BC}}=\frac{24}{24+16}=0.6$$
$$\mu_{BC}=\frac{S_{BC}}{S_{BA}+S_{BC}}=\frac{16}{24+16}=0.4$$

校核：0.6＋0.4＝1

②结点 C。

$$S_{CB}=4i_{CB}=4\times 4=16$$
$$S_{CD}=4i_{CD}=4\times 4=16$$
$$\mu_{CB}=\frac{S_{CB}}{S_{CB}+S_{CD}}=0.5$$
$$\mu_{CD}=\frac{S_{CD}}{S_{CB}+S_{CD}}=0.5$$

校核：0.5＋0.5＝1

③结点 D。

$$S_{DC}=4i_{DC}=4\times 4=16$$
$$S_{DE}=4i_{DE}=4\times 6=24$$
$$\mu_{DC}=\frac{S_{DC}}{S_{DC}+S_{DE}}=\frac{16}{16+24}=0.4$$
$$\mu_{DE}=\frac{S_{DE}}{S_{DC}+S_{DE}}=0.6$$

校核：0.4＋0.6＝1

④结点 E。

$$S_{ED}=4i_{ED}=4\times 6=24$$
$$S_{EF}=0$$
$$\mu_{ED}=\frac{S_{ED}}{S_{ED}+S_{EF}}=1$$
$$\mu_{EF}=\frac{S_{EF}}{S_{ED}+S_{EF}}=0$$

校核：1＋0＝1

将分配系数填入图 7.7b)中的相应位置。

(2)计算固端弯矩

将结点 B、C、D、E 固定，由表 6.1 求各杆的固端弯矩分别为：

$$M_{BC}^{F}=-\frac{Pab^2}{l^2}=-90\times 2\times\frac{4^2}{6^2}\text{kN}\cdot\text{m}=-80\text{kN}\cdot\text{m}$$
$$M_{CB}^{F}=\frac{Pa^2b}{l^2}=40\text{kN}\cdot\text{m}$$
$$M_{CD}^{F}=-\frac{ql^2}{l^2}=-60\text{kN}\cdot\text{m}$$
$$M_{DC}^{F}=\frac{ql^2}{12}=60\text{kN}\cdot\text{m}$$

$$M_{DE}^{F} = -\frac{Pl}{8} = -30\text{kN}\cdot\text{m}$$

$$M_{ED}^{F} = \frac{Pl}{8} = 30\text{kN}\cdot\text{m}$$

$$M_{EF}^{F} = -Pl = -20\times 2\text{kN}\cdot\text{m} = -40\text{kN}\cdot\text{m}$$

将各固端弯矩填入图 7.7b)中相应位置。

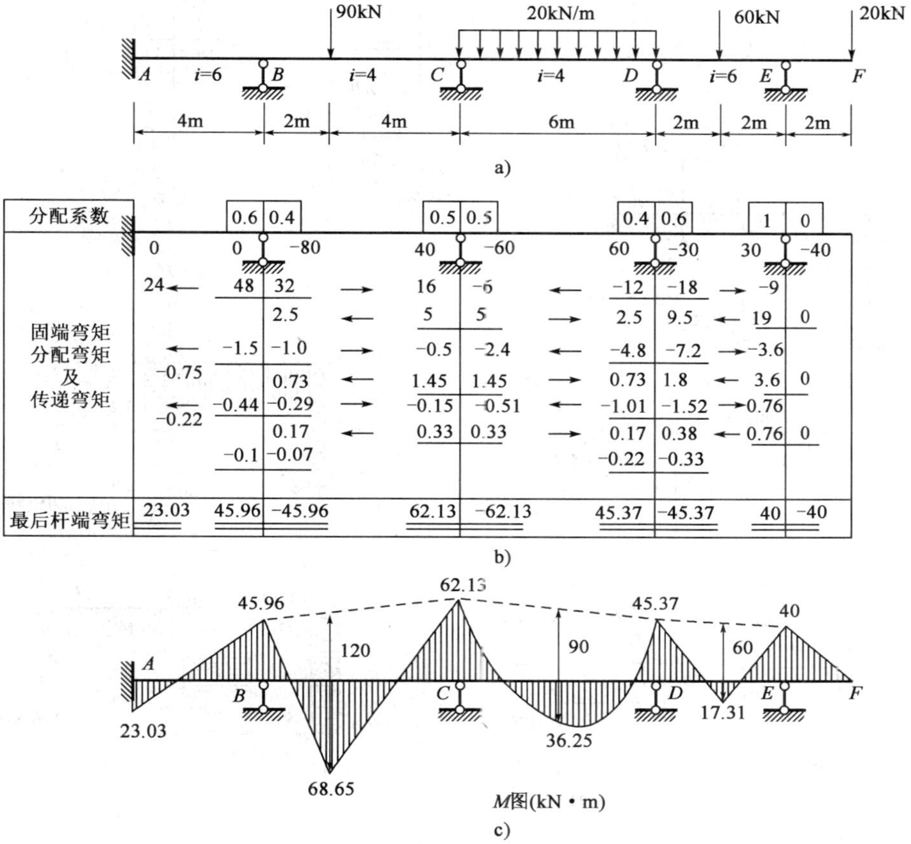

图 7.7

(3)求各杆端最后弯矩

按先 B、D 后 C、E 的顺序，依次在结点处进行力矩分配与传递，并求得各杆端的最后弯矩，如图 7.7b)所示。

(4)作弯矩图

根据各杆端弯矩和荷载，用叠加法作弯矩图，如图 7.7c)所示。

【例 7.5】 试作图 7.8a)所示刚架的内力图。

【解】 (1)计算分配系数

①结点 B。

$$S_{BA} = 4i_{BA} = 4\times\frac{EI}{8} = 0.5EI$$

$$S_{BC} = 4i_{BC} = 4\times\frac{2EI}{8} = EI$$

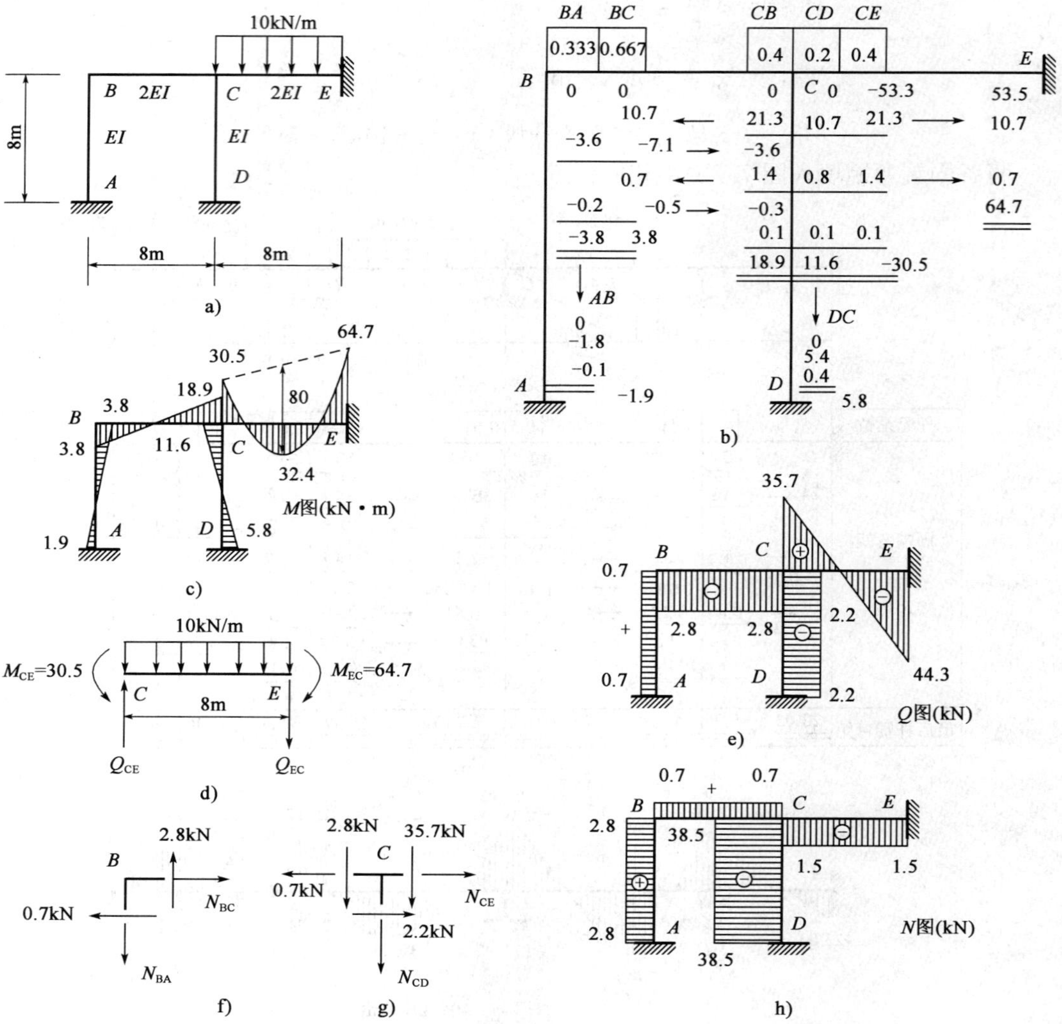

图 7.8

$$\mu_{BA} = \frac{S_{BA}}{S_{BA} + S_{BC}} = 0.333$$

$$\mu_{BC} = \frac{S_{BC}}{S_{BA} + S_{BC}} = 0.667$$

校核：$0.333 + 0.667 = 1$

②结点 C。

$$S_{CB} = 4i_{CB} = EI$$

$$S_{CE} = 4i_{CE} = 4 \times \frac{2EI}{8} = EI$$

$$S_{CD} = 4i_{CD} = 4 \times \frac{EI}{8} = 0.5EI$$

$$\mu_{CB} = \frac{S_{CB}}{S_{CB} + S_{CD} + S_{CE}} = 0.4$$

$$\mu_{CE}=\frac{S_{CE}}{S_{CB}+S_{CD}+S_{CE}}=0.4$$

$$\mu_{CD}=\frac{S_{CD}}{S_{CB}+S_{CD}+S_{CE}}=0.2$$

校核：0.4＋0.4＋0.2＝1

将分配系数填入图 7.8b)中的相应位置。

(2)计算固端弯矩

利用表 6.1 求得各杆的固端弯矩：

$$M_{CE}^{F}=-\frac{ql^2}{12}=-53.3\text{kN}\cdot\text{m}$$

$$M_{EC}^{F}=\frac{ql^2}{12}=53.3\text{kN}\cdot\text{m}$$

其余各固端弯矩均为零。将固端弯矩填入图 7.8b)中的相应位置。

(3)计算各杆端最后弯矩

在结点 C、B 循环交替进行力矩分配与传递并通过叠加求得各杆端最后弯矩，计算过程如图 7.8b)所示。

(4)作 M 图

根据杆端最后弯矩和荷载作弯矩图，如图 7.8c)所示。

(5)作 Q 图

根据各杆的杆端弯矩及杆上的荷载，逐杆求出杆端剪力，作剪力 Q 图。由图 7.8a)、图 7.8c)可见：

①AB、BC、CD 各杆无荷载，其剪力均等于常数，且 $Q=-\frac{\sum M_{杆端}}{l}$，于是：

$$Q_{AB}=Q_{BA}=0.7\text{kN}$$
$$Q_{BC}=Q_{CB}=-2.8\text{kN}$$
$$Q_{CD}=Q_{DC}=-2.2\text{kN}$$

②CE 杆上作用有均布荷载，剪力图应是一斜直线。取 CE 杆为隔离体如图 7.8d)所示，由 $\sum M_C=0$ 得：

$$Q_{EC}\times 8+M_{EC}-M_{CE}-\frac{1}{2}\times 10\times 82=0$$

$$Q_{EC}=\frac{1}{8}(30.5-64.7-320)\text{kN}=-44.3\text{kN}$$

由 $\sum M_E=0$ 得：

$$Q_{CE}\times 8+M_{EC}-M_{CE}-\frac{1}{2}\times 10\times 82=0$$

$$Q_{CE}=\frac{1}{8}(30.5+320-64.7)\text{kN}=35.7\text{kN}$$

根据各杆端剪力，作剪力图如图 7.8e)所示。

(6)作轴力图

利用结点力的平衡条件，由杆端剪力求出杆端轴力作轴力图。

①取结点 B 为隔离体，如图 7.8f)所示。

由 $\sum X=0$ 得：$N_{BC}=0.7\text{kN}$(拉)

由 $\sum Y=0$ 得：$N_{BA}=2.8\text{kN}$(拉)

②取结点 C 为隔离体，如图 7.8g)所示。

由 $\sum X=0$ 得：

$$N_{CE}+2.2-0.7=0,N_{CE}=-1.5\text{kN(压)}$$

由 $\sum Y=0$ 得：

$$N_{CD}+2.8+35.7=0,N_{CD}=-38.5\text{kN(压)}$$

根据各杆端轴力作轴力图，如图 7.8h)所示。

小　结

本章主要讨论了以位移法为基础的一种渐近解法——力矩分配法。

力矩分配的基本运算是单结点的弯矩分配，主要有以下两个环节：

(1)固定刚结点。对结点设置阻止转动的附加刚臂，以固定结点。根据各单跨超静定梁的荷载，计算各杆的固端弯矩和结点的约束力矩。

(2)放松刚结点。根据各杆的转动刚度，计算分配系数，将结点的约束力矩反符号后乘以分配系数，得各杆近端的分配弯矩；然后，将各杆近端的分配弯矩乘以传递系数，得各杆远端的传递弯矩。

多结点的力矩分配法主要用于连续梁和无侧移刚架的计算。其计算思路是先固定全部刚结点计算各杆固端弯矩；然后逐个放松结点，轮流进行单结点的弯矩分配和传递；最后将各次计算所得杆端弯矩叠加即得最后杆端弯矩。

力矩分配法的物理概念清晰，不需要建立和求解联立方程组，计算步骤简单和规范，且直接求得杆端弯矩而不必通过结点位移来转换，精度可以满足工程要求，是工程中广泛使用的一种手算方法。即使在计算机应用广泛的今天，仍具有一定的实用价值。

思考题

1. 力矩分配法中对杆件的杆端弯矩的正、负号是怎么规定的？

2. 什么叫转动刚度？等截面杆远端为固定、定向滑动或铰结时，杆端的转动刚度各等于多少？

3. 什么叫分配系数？分配系数和转动刚度有何关系？为什么汇交于一个刚结点上的各杆分配系数之和等于1？

4. 传递系数是如何确定的？

5. 在荷载作用下，杆件的分配弯矩和传递弯矩是怎样得来的？

6. 在力矩分配法的计算过程中，如果仅仅是传递弯矩有误，杆端最后弯矩能否满足结点的力矩平衡条件？为什么？

习题

7-1　试用力矩分配法计算图 7.9 所示结构并作弯矩图。

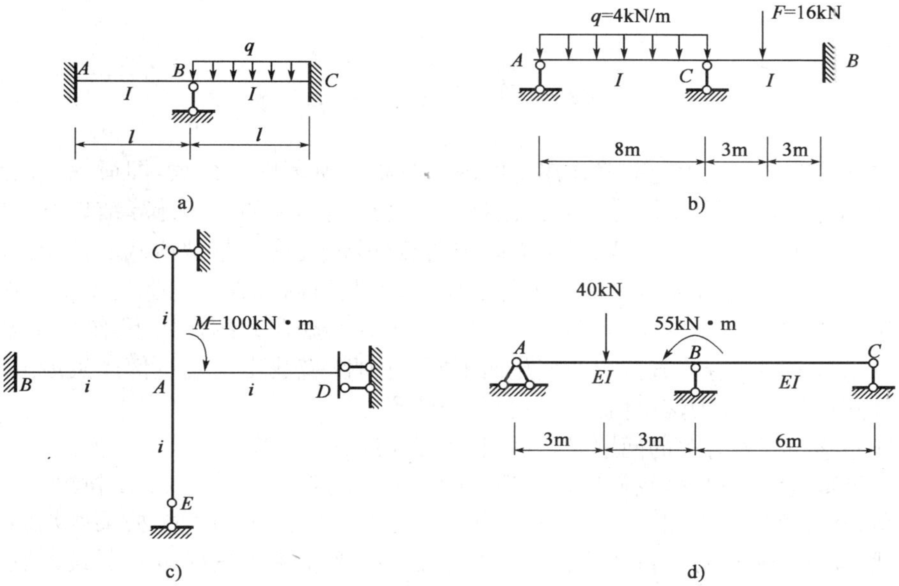

图　7.9

7-2　试用力矩分配法计算图 7.10 所示连续梁,并绘其弯矩图。

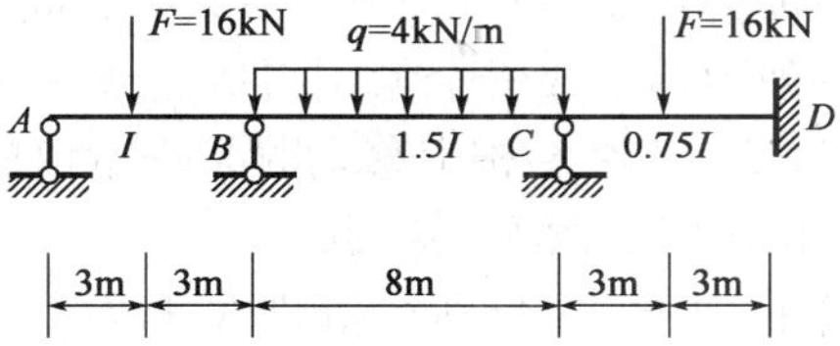

图　7.10

7-3　试用力矩分配法计算图 7.11 所示刚架,并绘出其弯矩图。已知各杆 EI 为常数。

7-4　试用力矩分配法计算图 7.12 所示刚架,并绘出其弯矩图。

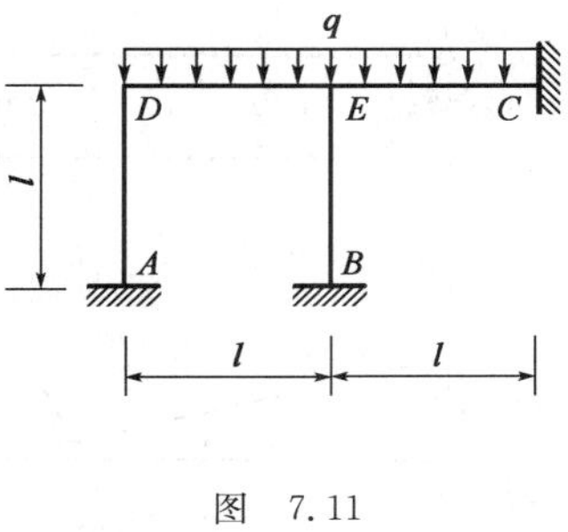

图　7.11

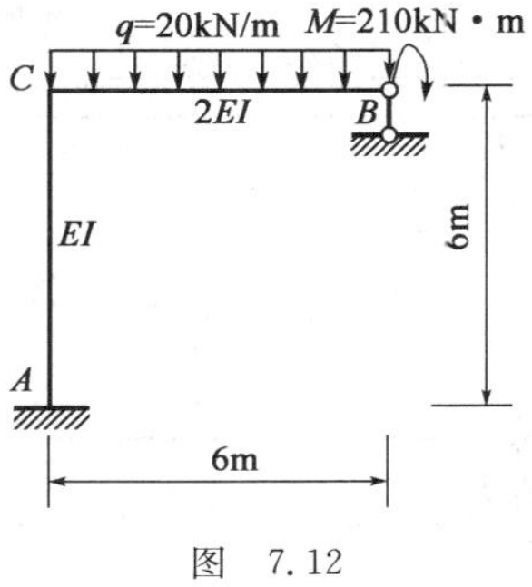

图　7.12

第八章　影响线及其应用

第一节　概　　述

前面讲过静定结构在固定荷载作用下的内力分析。所谓固定荷载，即荷载作用点的位置是固定不变的，所以结构上的反力、内力也是与之对应而不变的。其计算结果可用内力图表示。然而，在一般的工程结构中，除了承受固定荷载外，还会受到移动荷载的作用。所谓移动荷载，是指荷载的作用点在结构上的位置是变化的，但其方向和大小均保持不变。例如，桥梁上行驶的汽车、轨道上行走的龙门式起重机等。在这些移动荷载的作用下，结构上的反力、内力、位移等量值，都将随着荷载位置的变化而不同。因此，应找出这些量值产生最大值时荷载的位置，这种荷载位置称为该量值的最不利荷载位置。

解决这些移动荷载有关的问题时，就要利用影响线这一概念。

为了解释影响线的概念，我们通过生活中的实例来说明。图 8.1a)所示桥梁，它上面作用有一辆汽车，其计算简图如图 8.1b)所示。当汽车在桥梁上来回移动时，桥梁两端的竖向反力及梁上各截面的内力、位移等量值都将随之发生变化。为了求出这些量值的最大值以便用于设计结构，就必须先研究汽车的移动变化规律。不同量值有不同的变化规律，如当汽车从主梁的 A 端向 B 端移动时，反力 R_A 的数值由大逐渐变小，而反力 R_B 的数值由小逐渐变大。

在实际工程中所遇到的移动荷载是多种多样的，如上面所提到的起重小车、汽车等。这些荷载都具有大小和方向保持不变的特点，通常是由一组大小和间距保持不变的竖向荷载组成，如桥门式起重机的起重小车一般由两个或三个轮压组成。通过这一共同点，我们可以先研究最简单的荷载，即单位移动荷载 $P=1$ 在结构上移动时某一量值的变化规律，然后借助于叠加原理，便可解决各种实际荷载作用下某量值计算问题。

图 8.2a)所示简支梁，当单位力 $P=1$ 分别移动到 A、1、2、3、B 几个点时，根据静力平衡条件可求得反力 R_A 的大小分别为 1、3/4、1/2、1/4 和 0。若以水平轴为基线，将以上各点数值用纵距表示出其大小，并将顶点用曲线连起来，就是表示单位力 $P=1$ 在梁上移动时反力 R_A 的变化规律图线，这一图形就称为 R_A 的影响线。

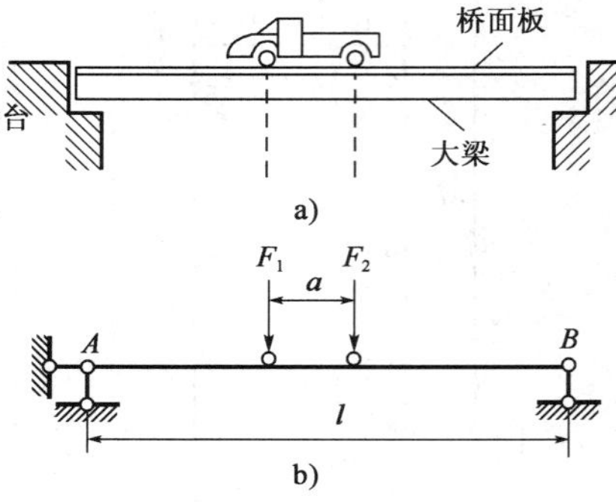

图　8.1

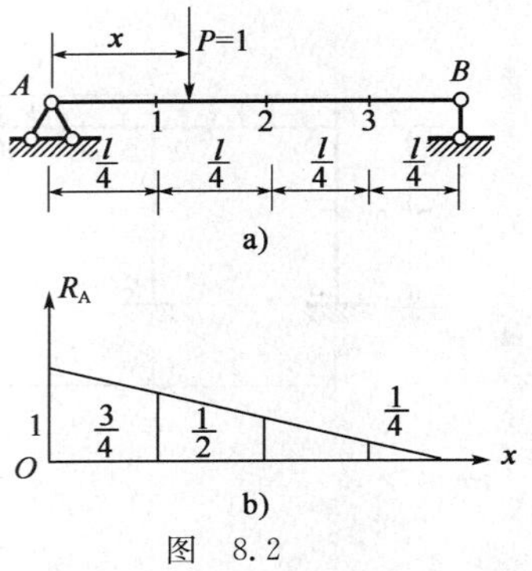

图　8.2

由此，可得出影响线的定义：当一个指向不变的单位力($P=1$)在结构上移动时，表示某指定截面的某一量值变化规律的图线，称为该量值的影响线。

第二节　静力法绘制单跨梁的影响线

利用静力平衡条件建立影响线方程来绘制影响线的方法称为静力法。它是绘制影响线最基本的方法。

用静力法作结构某一量值的影响线时，可先把单位荷载 $P=1$ 放在结构的任意位置上，并根据所选定的坐标系统，以横坐标 x 表示荷载作用点的位置，然后由静力平衡条件求出量值 S 与 x 之间的函数关系。即 $S=f(x)$。表示这种关系的方程称为影响线方程。利用影响线方程，即可绘制相应量值的影响线。

一　简支梁的影响线

1. R_B 的影响线

图 8.3a)所示简支梁，单位力 $P=1$ 在梁上移动，用 x 表示它的位置。当绘制右支座反力 R_B 的影响线时，由梁的整体平衡条件有：

$$\sum M_A(F)=0,1\cdot x-R_B l=0$$

得：

$$R_B=\frac{x}{l}$$

这就是 R_B 的影响线方程。它表示 R_B 是 x 的一次函数，所以图像为一直线，绘图时只需两个纵坐标即可。

当 $x=0$ 时，$R_B=0$；

当 $x=l$ 时，$R_B=1$。

据此绘出 R_B 的影响线如图 8.3b)所示。

2. R_A 的影响线

同理，在求 R_A 的影响线时，同样由平衡条件：

$$\sum M_B(F)=0,R_A l-1\cdot(l-x)=0$$

得：

$$R_A=\frac{l-x}{l}$$

这就是 R_A 的影响线方程，其图像也是一条直线，绘出 R_A 的影响线如图 8.3c)所示。

通常假定单位力 $P=1$ 是一个无量纲量，所以从影响线方程可以看出，R_A 和 R_B 的纵坐标也都是无量纲量。

3. M_C 的影响线

当绘制某指定截面 C 的弯矩 M_C 的影响线时，可分别按截面左、右两段来考虑。当 $P=1$ 在 C 截面以左移动时($0\leqslant x\leqslant a$)，为了计算方便起见，可通过 C 左边一段梁上的荷载计算 M_C。取截面 C 右边部分为隔离体，有：

$$\sum M_C(F)=0,R_B b-M_C=0$$

得：

$$M_C=R_B\cdot b=\frac{x\cdot b}{l}$$

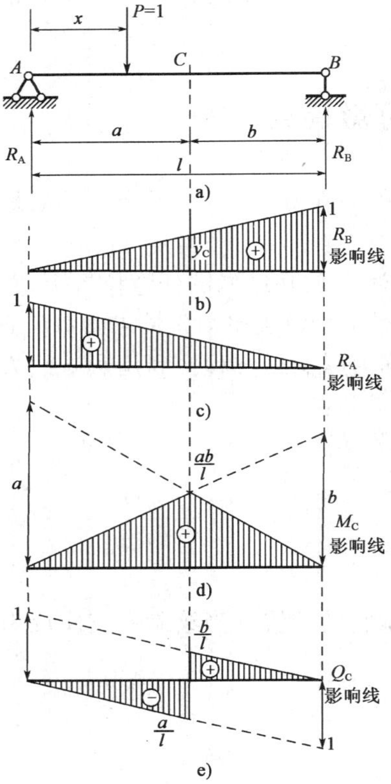

图　8.3

此为一直线方程，称为 M_C 影响线的左直线方程。它的适用范围是 $0 \leqslant x \leqslant a$，其绘出的图像是如图 8.3d)所示的左直线。

当 $P=1$ 在 C 截面以右移动时($a \leqslant x \leqslant l$)，取截面 C 左边部分为隔离体，有：

$$\sum M_C(F)=0, R_C-R_A \cdot a=0$$

得：

$$M_C=R_A \cdot a=\frac{l-x}{l}$$

此为一直线方程，称为 M_C 影响线的右直线方程。它的适用范围是 $a \leqslant x \leqslant l$，其绘出的图像是如图 8.3d)所示的右直线。

综上所述，梁内指定截面 C 的弯矩 M_C 的影响线，由左右两条斜直线和基线组成一个三角形，三角形的顶点在 C 截面的下方，纵坐标为 ab/l，弯矩影响线纵坐标的单位是长度单位。

4. Q_C 的影响线

在绘制指定截面 C 的剪力 Q_C 的影响线时，也应分别按截面左、右段来考虑。

当 $P=1$ 在 C 截面以左移动时($0 \leqslant x \leqslant a$)，为了计算方便起见，取截面 C 右边部分为隔离体，有：

$$\sum F_y=0, Q_C+R_B=0$$

得：

$$Q_C=-R_B=-\frac{x}{l}$$

此为一直线方程，称为 Q_C 影响线的左直线方程。它的适用范围是 $0 \leqslant x \leqslant a$，其绘出的图像是如图 8.3e)所示的左直线。

当 $P=1$ 在 C 截面以右移动时($a \leqslant x \leqslant l$)，取截面 C 左边部分为隔离体，有：

$$\sum F_y=0, R_A-Q_C=0$$

得：

$$Q_C=R_A=\frac{l-x}{l}$$

此为一直线方程，称为 Q_C 影响线的右直线方程。它的适用范围是 $a \leqslant x \leqslant l$，其绘出的图像是如图 8.3e)所示的右直线。

综上所述，可知梁指定截面 C 的剪力 Q_C 的影响线，由左右两条斜直线和基线组成。两条斜直线相互平行，分别位于基线两侧和基线形成两个直角三角形，顶点均在截面 C 的下方，纵坐标分别为 b/l 及 $-a/l$，表示在 C 截面处纵坐标发生突变，突变量为 1。剪力影响线的纵坐标也是无量纲量。

二　悬臂梁

1. R_A 的影响线

图 8.4a)所示的悬臂梁，无论单位力 $P=1$ 在梁上任何位置($0 \leqslant x \leqslant l$)，固定端反力 R_A 均为 $R_A=1$。

此为一水平直线，称为 R_A 的影响线。绘出的图像如图 8.4b)所示。

2. 端截面弯矩 M_A 的影响线

考虑整体平衡，有：

$$\sum M_A(F)=0, -M_A-1\cdot(l-x)=0$$

得：　　　　$M_A=x-l$

此为一直线方程，称为 M_A 的影响线。绘出的图像如图 8.4c)所示。

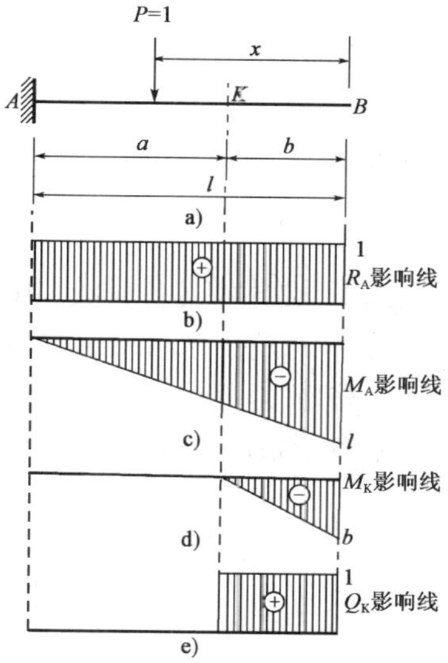

图 8.4

3. M_K 的影响线

当 $P=1$ 在截面以左移动时($b\leqslant x\leqslant l$)，取截面 K 右部分为隔离体，得：

$$M_K=0$$

此时影响线与基线重合。当 $P=1$ 在截面以右移动时($0\leqslant x\leqslant b$)，取截面以右部分为隔离体，有：

$$\sum M_K(F)=0, -M_K-1\cdot(b-x)=0$$

得：　　　　$M_K=x-b$

此为一条直线。

综上可绘出 M_K 的图像，如图 8.4d)所示。

4. Q_K 的影响线

当 $P=1$ 在 K 截面以左移动时($b\leqslant x\leqslant l$)，取截面 K 右部分为隔离体，得：

$$Q_K=0$$

此时影响线与基线重合。

当 $P=1$ 在截面以右移动时($0\leqslant x\leqslant b$)，取截面以右部分为隔离体，有：

$$\sum F_y=0, Q_K-1=0$$

得：　　　　$Q_K=1$

此为一直线。

综上可绘出 Q_K 的图像，如图 8.4e)所示。

第三节　机动法绘制单跨梁的影响线

机动法求影响线，利用的是虚功原理。现以图 8.5a)所示简支梁弯矩 M_K 的影响线为例，介绍用机动法作影响线的原理和具体步骤。

为了便于利用机动法作简支梁弯矩 M_K 的影响线，现假设将截面 K 改为铰结，则可以解除截面相对转动的约束，如图 8.5b)所示，此时简支梁变成具有一个自由度的几何可变体系。但要用虚功原理，还需建立平衡的力状态和协调的位移状态。取力状态如图 8.5c)所示，单位移动荷载 $F=1$ 作用在体系上，同时在铰结点 K 的两侧截面加上一对力偶 M_K 以保持平衡。此时的 M_K 与 $F=1$ 作用下简支梁中的弯矩 M_K 相同，即为所求弯矩影响系数。

根据虚功原理，取体系的虚拟位移状态如图 8.5d)所示，AK、BK 两部分沿 M_K 的方向发生微小的相对运动(转动)。由于 AK、BK 杆并没有变形，可视为刚性杆件，所以内力的虚功等于 0，得：

$$W_i=0$$

而外力虚功为：

$$W_e=M_K\Delta_K+1\times\Delta_P(x)$$

式中：Δ_K——虚拟位移状态中 K 铰结点两侧截面的相对转角；

$\Delta_P(x)$——虚拟位移状态中对应于单位移动荷载 $F=1$ 的虚位移，它随 $F=1$ 的移动而变化。

由虚功原理得出虚功方程：

$$M_K\Delta_K+\Delta_P(x)=0$$

则：

$$M_K=-\frac{\Delta_P(x)}{\Delta_K}=-\delta_P(x) \tag{8.1}$$

$\Delta_P(x)$是虚拟的位移状态中，当取 $\Delta_K=1$ 时单位移动荷载 $F=1$ 作用点的竖向虚位移；单位虚位移 δ_P 与单位移动荷载 $F=1$ 的方向一致(向下)时为正，反之(向上)为负。故基线以上的单位虚位移 δ_P 为负，而 M_K 的影响线在基线以上为正，相反在基线以下的单位虚位移 δ_P 为正，而 M_K 的影响线在基线以下为负。因此，由式(8.1)可知，单位虚位移 $\delta_P(x)$图即为 M_K 的影响线。

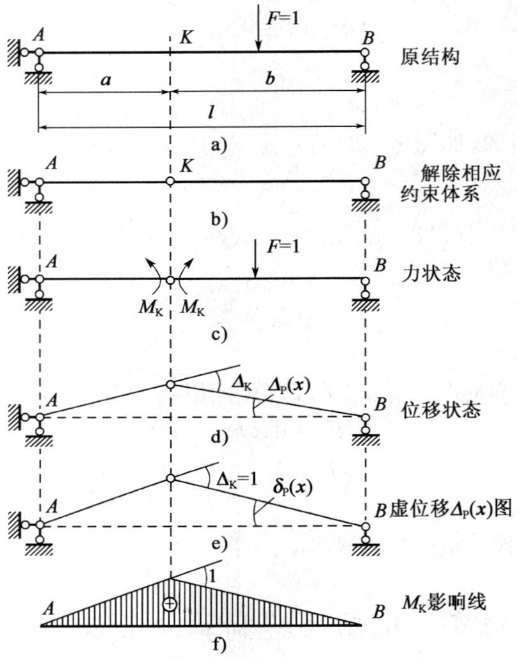

图 8.5

我们再来看看剪力的影响线的做法。

图 8.6a)所示为原结构图，首先将与 F_K 相应的约束解除，将截面 K 切开后用两根平行于梁轴的链杆相连，同时加上一对正向剪力 F_{SK}代替原有的约束的作用，如图 8.6b)、图 8.6c)所示，此为平衡的力状态。

虚拟的位移状态取如图 8.6e)所示，K 截面两侧发生相对移动，相对竖向位移为 Δ_K。由虚功原理得：

$$F_{SK}\cdot\Delta_K+1\cdot\Delta_P(x)=0$$

由此得：

$$F_{SK}=-\frac{\Delta_P(x)}{\Delta_K}=-\delta_P(x)$$

由前面式子可以知道，若取 $\Delta_K=1$，则所得的单位虚位移 $\delta_P(x)$图[图 8.6e)]即为 F_{SK}影响线，如图 8.6f)所示。

需要注意的是，AK、BK 两段梁由两根等长且平行的链杆相连，它们之间只能作相对的平行移动，所以在图 8.6e)所示的虚拟位移状态中 AK_1、B_2K 应平行，因此 F_{SK} 影响线图 8.6f)中的左、右直线也互相平行。

由以上分析可以知道，为了作某指定内力(或反力)的影响线，只需解除其相应的约束，并使所得体系沿指定内力的正向发生所允许的单位虚位移，则由此得到的虚位移图即为所要求的内力(或反力)影响线。

这种作影响线的方法称为机动法。它可以不必经过具体的计算就可以迅速绘出影响线的轮廓，十分方便。

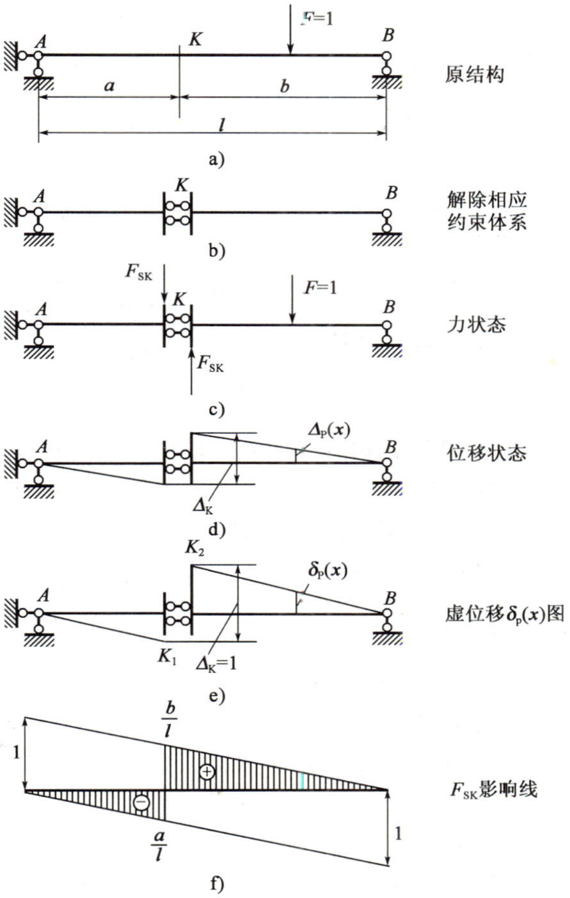

图 8.6

第四节 影响线的应用

一 利用影响线求量值

图 8.7a)所示简支梁，受到一组集中荷载 P_1、P_2 和 P_3 的作用，现在要利用影响线来确定该梁反力 R_A 及截面 C 的剪力的大小。

为此，可先绘出 R_A 和 Q_C 的影响线，如图 8.7b)、图 8.7c)所示。设以 y_1、y_2 和 y_3 分别表

示荷载 P_1、P_2 和 P_3 作用点下面 R_A 影响线的纵距，以 y_1'、y_2' 和 y_3' 分别表示相应的 Q_C 影响线纵距。根据影响线的定义及叠加原理，可求得该组集中荷载作用下 R_A 和 Q_C 的量值分别为：

$$R_A = P_1y_1 + P_2y_2 + P_3y_3$$
$$Q_C = P_1y_1' + P_2y_2' + P_3y_3'$$

如果将上述情况扩展到一般情况，设某结构承受一组集中荷载 P_1、P_2……P_n（图 8.8），结构上某量值 S 影响线已知，荷载作用点处相应的影响线纵距为 y_1、y_2……y_n，则该组集中力作用下，量值 S 的大小为：

$$S = P_1y_1 + P_2y_2 + P_3y_3 + \cdots + P_ny_n = \sum P_y \tag{8.2}$$

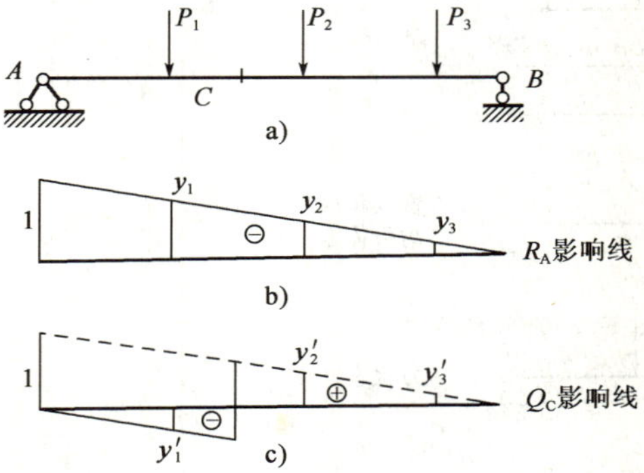

图 8.7

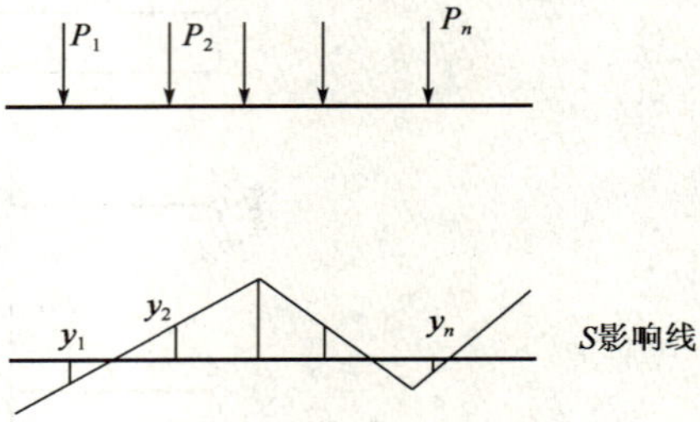

图 8.8

式(8.2)是利用影响线求集中荷载作用下结构内力的公式。式中的 y 值需要计算正负号。特别需要指出的是，当有一组集中力作用在影响线某一直线段上时(图 8.9)，可用它们的合力来代替这一组平行集中力，不改变所求量值的数值。显然，这将使计算得到简化，并对以上结论证明如下。

将影响线的直线段 AB 延长后与水平基线相交于 O 点，并取 O 点为坐标原点，根据式(8.2)有：

$$\begin{aligned} S &= \sum Py = P_1y_1 + P_2y_2 + P_3y_3 + \cdots + P_ny_n \\ &= (P_1x_1 + P_2x_2 + P_3x_3 + \cdots + P_nx_n)\tan\alpha \\ &= \tan\alpha \cdot \sum Px \end{aligned} \tag{8.3}$$

由合力矩定理可知，各分力对某点的力矩代数和等于合力 R 对该点的力矩，得：

$$\sum Px = Rx_0 \tag{8.4}$$

式中：R——该组集中力的合力；

x_0——合力 R 至原点 O 的水平距离。

将式(8.4)代入式(8.3)得：

$$S = Rx_0\tan\alpha = Ry_0 \tag{8.5}$$

式中：y_0——该直线段上的合力 R 对相应的影响线纵距。

我们再来看看均布荷载的情况。

图 8.10 所示结构上某量值 S 影响线，结构上作用有一段均布荷载 q，此时可将均布荷载沿结构分为许多微段，每一微段 dx 上的荷载 qdx 相当于一个集中荷载，其相应的影响线纵标设为 y_x。因此，利用式(8.2)，并在均布荷载区段内积分，即可求得均布荷载所引起的某量值为：

$$S = \int_d^e q \cdot y_x dx = q\int_d^e y_x dx$$

得：

$$S = q\omega \tag{8.6}$$

式中：ω——影响线在均布荷载范围内的面积，为正负面积的代数和。

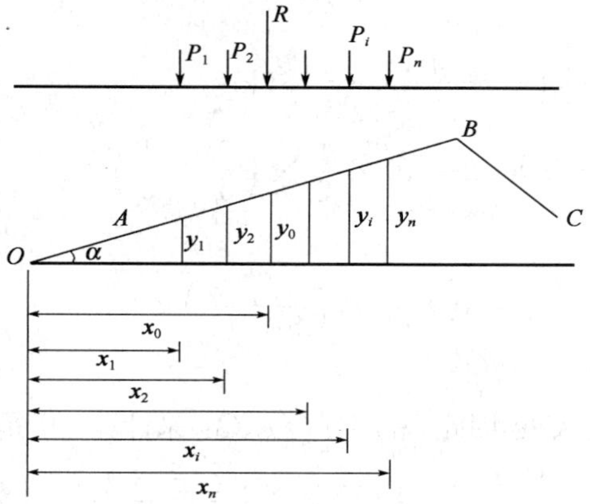

图 8.9

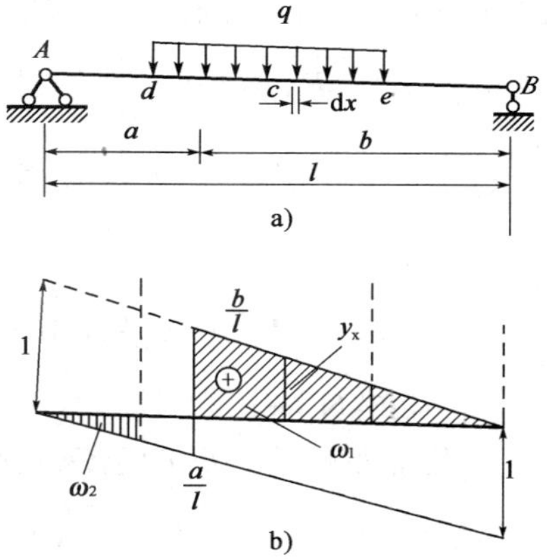

图 8.10

若结构上作用有集中荷载和均布荷载时，则量值为：

$$S=\sum P_y+q\omega \tag{8.7}$$

【例 8.1】 利用影响线求图 8.11a)所示简支梁在荷载作用下的 R_A、M_C、Q_C 和 Q_D 的值。

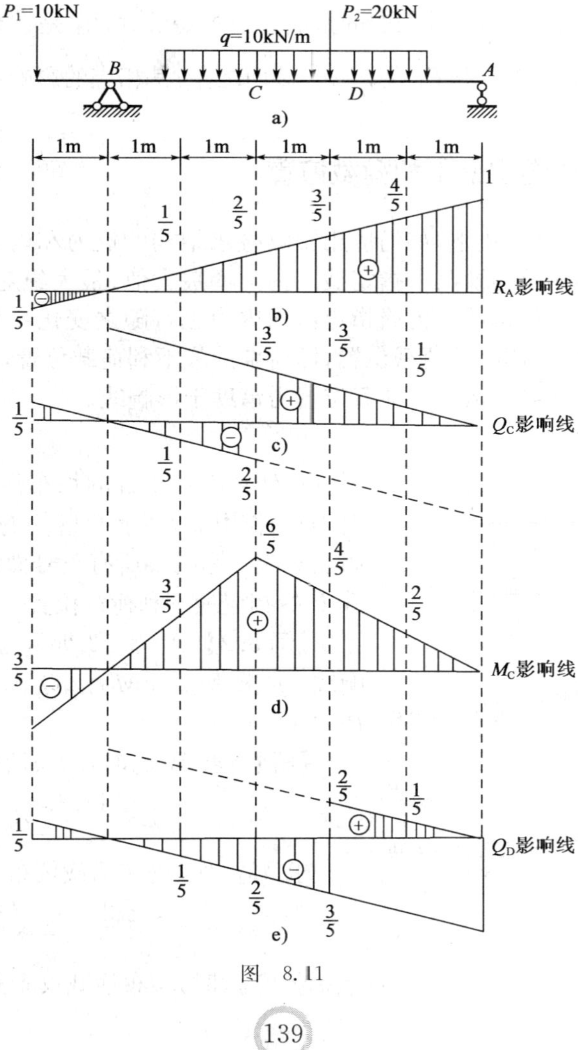

图 8.11

【解】 分别绘出 R_A、M_C、Q_C 和 Q_D 的影响线，并求出荷载作用点处纵坐标，分别如图 8.11b)～图 8.11e)所示。于是有：

$$R_A = 20\times\frac{3}{5}-10\times\frac{1}{5}+10\times\frac{1}{2}\left(\frac{1}{5}+\frac{4}{5}\right)\times 3 = 25\text{kN}$$

$$Q_C = 20\times\frac{2}{5}+10\times\frac{1}{5}+10\times\frac{1}{2}\times\left(\frac{1}{5}+\frac{3}{5}\right)\times 2-10\times\frac{1}{2}\times\left(\frac{2}{5}+\frac{1}{5}\right)\times 1$$
$$=15\text{kN}$$

$$M_C =20\times\frac{4}{5}-10\times\frac{3}{5}+10\times\frac{1}{2}\times\left(\frac{6}{5}+\frac{2}{5}\right)+10\times\frac{1}{2}\times\left(\frac{6}{5}+\frac{3}{5}\right)\times 1$$
$$=35\text{kN}\cdot\text{m}$$

由于 P_1 恰好作用在 D 截面，Q_D 影响线在 D 处有突变，因此 Q_D 应分 $Q_{D左}$、$Q_{D右}$ 来计算。于是有：

$$Q_{D左} = 20\times\frac{2}{5}+10\times\frac{1}{5}-10\times\frac{1}{2}\times\left(\frac{3}{5}+\frac{1}{5}\right)\times 2+10\times\frac{1}{2}\times\left(\frac{2}{5}+\frac{1}{5}\right)\times 1$$
$$=5\text{kN}$$

$$Q_{D右} =-20\times\frac{3}{5}+10\times\frac{1}{5}-10\times\frac{1}{2}\times\left(\frac{3}{5}+\frac{1}{5}\right)\times 2+10\times\frac{1}{2}\times\left(\frac{2}{5}+\frac{1}{5}\right)\times 1$$
$$=-15\text{kN}$$

$D_{左}$ 和 $D_{右}$ 截面是在 D 稍左或稍右的截面。当求 $Q_{D左}$ 时，P_1 是在 $Q_{左}$ 截面之右，其相应的影响线纵标为 $+\frac{2}{5}$；当求 $Q_{D右}$ 时，P_1 是在 $Q_{右}$ 截面之左，其相应的影响线纵标为 $-\frac{3}{5}$。

二 利用影响线确定最不利荷载位置

前面介绍了固定荷载作用下，如何应用影响线求结构的反力和内力。现将研究一组移动荷载作用下，如何求结构反力及某一指定截面内力的最大值(最大绝对值)。由于移动荷载在结构上的位置是变动的，结构的反力或指定截面内力也将随之变化。如能求出使结构的反力或指定截面内力产生最大值时的荷载位置，即所谓的最不利荷载位置，就可以用上述方法求出反力或内力的最大值，而确定最不利荷载位置需借助于影响线。

1.均布活荷载作用

在任意断续布置的均布活荷载(如人群、车辆、材料等)的作用下，当求某量值的最大值时，可以将荷载布满对应于影响线所有正号面积的区段以确定均布活载 P 的相应最不利荷载位置。

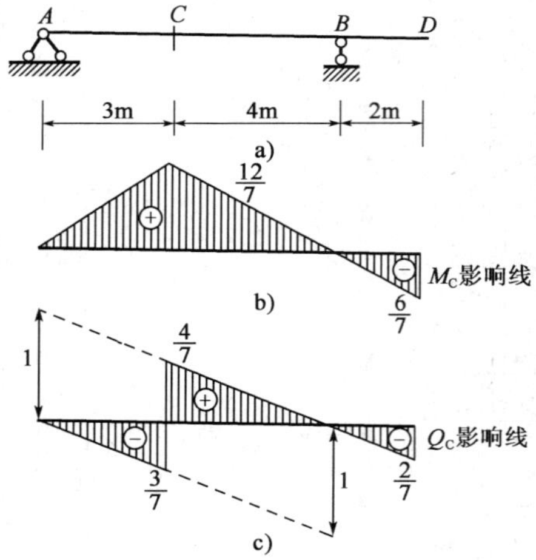

图 8-12

【例 8.2】 图 8.12 所示为悬臂梁 M_C 和 Q_C 的影响线，试求 M_{Cmax}、M_{Cmin}、Q_{Cmax}、Q_{Cmin}，已知均布活载 $P=2\text{kN/m}$。

【解】 求 M_{Cmax}时，均布活载布满 AB 段，得：

$$M_{Cmax} = 2\times\frac{1}{2}\times 7\times\frac{12}{7} = 12\text{kN}\cdot\text{m}$$

求 M_{Cmin}时，均布活载仅布满 BD 段，得：

$$M_{Cmin} =-2\times\frac{1}{2}\times 2\times\frac{6}{7} =-\frac{12}{7}\text{kN}\cdot\text{m}$$

求 Q_{Cmax}时，均布活载仅布满 BC 段，得：

$$Q_{\text{Cmax}}=2\times\frac{1}{2}\times4\times\frac{4}{7}=\frac{16}{7}\text{kN}$$

求 Q_{Cmin}时，均布活载布满 AC 及 BD 段，得：

$$Q_{\text{Cmin}}=-2\times\frac{1}{2}\times3\times\frac{3}{7}-2\times\frac{1}{2}\times2\times\frac{2}{7}=-\frac{13}{7}\text{kN}$$

2. 一组移动荷载作用时的一般情形

一组移动荷载中，各力的大小和相对间距应保持不变，如人群、车辆、材料等。

所谓某量值的最不利荷载位置，就是当荷载处于此位置时，该量值 S 的绝对值为最大，若荷载稍微向左或向右移动一微小距离 Δx，则量值 S 的绝对值都要减小，或者说其增量 ΔS 都是负值。

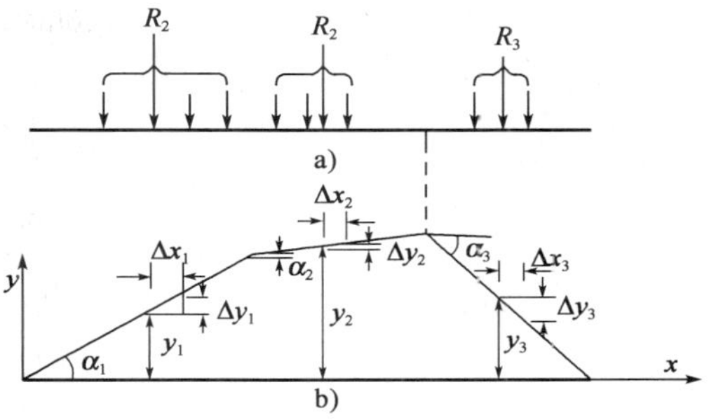

图 8.13

设某量值 S 的影响线如图 8.13b)所示，其各段的倾角均以逆时针方向为正，以 R_1、R_2、R_3 表示每一直线段内各荷载的合力。当荷载处于图示位置时（此时并无任一集中荷载恰好位于影响线的转折点处），结构上某量值 S 为：

$$S=R_1y_1+R_2y_2+R_3y_3 \tag{8.8}$$

如将所有荷载向左或向右移动一微小距离 Δx，则量值 S 的增量为：

$$\begin{aligned}\Delta S&=R_1\Delta y_1+R_2\Delta y_2+R_3\Delta y_3\\&=R_1\Delta x\tan\alpha_1+R_2\Delta x\tan\alpha_2+R_3\Delta x\tan\alpha_3\\&=\Delta x(R_1\tan\alpha_1+R_2\tan\alpha_2+R_3\tan\alpha_3)\\&=\Delta x\sum R\tan\alpha\end{aligned} \tag{8.9}$$

使 S 值为最大值的荷载位置，必须满足不论荷载向左或向右移动 S 值均应减小，即 $\Delta S<0$（求最小值时，$\Delta S>0$），当荷载向右移动时，Δx 为正增量，则式(8.9)中应取$\sum R\tan\alpha<0$；当荷载向左移动时，Δx 为负增量，则式(8.9)中应取$\sum R\tan\alpha>0$（求最小 S 值和最大 S 值时，结论刚好相反）。

总之，无论荷载向左或向右移动，$\sum R\tan\alpha$ 必须改变符号，这是确定最不利荷载位置的条件之一。

但 $\tan\alpha$ 是常数，若欲使$\sum R\tan\alpha$ 改变符号，必须改变每一段合力 R 的数值。只有当某一个集中荷载恰好作用在影响线的一个转折点处，才有可能。因此最不利荷载位置的条件之二是，必须有一个荷载正好作用在影响线的转折点上。

满足上述两个条件，处于影响线转折点处的集中荷载称为临界荷载 P_k，此时的荷载位置称为临界位置。

确定临界位置必须经过计算，先假定临界荷载位于影响线某一转折点，然后向左转动，计算相应的$\sum R\tan\alpha$，看其是否改变符号（包括由正、负变为零或由零变为正、负）。试算中，假定的临界荷载移动到转折点的哪一边时，即应将其计入哪一段的合力。试算如不满足变号要求，应重新设定临界荷载再计算，直到满足要求为止。

一般情况下临界位置可能不止一个，这就必须将与各临界位置相应的 S 值求出加以比较，取其最大值，而其相应的荷载位置为最不利的荷载位置。

试算时，应注意最不利荷载位置条件之一的推导。如当某一量值影响线纵坐标全取正，则对该量值应取最大（小）值，则$\sum R\tan\alpha$ 的变号应取右（左）移小于零而左（右）移大于零。试算时若左移不满足条件，则应继续左移；右移不满足条件时也应继续右移，否则方向不对，试算效果就会相反。

试算总是比较麻烦的，一般情况下，数值大、排列密集的荷载总在影响线纵坐标最大处附近，因此，可通过观察来减少试算的次数。

3. 一组移动荷载作用时的特殊情形

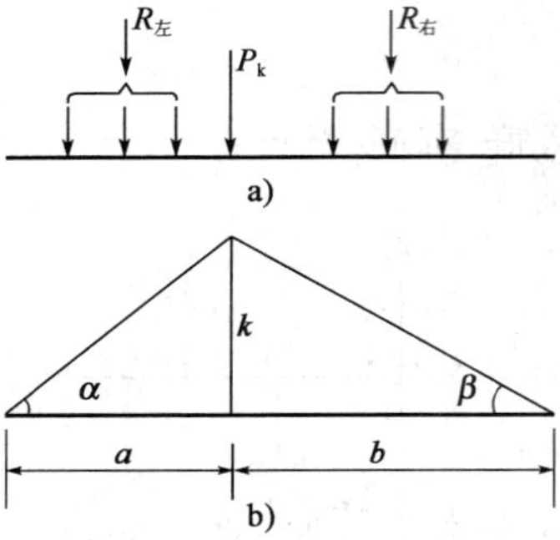

图 8.14

(1)三角形影响线的情形

如图 8.14 所示，设临界荷载 P_k 恰好位于三角形影响线的顶点处，以 $R_{左}$ 和 $R_{右}$ 分别表示以左及以右所有荷载的合力。由最不利荷载位置条件之一，即荷载向左与向右移动时，应由正变负的关系，得下列两个不等式：

$$(R_{左} + P_k)\tan\alpha + R_{右}\tan\beta > 0$$

$$R_{左}\tan\alpha + (P_k + R_{右})\tan\beta < 0$$

将 $\tan\alpha = \frac{h}{a}$，$\tan\beta = -\frac{h}{b}$ 分别代入以上两个不等式，得：

$$\left.\begin{aligned} \frac{R_{左} + P_k}{a} &> \frac{R_{右}}{b} \\ \frac{R_{左}}{a} &< \frac{P_k + R_{右}}{b} \end{aligned}\right\} \tag{8.10}$$

这就是三角形影响线最不利荷载位置的判别式。它表明，最不利荷载位置的特点是“临界荷载 P_k”移动到影响线顶点的哪一边，哪一边单位长度上的荷载就比较大。

(2)连续均布移动荷载的情形

当连续均布移动荷载作用在量值影响线为三角形的结构上，且荷载连续的长度又较影响线为短时，确定最不利的荷载位置，可将这种均布荷载看做一系列等于 $q\Delta x$ 的集中荷载。设其中某一 $q\Delta x$ 在三角形影响线顶点为最不利的荷载位置，根据上述判别式有：

$$\left.\begin{aligned} \frac{R_{左} + q\Delta x}{a} &> \frac{R_{右}}{b} \\ \frac{R_{左}}{a} &< \frac{q\Delta x + R_{右}}{b} \end{aligned}\right\}$$

由于 $q\Delta x$ 是一个微量，所以可将以上两个等式可以合并为一个等式：

$$\frac{R_{左}}{a} = \frac{R_{右}}{b} \tag{8.11}$$

即顶点左、右两边单位长度上的荷载应相等，这是连续均布移动荷载作用下，确定最不利荷载位置的条件。

必须注意，对于影响线为三角形时，以上判别式均不适用。此时，应逐次假定 P_k 置于三角形顶点，并试算出 S 值，通过比较后，才能确定最不利的荷载位置。在积累了丰富的经验后，就不必每个力都要假定为 P_k，试算的次数也可以减少。

第五节　简支梁的绝对最大弯矩

在一组移动的集中荷载作用下，简支梁指定截面有最大弯矩，指定截面不同，最大弯矩的大小也不一样。这些大小不同的最大弯矩中的最大值，称为简支梁的绝对最大弯矩。

求简支梁上的绝对最大弯矩，理论上应对梁上每一个截面求其最大弯矩然后加以比较，选择其中的最大者。但梁上截面有无数个，要把每个截面的最大弯矩都求出来是不可能的。在一组移动的集中荷载作用下，求梁截面的最大弯矩时，三角形影响线的顶点总是处于某一集中荷载的下面。据此，绝对最大弯矩也必定发生在某一集中荷载的作用点处。此时，问题就转变为确定这个荷载和荷载的位置所在了。为此可以先选定一集中荷载，视荷载在任何位置时，其下面的截面弯矩为最大。

设有一组集中荷载，在图 8.15 所示的简支梁上移动，某荷载 P_k 在作用点 C 处的弯矩为最大，截面 C 称为临界截面。P_k 与左支点的距离为 x，设梁上的荷载合力 R 在 P_k 之右，与 P_k 作用点距离为 a，则左支点的反力 R_A 由 $\sum M_B(F)=0$ 得：

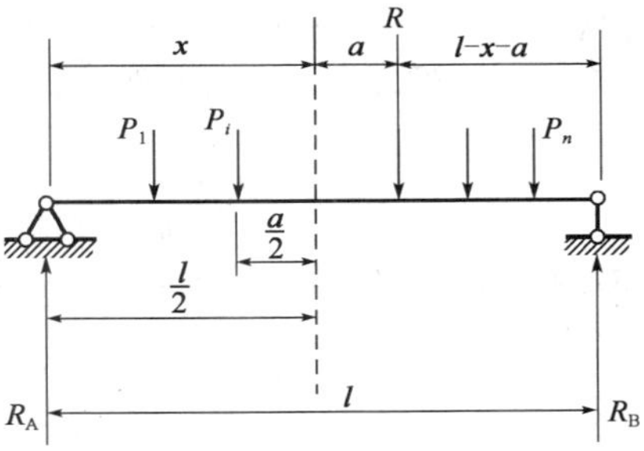

图 8.15

$$R_A=\frac{R}{l}(l-x-a)$$

如以 M_k 表示其以左各荷载对 C 点力矩的总和，则 C 截面的弯矩 M_C 为：

$$M_C=R_A\cdot x-M_k=\frac{R}{l}(l-x-a)\cdot x-M_k$$

当梁上移动荷载的数目没有增减时，R 和 M_k 均为与 x 无关的常数。当 M_C 为最大时，则应满足：

$$\frac{\mathrm{d}}{\mathrm{d}x}\left[\frac{R}{l}(l-x-a)x-M_k\right]=0$$

$$\frac{R}{l}(l-2x-a)=0$$

$$x=\frac{l}{2}-\frac{a}{2}=\frac{1}{2}(l-a) \tag{8.12}$$

式(8.12)说明了 P_k 作用点(C 截面)处弯矩为最大时，梁上所有荷载的合力 R 与 P_k 的距离 a 应被跨中线平分。此时最大弯矩为：

$$M_{max}=\frac{R}{l}(l-x-a)x-M_k=\frac{R}{l}(l-a-\frac{l-a}{2})(\frac{l-a}{2})x-M_k=\frac{R}{l}(\frac{l-a}{2})^2-M_k$$

上式中，如 R 在 P_k 之右，a 取正号，如 R 在 P_k 之左，a 应取负号($x=\frac{l+a}{a}$)。

由于 P_k 选定的不同，可能出现几个 M_{max}，需逐一进行比较，选择最大者，故计算颇为繁琐。通常凭经验，使跨中截面 C 产生最大弯矩的临界荷载作为产生绝对最大弯矩的临界荷载 P_k，在它的下面产生绝对最大弯矩。

使跨中截面 C 产生最大弯矩的临界荷载 P_k，用试算方法来求它非常不方便。对于这一特殊情况，可以通过判别式(8.10)进行简化：先顺次取梁上荷载绘力多边形求出合力，然后取合力 R 的中点所对应的力即为 P_k。

【例 8.3】 试求图 8.16 所示的简支梁在两台吊车作用下的最大弯矩。已知 $F_1=F_2=F_3=F_4=33\text{kN}$。

【解】 (1)考虑到 4 个荷载全在梁上，故计算静力等效力。

$$F_R=33\text{kN}\times 4=132\text{kN}$$

F_R 作用在 F_2、F_3 中间，到 F_2 的距离为：

$$a=\frac{1.26\text{m}}{2}=0.63\text{m}$$

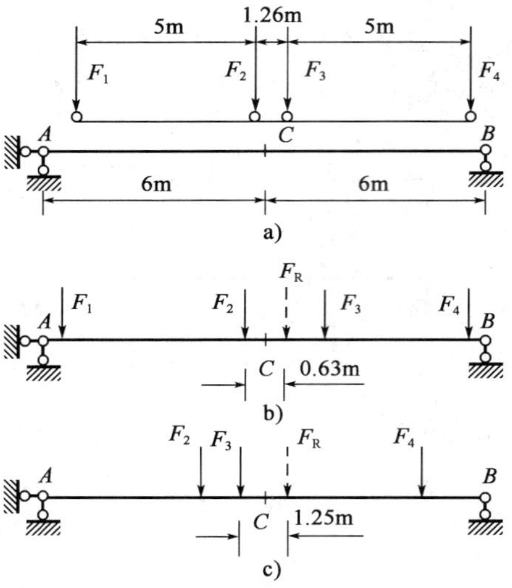

图 8.16

将 F_R 作用与 F_2 对称放在梁中点 C 两侧，作用点位置即可能发生绝对最大弯矩截面，其值为：

$$M_{max}^{(b)}=\frac{132\text{kN}}{4\times 12\text{m}}\times(12\text{m}-0.63\text{m})^2-33\text{kN}\times 5\text{m}=190.5\text{kN}\cdot\text{m}$$

(2)考虑 3 个荷载(F_2、F_3、F_4)在梁上的情况此时：

$$F_R=33\text{kN}\times 3=99\text{kN}$$

为求 F_R 和 F_3 的距离 a，可对 F_3 作用点取矩求得：

$$a=\frac{33\text{kN}\times 5\text{m}-33\text{kN}\times 1.26\text{m}}{99\text{kN}}=1.25\text{m}$$

将 F_R、F_3 对称放在梁中点 C 的两侧，则荷载 F_3 作用点是可能发生绝对最大弯矩的截面，其值为：

$$M_{max}^{(c)}=\frac{99\text{kN}}{4\times 12\text{m}}\times(12\text{m}-1.25\text{m})^2-33\text{kN}\times 1.26\text{m}=196.8\text{kN}\cdot\text{m}$$

比较 $M_{max}^{(b)}$ 和 $M_{max}^{(c)}$ 可知，梁的绝对最大弯矩发生在图所示的荷载位置作用时的 F_3 作用截面上，其值为：

$$M_{max}=196.8\text{kN}\cdot\text{m}$$

第六节　简支梁的内力包络图

在实际工程结构的设计中，时常需要用到简支梁在移动荷载作用下，各截面的内力(弯矩和剪力)的最大值。由前面所讲内容可知，移动荷载某截面内力的最大值一定发生在某个集中荷载下面。如果对梁的一系列截面作出内力影响线后，再求出最大值，将各截面的内力最大值连成一条曲线，它就表示该梁各截面最大内力值的图线，称为最大内力分布图，也称为内力包络图。

梁的内力包络图有弯矩图和剪力图两种。

如果按前面方法求内力包络图很繁琐，并且精度将随所取截面的多少而不同。考虑到移动荷载作用点处截面的内力就是该截面的最大内力值，可假定移动荷载 P 距左支点距离为 x，用平衡方程列出弯矩 M_x 和剪力 Q_x 与移动荷载 P 的关系式，由于所得内力方程是荷载位置 x 的函数，故可用数学上求极限的方法来确定梁上最大内力的截面位置。

一　简支梁的弯矩包络图

1. 一个集中荷载 P 的情况

图 8.17a)所示简支梁，集中力 P 距左支点 A 为 x，则该处截面弯矩为：

$$M_x=\frac{p}{l}x(l-x) \tag{8.13}$$

式(8.13)就是简支梁受一个集中力 P 作用时的弯矩包络图的曲线方程。欲求绝对最大弯矩的所在截面位置，可令方程的一阶导数为零，即

$$\frac{\mathrm{d}}{\mathrm{d}x}\left[\frac{p}{l}x(l-x)\right]=0$$

得：

$$\frac{p}{l}(l-2x)=0, x=\frac{l}{2}$$

将 M_x 方程绘成曲线，即得弯矩包络图，如图 8.17b)所示。将 $x=\frac{l}{2}$ 代入式(8.13)，可得简支梁的绝对最大弯矩为$\frac{1}{4}pl$。

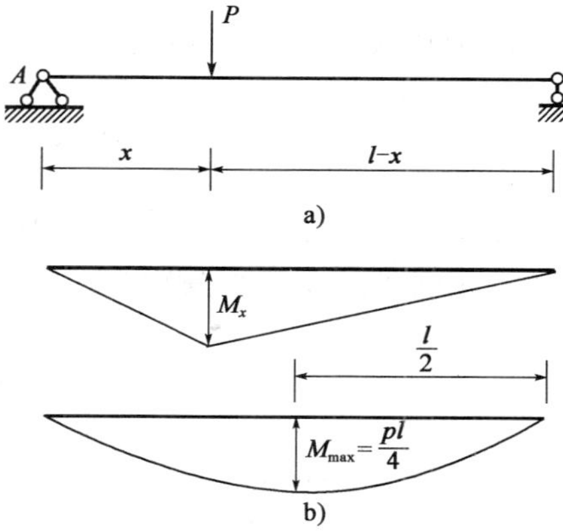

图 8.17

2. 两个集中荷载 P_1、P_2 同时作用的情况

如图 8.18a)所示简支梁，同前所述，最大弯矩既可能发生在 P_1 作用的截面上，也可能发生在 P_2 作用的截面上。为此，将分别考虑两种情况并求绝对最大弯矩。

若 $P_1\neq P_2$，假设 $P_1>P_2$，设移动荷载 P_1、F_2 之间的间距为 a，P_1 距左支点 A 的距离为 x_1，R 为 P_1、P_2 的合力，则可求出 R 与 P_1 的距离 $a_1=p_2\frac{a}{R}$，R 与 P_2 的距离 $a_2=P_1\frac{a}{R}$。求得左支座反力为：

$$R_A=R\frac{l-x_1-a_1}{l}$$

P_1 作用点处截面弯矩(即该截面可能产生的最大弯矩)为：

$$M_{x_1}=R_Ax_1=R\frac{l-x_1-a_1}{l}x_1=R\left(x_1-\frac{x_1^2}{l}-\frac{a_1x_1}{l}\right) \tag{8.14}$$

将式(8.14)绘成图线，得到弯矩包络图，如图 8.18b)所示，为一条二次抛物线。

令$\frac{\mathrm{d}M_{x1}}{\mathrm{d}x}=0$ 可得最大弯矩的截面位置为：

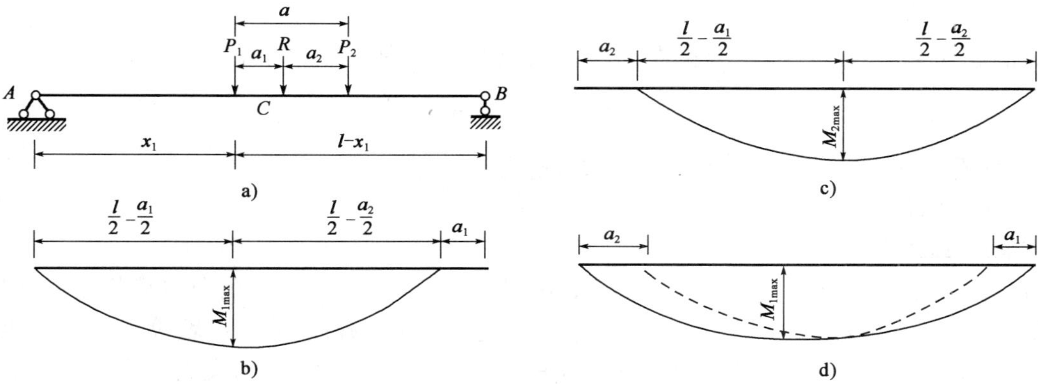

图 8.18

$$x_1 = \frac{l}{2} - \frac{a_1}{2}$$

将 x_1 值代入式(8.14)可得：

$$M_{1\max} = R_A x_1 = R\frac{(l-a_1)^2}{4l}$$

同理，最大弯矩也可能发生在 P_2 作用点处，，若设 P_2 与右支座 B 的距离为 x_2，同样可以推出 P_2 的作用点处的截面弯矩为：

$$M_{x_2} = R\left(x_2 - \frac{x_2^2}{l} - \frac{a_2 x_2}{l}\right) \tag{8.15}$$

当 $x_2 = \frac{l}{2} - \frac{a_2}{2}$ 时，得：

$$M_{2\max} = R\frac{(l-a_2)^2}{4l}$$

式(8.15)也是二次抛物线方程，同样也可作出一个弯矩包络图，如图 8.18c)所示。

由于我们讨论的是简支梁 P_1 和 P_2 的同时作用，故实际的弯矩包络图应取图 8.18b)、图 8.18c)所示的两条曲线的较大部分，即在梁的左半部取曲线Ⅰ，右半部分取曲线Ⅱ。这样，在 P_1、P_2 作用下，简支梁的弯矩包络图的实际部分即如图 8.18d)所示。由于 P_1 大于 P_2，则 a_2 大于 a_1，可知绝对最大弯矩 $M_{\max} = M_{1\max}$，其截面在中央截面偏左 $\frac{a_1}{2}$ 处。

若 $P_1 = P_2 = P$ 时，则 $R = 2P$，$a_1 = a_2 = \frac{a}{2}$，按上述方法可以得到图 8.18 中所示的弯矩包络图。由图可见，在距离梁中央截面 $\frac{a}{4}$ 处的左右对称截面，有相同的绝对最大弯矩：

$$M_{\max} = \frac{2p}{l}\left(l - \frac{a}{2}\right)^2$$

二 简支梁的剪力包络图

1. 一个集中荷载 P 的情况

图 8.19a)所示简支梁，设 P 距左支点 A 的距离为 x，则左支点反力为：

$$R_A = P\frac{l-x}{l}$$

可以看出 R_A 为一直线方程，由两点即可定出：

当 $x=0$ 时，$R_A = P$；

当 $x=l$ 时，$R_A = 0$。

由静力法求简支梁任一截面的剪力影响线可知，当移动荷载 P 作用点与某截面重合时，该截面的剪力可以达到最大值，由于 P 与左右支座之间无荷载段，故其值就等于左支座的反力 R_A 或右支座反力 R_B 的负值。当截面位于梁的左半部时，剪力最大值发生在 A 支座的偏右截面上，其值等于 R_A；当截面位于梁的右半部时，剪力最大值发生在 B 支座的偏左截面上，其值等于 R_B 的负值。用图 8.19b)中的实线部分表示梁的剪力包络图。

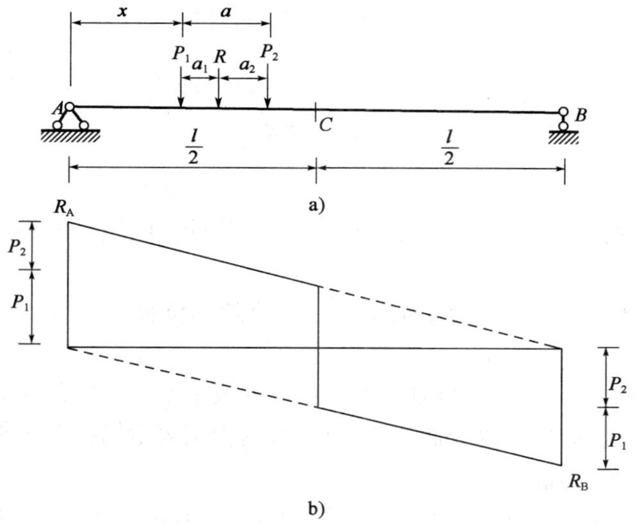

图 8.19

2.两个集中荷载 P_1、P_2 同时作用的情况

如图8.19a)所示,若 $P_1 \neq P_2$,且 $P_1 > P_2$,设 P_1 和 P_2 的间距为 a,与合力的间距分别为 a_1 和 a_2,则 $a_1 = \frac{p_2 a}{R}$、$a_2 = \frac{p_1 a}{R}$,P_1 距左支点 A 的距离为 x,则左支点反力为:

$$R_A = \frac{R}{l}[(l - a_1) - x] \tag{8.16}$$

可以看出 R_A 为一直线方程,x 的范围为 $0 \sim (l-a)$。

当 $x=0$ 时:

$$R_A = \frac{R}{l}(l - a_1) = (p_1 + p_2) - \frac{p_2 a}{l}$$

当 $x=l-a$ 时:

$$R_A = \frac{Ra_2}{l} = \frac{p_1 a}{l}$$

将式(8.16)绘成图线,即为最大剪力分布图线,也称反力 R_A 线。同样可以绘出反力 R_B 线,将两线合并,在梁的左半部取反力 R_A 线,在梁的右半部取反力 R_B 线,如图8.19b)所示,即为梁的剪力包络图。

当 $P_1 = P_2 = P$ 时,$R=2P$,则:

$$R_A = \frac{R}{l}(l - x - \frac{a}{2})$$

当 $x=0$ 时:

$$R_A = \frac{R}{l}(l - 2a) = 2p - \frac{pa}{l}$$

当 $x=l-a$ 时:

$$R_A = \frac{Pa}{l}$$

小　结

本章讨论移动荷载作用下静定结构的反力及内力的计算问题。影响线是在移动荷载作用下进行结构计算的基本工具。

首先要理解影响线的含义，它表示结构某一量值随单位移动荷载 $P=1$ 位置改变而变化的规律。

要注意内力影响线与内力图的区别。内力影响线表示某一指定截面的某一内力值(弯矩、剪力或轴力)随单位荷载的位置改变而变化的规律；内力图表示结构在某种固定荷载作用下各个截面的某一内力的分布规律。

要弄清影响线纵、横坐标各代表的意义。影响线任一点的横坐标，表示单位移动荷载的位置，其单位为长度单位。影响线任一点的纵坐标，表示单位荷载移动到该点时某个量的数值，其单位等于该量的单位除以力的单位。

作静定结构反力、内力影响线的静力法，是根据隔离体平衡条件写出影响线的方程，再用图线表示出来。要注意的是，一个量的影响线可能分为几段，因此应分段列出方程。

影响线是个新概念，学习时应注意不要把内力影响线与内力图混淆。要用运动和变化的观点去分析问题，由易到难，做一定数量的习题，掌握影响线的做法。一些基本影响线的特点应该记住，以便于分析问题。

思考题

1. 影响线的含义是什么？绘制影响线为什么要选用无量纲的单位竖向集中荷载 $P=1$？影响线的纵坐标与这个单位竖向集中荷载有什么联系？

2. 说明用静力法绘制影响线的原理、步骤和注意事项。

3. 在什么情况下影响线必须分成几段来求？

4. 简支梁剪力的影响线为什么有突变？它和剪力图的突变有何异同？

5. 影响线和内力图有什么区别？

6. 什么叫最不利荷载位置？最不利荷载位置与临界荷载位置有何不同？两者有何关系？

7. 怎样确定最不利荷载位置？

8. 什么叫简支梁的绝对最大弯矩？绝对最大弯矩与跨中截面的最大弯矩有何不同？什么情况下两者是一样的？

9. 什么叫简支梁的内力包络图？它和内力图有无区别？

习题

8-1 作图 8.20 所示各梁指定截面的影响线。

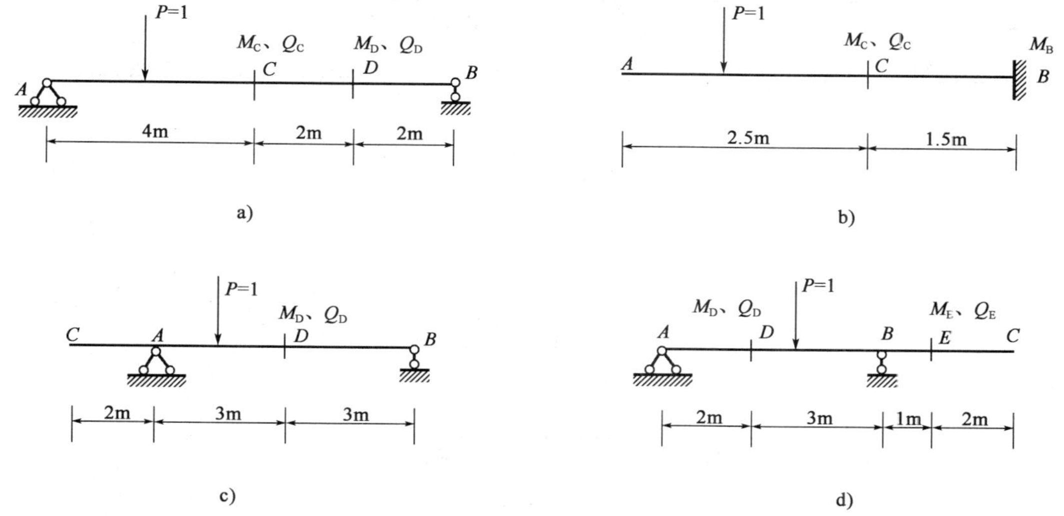

图 8.20

8-2 用影响线求图 8.21 所示指定截面的内力。

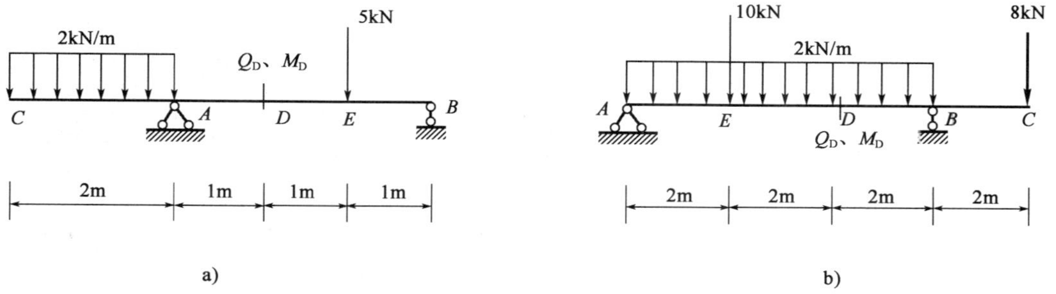

图 8.21

8-3 试求图 8.22 所示简支梁在移动荷载作用下的 R_A、M_C 和 Q_C 的最大值。

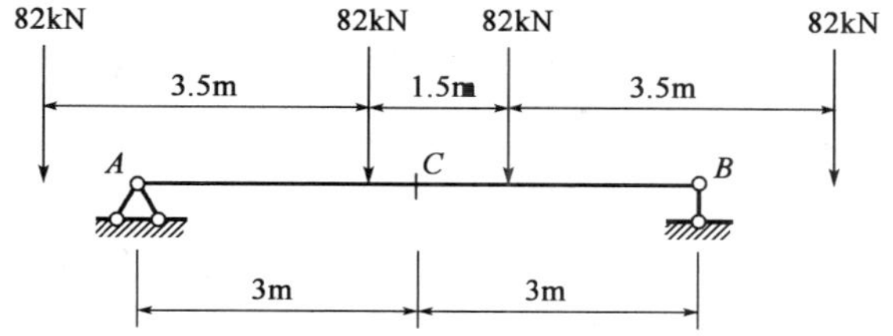

图 8.22

8-4　求图 8.23 所示 AB 梁的绝对最大弯矩。

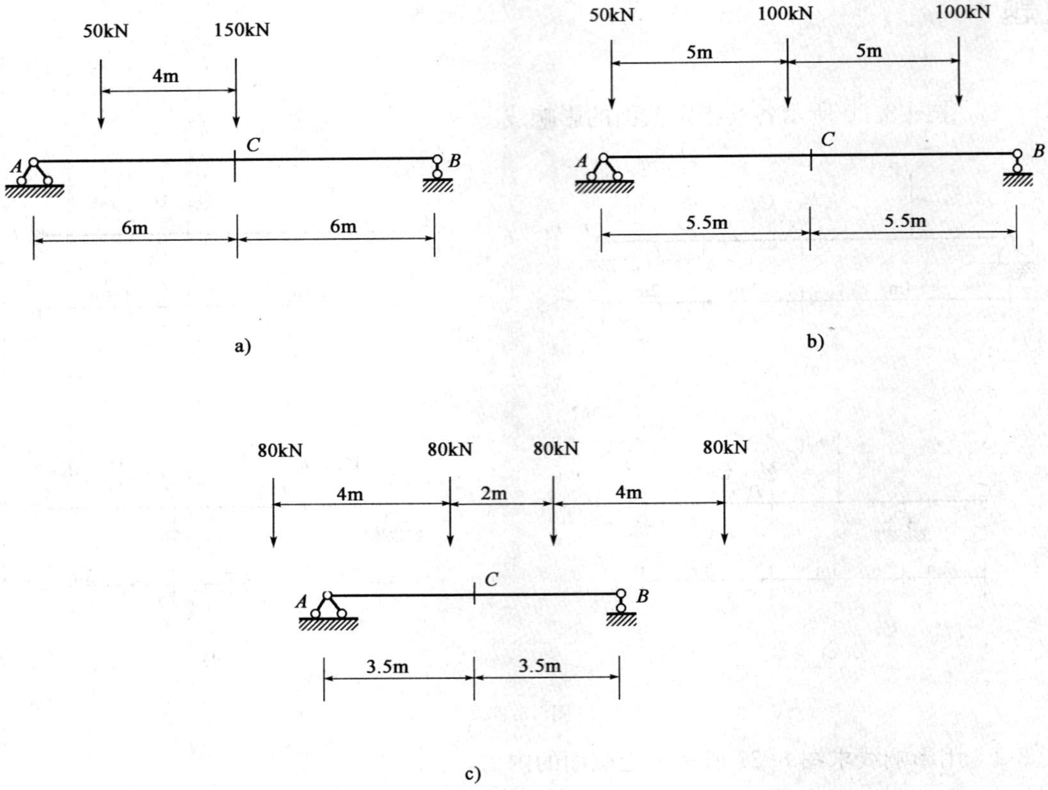

图　8.23

参 考 文 献

[1] 湖南大学结构力学教研室,李家宝. 结构力学[M]. 北京:高等教育出版社,1979.
[2] 吕学谟. 结构力学[M]. 北京:中国铁道出版社,1987.
[3] 吴惠华. 结构力学[M]. 北京:高等教育出版社,1986.
[4] 湖南大学结构力学教研室,李家宝. 结构力学[M]. 3版. 北京:高等教育出版社,1999.
[5] 于克萍,胡庆安. 结构力学[M]. 西安:西北工业大学出版社,2001.